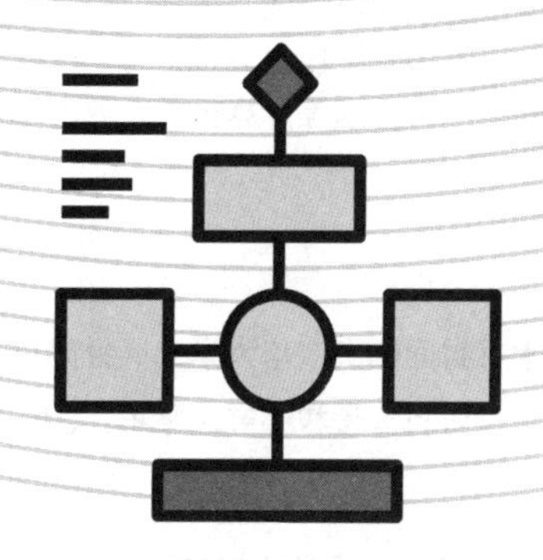

Hadoop大数据平台构建

孟瑞军　哈里白　高荣贵 ▣ 主　编
宋海燕 ▣ 副主编

清華大学出版社
北　京

内 容 简 介

本书以Hadoop及其周边框架为主线，介绍了整个Hadoop生态系统主流的大数据组件以及平台运维。本书从零开始逐一讲解大数据体系中的各种技术，通过丰富的实战案例阐述重点、难点知识，为初学者进入大数据领域打好基础。书中各个项目设计合理，在每个项目开头设置导读，首先介绍知识点，然后紧跟实践操作，最后在每个项目末尾通过课后练习帮助读者巩固所学知识。

本书既可作为Hadoop新手入门的指导用书，也可作为职业院校大数据技术、云计算应用技术和人工智能应用技术等计算机类专业的教材，还可供从事计算机相关工作的技术人员参考。

图书在版编目(CIP)数据

Hadoop大数据平台构建 / 孟瑞军, 哈里白, 高荣贵主编. -- 北京 : 清华大学出版社, 2024. 12. -- ISBN 978-7-302-67715-4

Ⅰ. TP274

中国国家版本馆CIP数据核字第2024NG4423号

责任编辑：郭丽娜
封面设计：曹　来
责任校对：袁　芳
责任印制：刘　菲

出版发行：清华大学出版社
网　　址：https://www.tup.com.cn，https://www.wqxuetang.com
地　　址：北京清华大学学研大厦A座　　邮　　编：100084
社 总 机：010-83470000　　邮　　购：010-62786544
投稿与读者服务：010-62776969，c-service@tup.tsinghua.edu.cn
质量反馈：010-62772015，zhiliang@tup.tsinghua.edu.cn
课件下载：https://www.tup.com.cn，010-83470410
印 装 者：涿州汇美亿浓印刷有限公司
经　　销：全国新华书店
开　　本：185mm×260mm　　印　　张：19.75　　字　　数：478千字
版　　次：2024年12月第1版　　印　　次：2024年12月第1次印刷
定　　价：58.00元

产品编号：105925-01

前　言

在信息化浪潮席卷全球的今天，大数据已经成为推动社会进步和科技创新的重要技术。大数据不仅改变了人们的生活方式，而且对各行各业产生了深远的影响。在这样的背景下，掌握大数据平台的构建技术，已经成了信息科技领域从业者不可或缺的一项技能。

本书采用项目式编写模式，以大数据生态体系为基础，详细阐述了大数据平台构建的全过程。全书共分 14 个项目，包括大数据及 Hadoop 概述、Hadoop 分布式集群安装及部署、分布式文件系统 HDFS、分布式计算框架 MapReduce、分布式协调框架 ZooKeeper、Hadoop 高可用集群、分布式存储数据库 HBase、数据仓库 Hive、数据迁移工具 Sqoop、日志采集工具 Flume、分布式消息队列 Kafka、内存计算框架 Spark、内存计算框架 Flink、大数据平台的管理与监控。内容涉及 Hadoop 伪分布模式、集群模式、高可用模式的搭建，使用 ZooKeeper、HBase、Hive 等组件搭建大数据平台，使用 Nagios、Ganglia、Prometheus 和 Grafana 工具对大数据平台进行高效运维。

本书内容注重理论与实践相结合，通过丰富的实例解析和项目实战演练，帮助读者提升解决实际问题的能力，培养读者独立构建和运维大数据平台的技能。同时，各个项目的设计环节也包括了大数据平台构建中的一些新特性，可以拓宽学习者视野，使其适应未来数字化、智能化社会的需求。

本书还配套了包含平台搭建、平台运维、案例分析等内容的微课视频，能够直观地展示操作过程和技术细节；提供多种类型、多种规模的数据集，供读者在平台上进行数据处理、分析和挖掘实践，以加深对大数据处理流程的理解。

本书为校企合作开发教材，由孟瑞军、哈里白和高荣贵任主编，宋海燕任副主编。孟瑞军编写了项目 10、项目 11 和项目 14，哈里白编写了项目 1 至项目 4，高荣贵编写了项目 7 至项日 9，宋海燕编写了项目 5、项目 6、项目 12 和项目 13，并整理了课后习题参考答案，江苏一道云科技发展有限公司在本书的编写过程中提供了大量的技术支持和真实运维案例。

由于技术和行业的发展日新月异，加之编者水平有限，书中难免存在疏漏之处，恳请广大读者批评、指正。感谢在本书编写及出版过程中提供帮助、支持和鼓励的领导、同事及传智播客、尚硅谷的企业工程师们。我们将持续更新和完善本书内容，以期更好地服务于大数据教育与实践的发展。

编　者

2024 年 4 月

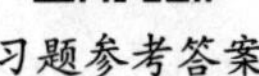

习题参考答案

工具安装包

目　录

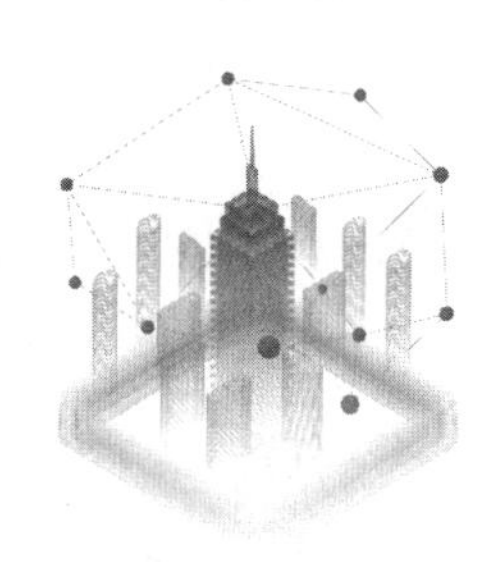

大数据及 Hadoop 概述

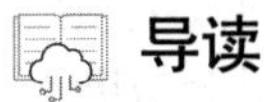

导读

Hadoop 是一个能够对大量数据进行分布式处理的软件框架，用户可以利用 Hadoop 生态体系开发和处理海量数据。Hadoop 具有可靠及高效的处理性能，因此逐渐成为处理大数据的优选方案。本项目将深入介绍大数据（Big Data）以及 Hadoop 的相关概念，为后面知识的学习建立概念体系。

学习目标

（1）了解大数据的基本概念及特征；
（2）了解大数据处理技术；
（3）熟悉大数据的处理流程；
（4）了解 Hadoop 的架构及生态系统。

职业素养目标

（1）增强文化自信和民族自豪感，引入国家和个人层面的思考，树立正确的价值观；
（2）增强创新意识，鼓励学生在学习 Hadoop 的过程中，不断探索新的应用场景；
（3）培养团队合作精神，培养与他人合作、共同解决问题的能力；
（4）提升职业道德意识，在使用 Hadoop 开发分布式系统时，注重数据的安全性和隐私保护，遵守相关法律法规和行业标准；
（5）培养社会责任感，通过 Hadoop 的学习和实践，引导学生关注社会热点问题，利用所学知识为社会发展做出贡献。

任务 1.1 大数据概述

■ 任务描述

通过学习本任务介绍的大数据基本概念、大数据处理技术以及大数据处理流程，读者能够对这些知识有一定了解。

知识学习

大数据概述

1. 大数据的概念和特征

随着近年来计算机技术和互联网的发展，“大数据”一词被越来越频繁地提及，大数据的快速发展也在时刻影响着我们的生活。例如，在医疗方面，大数据能够帮助医生预测疾病；在电商方面，大数据能够向顾客个性化地推荐商品；在交通方面，大数据会帮助人们选择最佳出行方案。

在高速发展的信息时代，新一轮科技革命正在加速推进，技术创新日益成为重塑经济发展模式和促进经济增长的重要驱动力，而“大数据”无疑是核心驱动力。

大数据指无法在一定时间范围内用常规软件工具进行捕捉、管理和处理的数据集合，是需要新的处理模式才能获得更强的决策力、洞察力和流程优化能力的海量、高增长率和多样化的信息资产。大数据关注海量数据的存储和分析计算问题。按由小到大的排列，数据的存储单位为：bit、Byte、KB、MB、GB、TB、PB、EB、ZB 等。大数据具有以下特征。

1）Volume（大量）

截至目前，全人类说过的话的数据量大约是 5EB。当前，典型个人计算机硬盘的容量为 TB 量级，而一些大企业的数据量已经接近 EB 量级。

2）Velocity（高速）

高速是大数据区别于传统数据处理技术的最显著特征之一。根据互联网数字中心（Internet Data Center，IDC）的“数字宇宙”的报告，预计到 2025 年，全球数据使用量将达到 175ZB。在如此海量的数据面前，处理数据的效率将决定企业的命运。

3）Variety（多样性）

大数据类型的多样性体现在它分为结构化数据、半结构化数据和非结构化数据上。相比于以往便于存储的以数据库 / 文本为主的结构化数据，非结构化数据越来越多，包括网络日志、音频、视频、图片、地理位置信息等数据，这些数据对数据的处理能力提出了更高要求。

4）Value（低价值密度）

价值密度的高低与数据总量的大小成反比。例如，对于一天的车道数据，我们只关心车流高峰时段的数据，因此如何快速对有价值的数据进行“提纯”，成为目前大数据背景下待解决的难题。

因此，大数据是一种规模大到在获取、存储、管理、分析方面大大超出了传统数据库软件工具能力范围的数据集合，具有海量的数据规模、快速的数据流转、多样化的数据类型和价值密度低四大特征。大数据包括结构化、半结构化和非结构化数据，其中非结构化数据所占的比重越来越大。

具体来说，电商网站的用户浏览行为记录、购买行为记录，社交网站的用户行为数据记录、用户关系数据，通信行业的用户通信行为记录、上网行为记录，App 应用的用户行为数据，交通部门的海量探测数据、路况监控数据，政府部门的民生数据、舆情数据等，由于用户基数大，形成的数据量动辄日增数百 TB 甚至 PB 级别，这些都是真实、具体的大数据。

2. 大数据处理技术

处理数据需要技术，而在处理规模不同的数据集时，就算处理需求一致，但由于存储难度和计算难度不同，使用的技术也必然不同。在进行大规模数据处理时，基本上需要解决以下两个核心问题。

1）数据存储

由于大数据动辄数百 TB，甚至达到 PB 级别，无法用一个单机文件系统或者一个单机数据库进行存储。因此，在大数据技术体系中，一般采用分布式存储：将数据（文件）分散地存储到一个集群上的 N 台机器中。

2）数据运算

首先来了解什么叫运算。例如，某大型电商网站有大量的用户浏览行为记录，需要从这些记录日志中分析得到以下信息。

（1）最热门的 N 个商品。

（2）用户浏览网站的平均深度。

（3）用户浏览商品时的路径。

这些数据分析需求，最终都需要转化成运算程序来实现。而在海量数据的场景下，即使单机资源（无论是 CPU，还是内存）的配置达到极限，也无法在合理的限定时间内运算出结果，所以，在大数据技术体系下，数据运算主要通过运算资源（计算节点）的水平扩展来实现，即使用分布式集群运算系统。

3. 大数据处理流程

大数据处理流程一般分为五个步骤：数据采集、数据清洗和预处理、数据存储、数据分析和挖掘、数据可视化，大数据处理流程及常用工具如图 1-1 和图 1-2 所示。

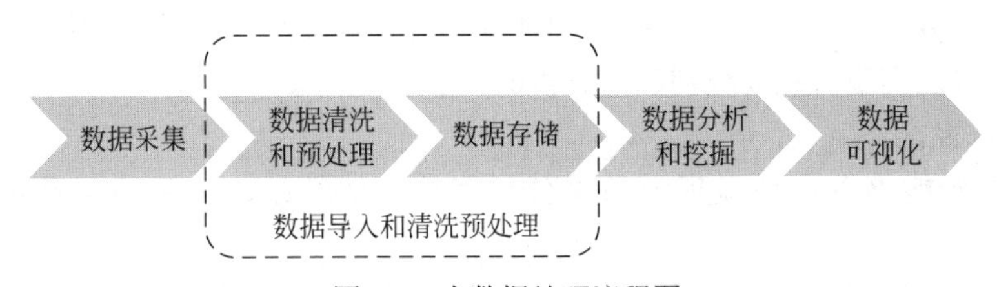

图 1-1　大数据处理流程图

图 1-2　大数据处理常用工具

1）数据采集

数据的来源多种多样，包括移动互联网和社交网络等。这些结构化和非结构化数据是零散的，也就是存在所谓的数据孤岛。在这种情况下，这些数据的作用十分有限。此时，便可利用数据采集技术将这些数据写入数据仓库，将零散的数据整合在一起，进行分析。数据采集包括对交易数据、文件日志、各类传感器数据及设备运行日志的采集，涉及关系型数据库的接入和应用程序的接入等。常用的数据采集工具包括 Flume、Nutch、Scrapy 等。

2）数据清洗和预处理

采集的数据中包含大量重复或无用的数据。此时，需要对数据进行简单的清洗和预处理，从而将不同来源的数据整合成一致的、适合数据分析算法和工具读取的数据，如数据去重、异常处理和数据归一化等，然后将这些数据存储到大型分布式数据库或者分布式集群中。

一般采用 ETL（Extract Transform Load，即抽取—转换—加载）工具将分布式、异构数据源中的数据（如关系数据、平面数据以及其他非结构化数据等）抽取到临时文件或数据库中。

3）数据存储

处理过后的数据保存在分布式存储系统中，如分布式文件系统 HDFS、分布式数据库 HBase 中。

4）数据分析和挖掘

数据分析需要用到 SPSS 等工具。数据挖掘主要指针对现有数据使用各种算法进行计算，达到预测以及实现一些高级别数据分析的需求。

5）数据可视化

可视化分析能够直观地呈现大数据分析和挖掘的结果，常用的工具包括 ECharts、D3.js 等。

综上所述，大数据处理流程是一个从数据采集到应用的过程，每个环节都需要精细设计和执行，以确保数据处理和分析的效率和准确性。

任务 1.2 Hadoop 概述

任务描述

通过学习本任务讲解的 Hadoop 基本概念及技术生态，读者能够对 Hadoop 的作用有一定了解。

知识学习

Hadoop 概述

1. Hadoop 简介

Hadoop 最早由雅虎公司的技术团队根据谷歌公司公开论文中的思想，用 Java 语言开发，现在则隶属于 Apache 基金会。

Hadoop 以分布式文件系统 HDFS（Hadoop Distributed File System）和分布式计算框架 MapReduce 为核心，为用户提供了底层细节透明的分布式基础设施。HDFS 具备高容错性、高伸缩性等优点，允许用户将 Hadoop 部署在廉价的硬件上，构建分布式文件存储系统。

MapReduce 分布式计算框架则允许用户在不了解分布式系统底层细节的情况下，开发并行、分布式应用程序，充分利用大规模的计算资源，解决传统高性能单机无法解决的大数据处理问题。

总之，Hadoop 是一种海量数据的处理工具，并已经被各行各业广泛应用于以下场景。

（1）大数据海量存储：分布式文件系统 HDFS 以及分布式数据库 HBase。

（2）日志处理：Hadoop 可处理大规模离线日志。

（3）海量计算：分布式并行计算 MapReduce。

（4）ETL：数据抽取到 Oracle、MySQL、DB2、MongDB 及主流数据库中。

（5）数据分析：使用 HBase 的扩展性应对大量读写操作。

（6）机器学习：如 Apache Mahout 项目（其常见应用领域：协作筛选、集群、归类）。

（7）搜索引擎：基于 Hadoop + Lucene 技术开发搜索引擎应用。

（8）数据挖掘：适用于用户行为特征建模、个性化广告推荐。

2. Hadoop 技术生态系统

自从 Hadoop 成为 Apache 基金会的顶级项目后，经过长时间的发展，围绕 Hadoop 出现了大量开源扩展技术框架，从而形成了一个庞大的 Hadoop 技术生态体系。Hadoop 技术生态系统如图 1-3 所示。

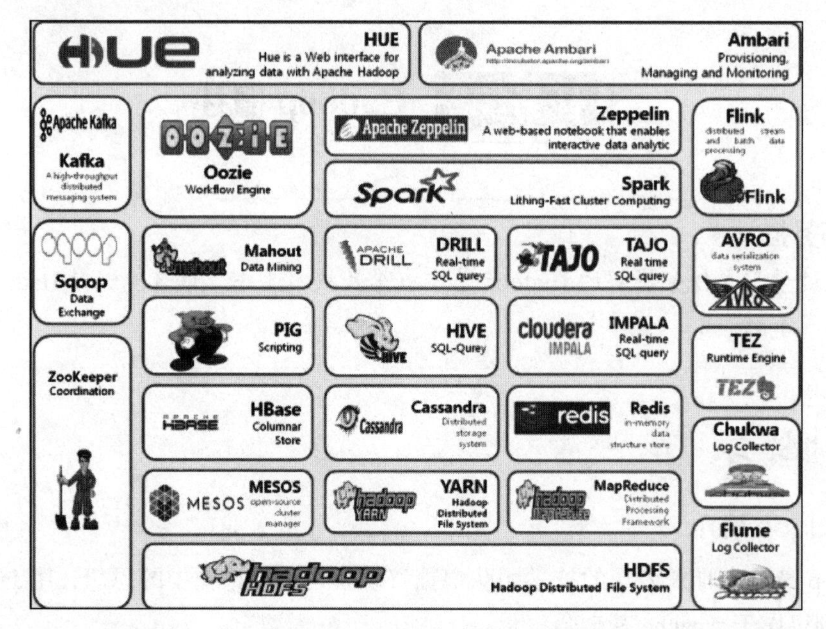

图 1-3　Hadoop 技术生态系统

1）Hadoop 技术生态系统的核心框架组件

（1）HDFS/MapReduce：这两个组件是 Hadoop 的两大核心组件，HDFS 提供分布式文件系统，MapReduce 则提供分布式运算程序编程框架。

（2）Hive：直接基于 MapReduce 开发数据处理和分析的分布式运算程序的技术门槛高、开发效率低，而 Hive 则提供了一个 SQL 脚本作为 MapReduce 运算程序之间的转换桥梁，用户可以基于 Hive 编写类 SQL 脚本，从而快速实现各类数据统计分析功能的开发需求。

（3）HBase：HDFS 是只能追加数据的文件系统，不支持数据的修改，而 HBase 的出现解决了该问题。HBase 运行在 HDFS 之上，是一个分布式、随机访问、面向列的数据库系统，它允许应用程序开发人员直接读写 HDFS 数据。只是，HBase 并不支持 SQL 语句，属于 NoSQL 数据库的一种。然而，HBase 提供了基于命令行的界面以及丰富的 API 函数来操作数据。

2）Hadoop 技术生态系统的外围框架组件

Hadoop 技术生态系统除了核心组件，还包含了非常多外围框架组件，有如下常见的框架组件。

（1）ZooKeeper：Hadoop 技术生态系统中一个非常基础的服务框架，是各分布式框架公用的一个分布式协调服务系统。它通过为各类分布式框架提供状态数据的记录和监听功能，使各类分布式系统的开发变得更加便捷。

（2）Mahout：一个开源的机器学习库，它能使 Hadoop 用户高效地进行诸如数据分析、数据挖掘以及集群等一系列操作。它提供的算法经过性能优化能够在 HDFS 文件系统上高效地运行 MapReduce 框架，对大数据集特别高效。

（3）Ambari：提供一套基于网页的界面来管理和监控 Hadoop 集群，让 Hadoop 集群的部署和运维变得更加简单。它提供了一系列功能，如安装向导、系统警告、集群管理、任务性能优化等。

（4）Kafka：一个分布式、高吞吐量、支持多分区和多副本的基于 ZooKeeper 的分布式消息发布订阅系统。Kafka 的设计初衷是构建一个用来处理海量日志、用户行为和网站运营统计等的数据处理框架，目前与 Spark 等分布式实时处理组件结合使用，用于实时流式数据分析。

（5）Sqoop：用来在各类传统的关系型数据库（如 MySQL、Oracle 等）和 Hadoop 生态体系中的各类分布式存储系统（如 HDFS、Hive、HBase 等）之间进行数据迁移，从而让开发人员快速地将业务系统数据库中的数据加载到 Hadoop 中，通过综合其他日志数据进行分析。此外，Sqoop 还能方便地将分析结果导出到关系型数据库中，以便进行查询分析和数据可视化。

（6）Flume：用来进行日志的采集、汇聚，它能从各类数据源中读取数据，并将这些数据汇聚到 HDFS、HBase、Hive 等各种类型的大型存储系统中。并且，在使用 Flume 时，用户几乎不用进行任何编程，只需要在 Flume 的配置文件中对数据源和汇聚存储系统的属性进行配置，即可快速搭建一个大型分布式数据采集系统。

（7）Spark：当前最流行的开源大数据内存计算框架，可以基于 Hadoop 上存储的大数据进行计算。

（8）Flink：当前最流行的开源大数据内存计算框架之一，常用于实时计算场景。

（9）Oozie：一个管理 Hadoop 作业（job）的工作流程调度管理系统。

Hadoop 技术生态系统中各组件的架构，如图 1-4 所示。

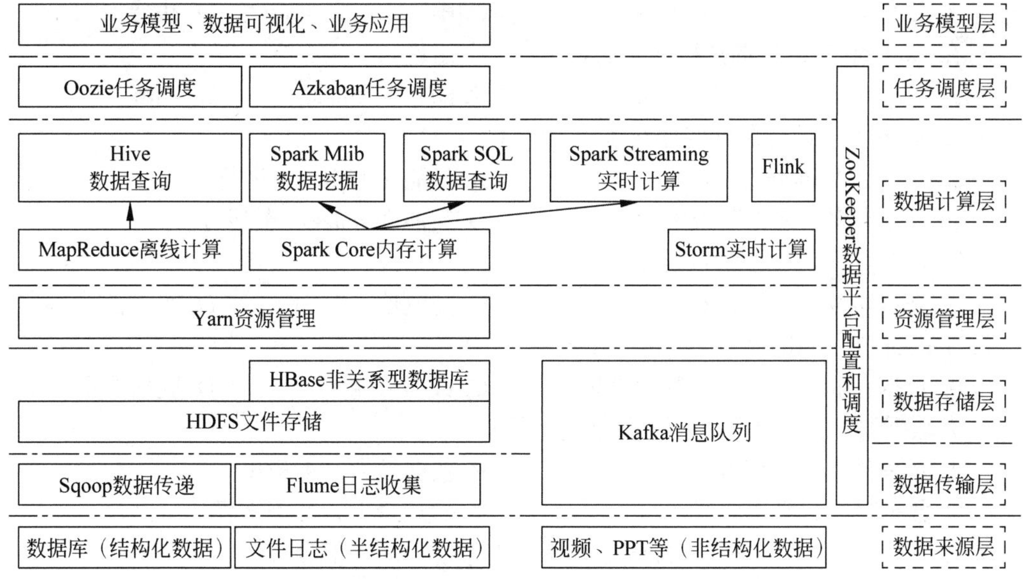

图 1-4 Hadoop 技术生态系统中各组件的架构

3）典型的大数据处理系统架构

Hadoop 技术生态系统中组件众多，上文介绍的组件只是其中的一小部分，不过大部分组件的使用场景十分有限，大部分情况下用不到。典型的大数据处理系统架构如图 1-5 所示。

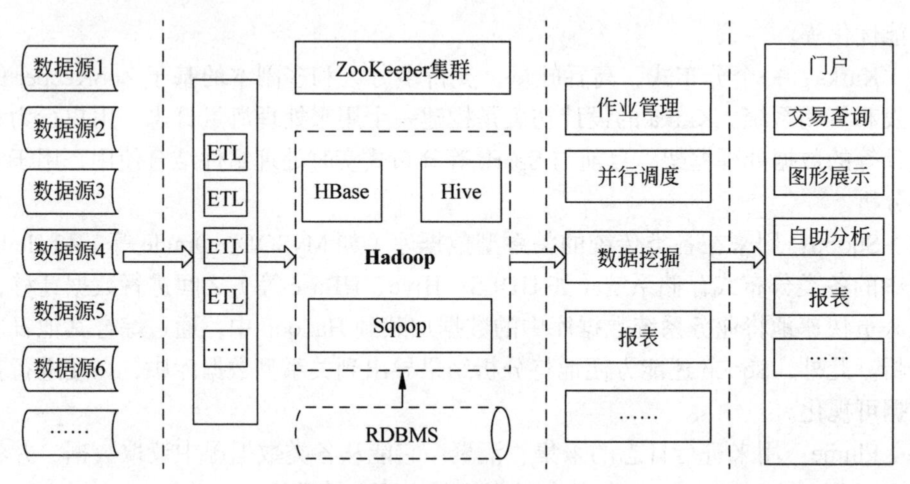

图 1-5　典型的大数据处理系统架构

◆课后练习◆

一、单选题

1. Hadoop 最初是由（　　）公司创建的。

A. 雅虎　　B. 谷歌　　C. Apache　　D. 微软

2. Hadoop 是一个能够对大量数据进行（　　）处理的软件框架。

A. 分布式　　B. 集中式　　C. 串行　　D. 并行

3. 在 Hadoop 中，负责数据存储的是（　　）组件。

A. MapReduce　　B. HBase　　C. HDFS　　D. Yarn

4. Hadoop 可以运行在哪些操作系统上？（　　）

A. 只能在 Windows 上运行　　B. 只能在 Linux 上运行

C. 可以在多种操作系统上运行　　D. 只能在 macOS 上运行

5. 以下（　　）不是 Hadoop 的特点。

A. 高可靠性　　B. 高可扩展性　　C. 高效性　　D. 实时性

6. Hadoop 中的 MapReduce 主要用于（　　）。

A. 数据存储　　B. 数据处理　　C. 数据传输　　D. 数据展示

7. 大数据通常指的是（　　）特征的数据集。

A. 数据量小，价值低　　B. 数据量大，类型单一

C. 数据量小，类型多样　　D. 数据量大，类型多样

8. 以下（　　）组件不是 Hadoop 技术生态系统中的一部分。

A. HBase　　B. Hive　　C. MySQL　　D. Pig

9. 在大数据处理过程中，（　　）是数据预处理的一个重要环节。

A. 数据采集　　B. 数据存储　　C. 数据清洗　　D. 数据传输

10. Hadoop 的（　　）组件可以实现数据的实时查询和分析。

A. HBase　　B. Hive　　C. HBase + Phoenix　　D. MapReduce

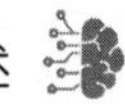

二、多选题

1. Hadoop 的主要组成部分包括（　　）。

A. HDFS　　B. MapReduce　　C. Yarn　　D. HBase

2. 关于 HDFS，以下说法是正确的是（　　）。

A. HDFS 是 Hadoop Distributed File System 的缩写

B. HDFS 是一个高容错性系统

C. HDFS 适合存储大量的小文件

D. HDFS 中的数据默认存储 3 份

3. Hadoop 技术生态系统可以应用在（　　）场景。

A. 日志分析　　B. 数据仓库　　C. 推荐系统　　D. 实时流处理

4. 大数据分析的主要方法包括（　　）。

A. 批处理　　B. 流处理　　C. 图计算　　D. 机器学习

5. 以下（　　）技术可以用于 Hadoop 数据的实时处理。

A. HBase　　B. Hive　　C. Spark Streaming　　D. Flink

Hadoop 分布式集群安装及部署

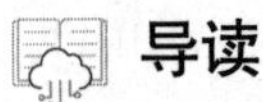

导读

学习 Hadoop，需要一个可运行的 Hadoop 集群，而搭建一个 Hadoop 集群，则需要准备多台 Linux 服务器。如果购买真正的计算机来安装 Linux 系统作为服务器，在学习阶段显然成本太高，好在这并不是唯一的解决方案。我们可以通过虚拟机技术，快速获得多台虚拟 Linux 机器，并在这些虚拟机器上部署 Hadoop 集群。

学习目标

（1）了解 Linux 操作系统；

（2）掌握 Linux 操作系统的安装及配置方法；

（3）掌握 Hadoop 伪分布式系统的配置过程；

（4）掌握 Hadoop 完全分布式系统的配置过程。

技能目标

（1）能够独立搭建和管理 Hadoop 集群；

（2）能够处理 Hadoop 的常见问题和故障；

（3）能够对 Hadoop 集群进行性能调优。

职业素养目标

（1）增强文化自信和民族自豪感，引导树立正确的价值观；

（2）增强创新意识，鼓励学生不断探索新的 Hadoop 应用场景和技术创新点；

（3）培养团队合作精神，在 Hadoop 的学习和实践中，强调团队协作的重要性，培养与他人合作、共同解决问题的能力；

（4）提升职业道德意识，在使用 Hadoop 集群时遵守相关法律法规和行业标准。

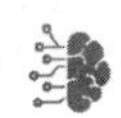

Linux 系统基础环境安装及配置

任务 2.1 Linux 系统基础环境安装及配置

■ 任务描述

通过学习本任务介绍的 Linux 操作系统及安装过程，读者能够对 Linux 操作系统有基本的了解并掌握如何安装 Linux 操作系统。

知识学习

1. Linux 操作系统

Linux 操作系统是一个免费且开源的类 UNIX 操作系统，是常用的服务器操作系统。Hadoop 可以运行在 Linux、Windows 和 UNIX 操作系统上，但是 Hadoop 官方真正支持的操作系统是 Linux，这就导致在其他操作系统上运行 Hadoop 会很麻烦。因此，在 Linux 操作系统上安装运行 Hadoop 是首选方案。

2. Linux 操作系统版本选择

Linux 的发行版本包括 CentOS（Community Enterprise Operating System）、Slackware、Red Hat、debian、fedora、turbolinux、USE、Ubuntu 和国产的中科红旗、麒麟等。

（1）如果是个人使用的桌面系统，可以选用 Ubuntu。它操作方便，界面美观。

（2）企业服务器端 Linux 操作系统一般选择 CentOS 或 Red Hat。这两个操作系统稳定性高。但 Red Hat 服务要收费，而源自 Red Hat 的 CentOS 是免费的，所以首选 CentOS。

（3）如果需要更好的中文环境支持，并且支持国产版本的话，可以选择麒麟 Linux。

本书是在 Linux 服务器上部署 Hadoop 大数据开发环境的，因此选择 CentOS 作为 Hadoop 的操作系统平台。

任务实施

步骤 1 使用 VMware 软件安装 Linux 操作系统

本书推荐使用 VMware Workstation 软件来构建虚拟机，读者可以从网上自行下载一个 VMware Workstation，并按提示安装到自己的 Windows 笔记本电脑或 PC 上，然后启动 VMware Workstation，就可以创建自己的 Linux 虚拟机了。

1. 新建虚拟机

（1）在 VMware Workstation 中，选择菜单栏中的“文件”菜单，然后选择“新建虚拟机”，在弹出的“新建虚拟机向导”对话框中选择“典型”单选按钮，然后单击“下一步”按钮，如图 2-1 所示。

（2）在新窗口中，选择“稍后安装操作系统”单选按钮，然后单击“下一步”按钮，如图 2-2 所示。

图 2-1　选择配置类型

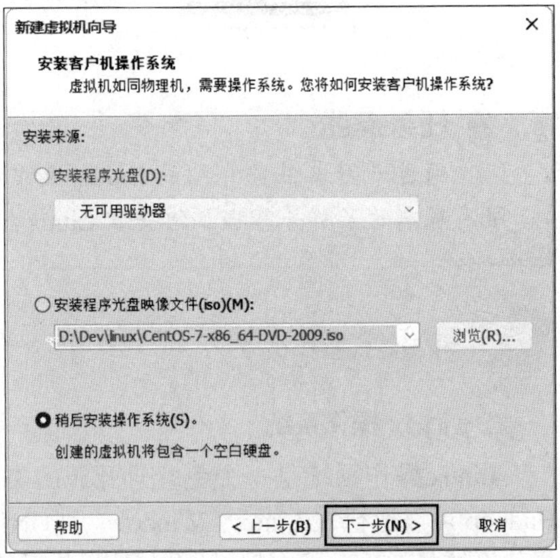

图 2-2　选择安装类型

（3）在新窗口中，选择 Linux（L）作为客户机操作系统，系统版本为 CentOS 7 64 位，然后单击“下一步”按钮，如图 2-3 所示。

（4）在新窗口中，将“虚拟机名称”修改为 centos，并单击“浏览”按钮，修改新虚拟机的位置，然后单击“完成”按钮，如图 2-4 所示。

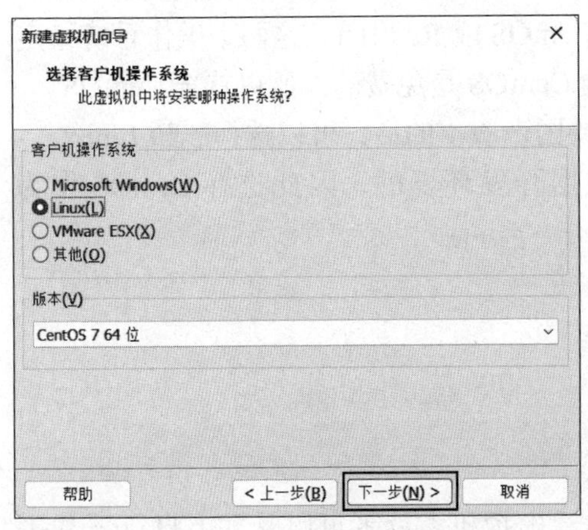

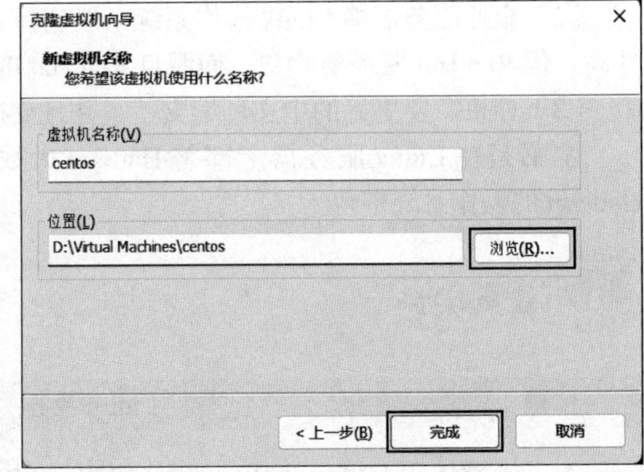

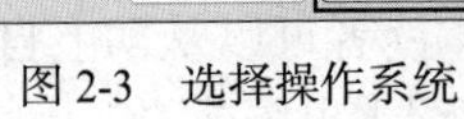

图 2-3　选择操作系统

图 2-4　选择虚拟机安装位置

（5）在新窗口中，“最大磁盘大小”默认为 20GB，可以根据需求进行调整，此处保持默认值。选择“将虚拟磁盘拆分成多个文件”选项，然后单击“下一步”按钮，如图 2-5 所示。

（6）新窗口显示了当前虚拟机的配置信息，其中网络适配器默认使用 NAT 模式“设备状态”按图 2-6 所示进行设置。单击“自定义硬件”按钮，进行如下配置，然后单击“完成”按钮，如图 2-7 所示。

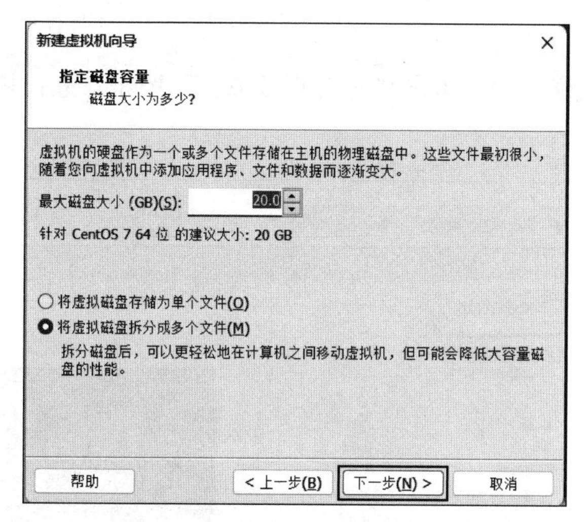

图 2-5 设置磁盘容量及拆分方式

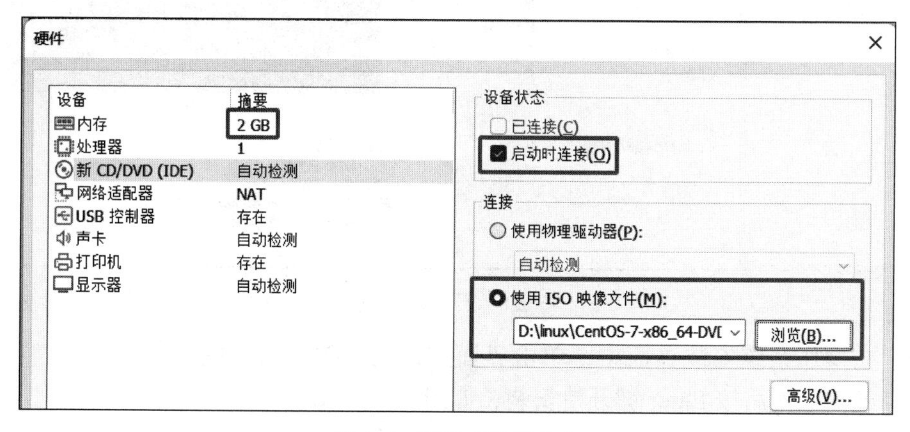

图 2-6 配置虚拟机信息

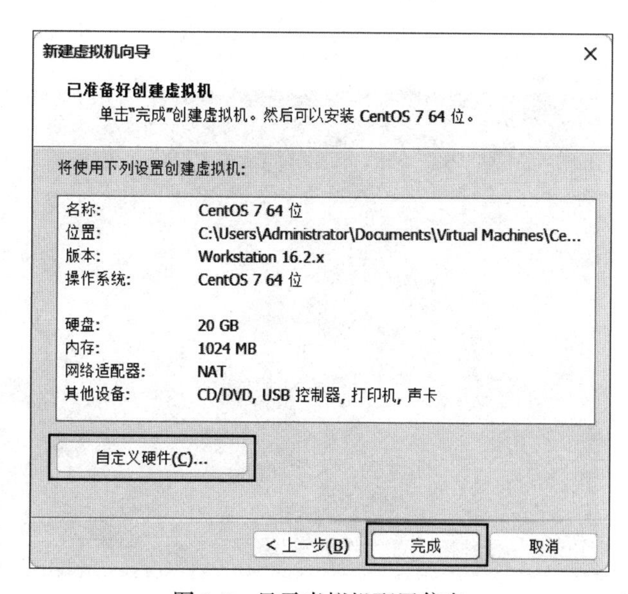

图 2-7 显示虚拟机配置信息

2. 安装操作系统

（1）在虚拟机主窗口中，单击“开启此虚拟机”按钮，进行操作系统的安装，如图 2-8 所示。

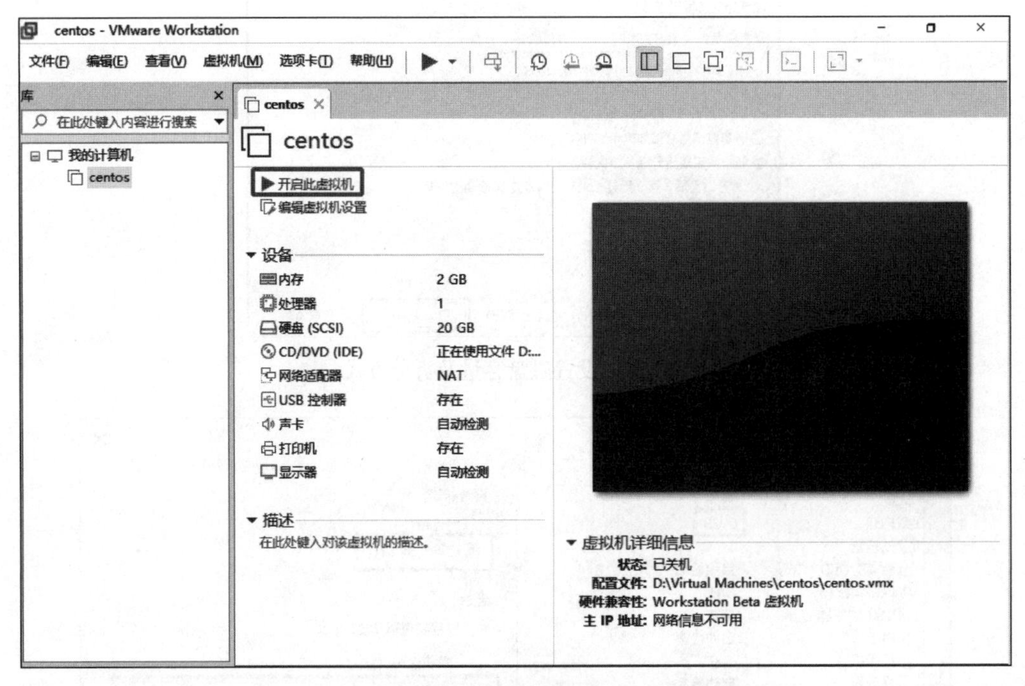

图 2-8　开启虚拟机

（2）在操作系统安装界面中，单击界面空白处，按键盘上的上下方向键选择 Install CentOS 7 选项，然后按 Enter 键开始安装，如图 2-9 所示。

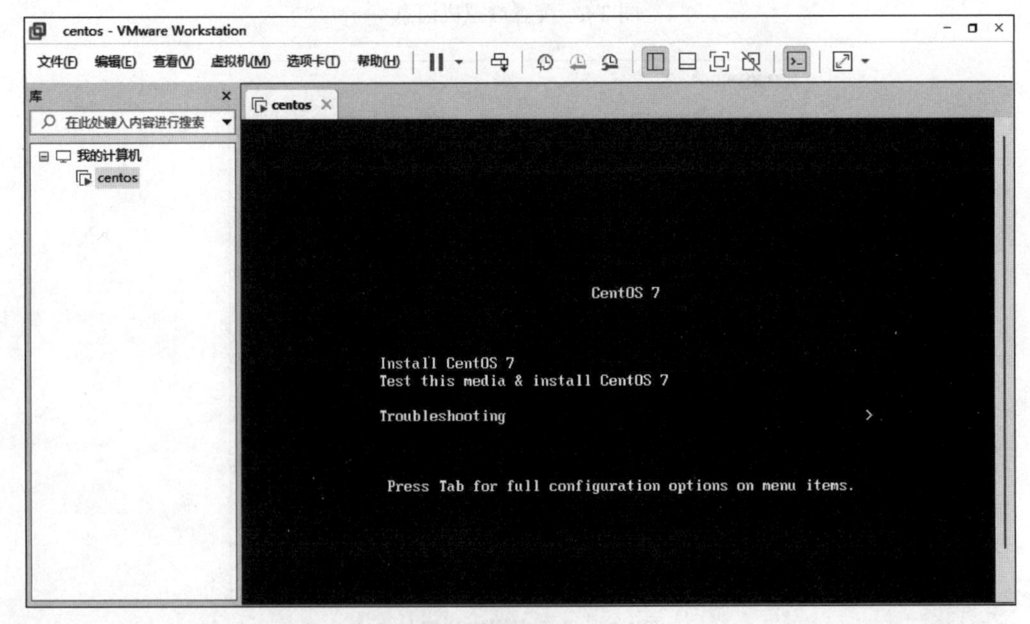

图 2-9　安装操作系统

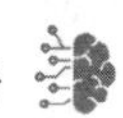

（3）在语言选择窗口的左侧选择“中文”，右侧选择“简体中文（中国）”，然后单击“继续”按钮，如图 2-10 所示。

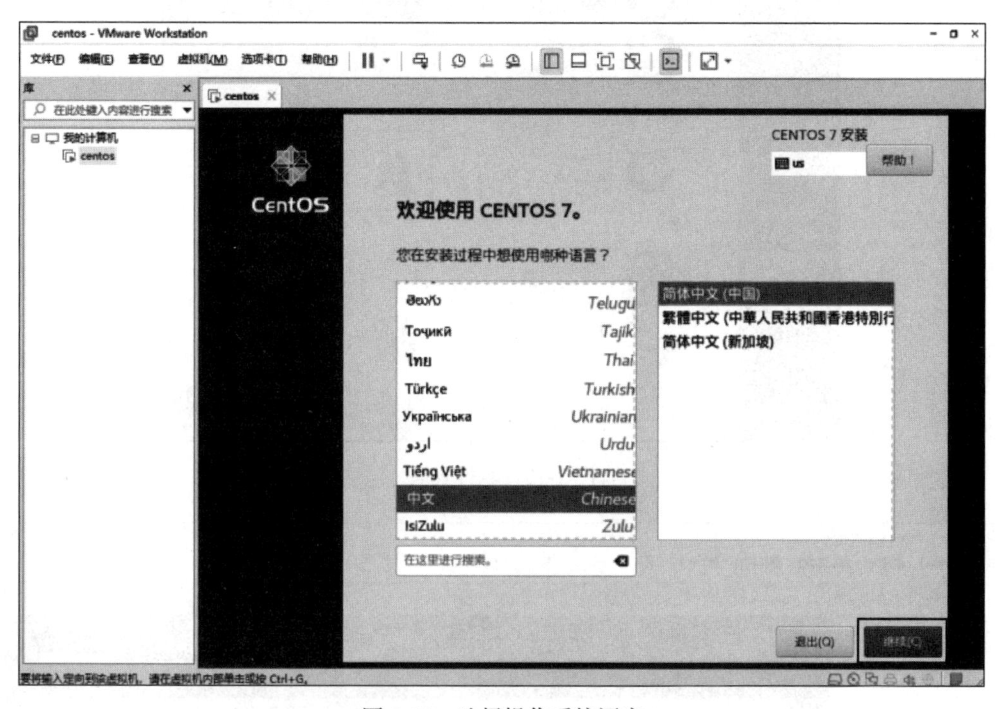

图 2-10　选择操作系统语言

（4）在“安装信息摘要”窗口中选择“安装位置”选项，如图 2-11 所示。

（5）在“安装目标位置”窗口中直接单击左上角的“完成”按钮即可，如图 2-12 所示。

图 2-11　选择安装位置　　　　图 2-12　安装目标位置

（6）选择“软件选择”选项，进行软件安装，如图 2-13 所示。

（7）在“软件选择”窗口中选择“GNOME 桌面”选项，然后单击“完成”按钮即可，如图 2-14 所示。

图 2-13　软件安装

图 2-14　选择操作系统安装位置

（8）以上内容选择好了以后，单击“开始安装”按钮。单击“ROOT 密码”按钮，可设置 root 用户的密码；单击“创建用户”按钮，可创建管理员用户 hadoop，如图 2-15 所示。

（9）系统安装完成后会自动进入图形化界面安装，如图 2-16 所示，右击选择 Open Terminal，打开终端后会进入 Shell 环境。

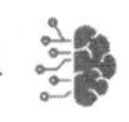

图 2-15 用户设置

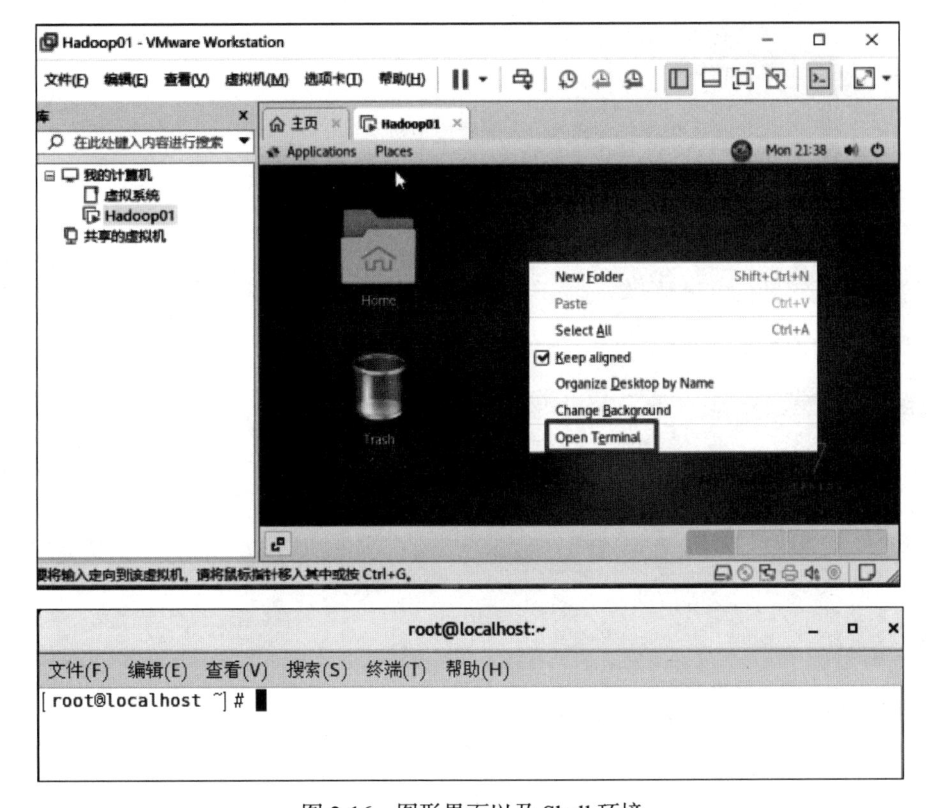

图 2-16 图形界面以及 Shell 环境

3. 配置虚拟机网络

在 VMware Workstation 菜单栏中选择“编辑”菜单，然后选择“虚拟网络编辑器”，在弹出的“虚拟网络编辑器”窗口中选择“NAT 模式”，然后取消勾选“使用本地 DHCP 服务将 IP 地址分配给虚拟机”，“子网 IP”部分可以根据自己想要配置的网段进行修改（注意此处为网段，不是固定 IP，因此最后一位是 0）。然后，单击右侧的“NAT 设置”按钮，会显示 NAT 网络的网关地址，默认为 192.168.10.2，如图 2-17 所示。

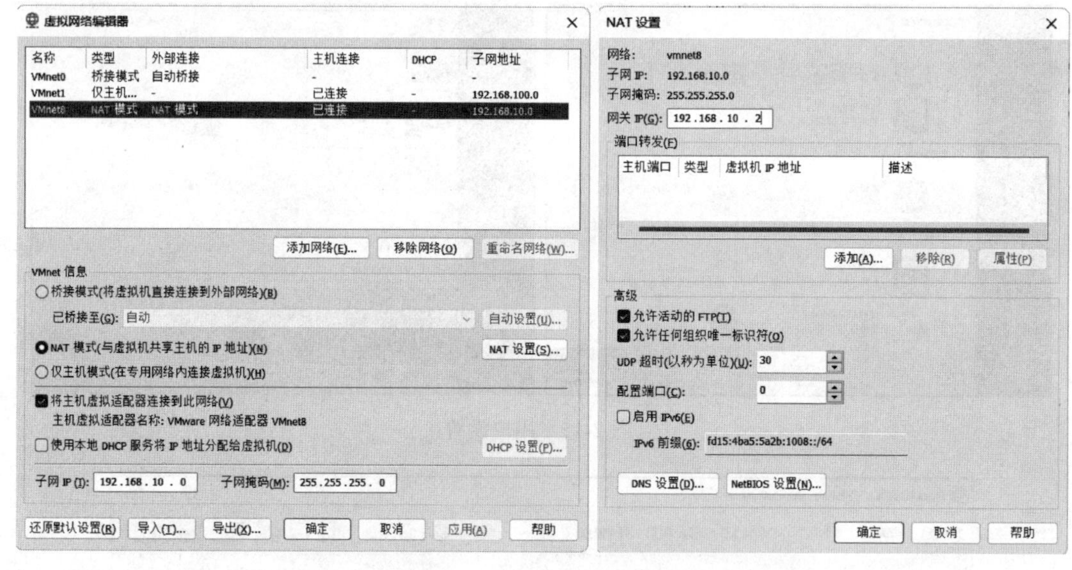

图 2-17　配置虚拟机网络

1）修改系统的 IP 地址

编辑网卡配置文件 ifcfg-ens33，修改 IP 地址，命令如下：

```
[root@localhost ~]# vim  /etc/sysconfig/network-scripts/ifcfg-ens33
```

需要修改的内容如下：

```
TYPE=Ethernet
DEVICE=ens33
BOOTPROTO=static
ONBOOT=yes
IPADDR=192.168.10.129
NETMASK=255.255.255.0
GATEWAY=192.168.10.2
DNS1=8.8.8.8
```

需要修改的各个属性的含义如下：

- BOOTPROTO：将其值修改为 static 表示静态 IP（固定 IP）；
- ONBOOT：将其值修改为 yes 表示开机启用本配置。

需要添加的属性及解析如下：

- IPADDR：IP 地址；
- NETMASK：子网掩码；
- GATEWAY：默认网关，如果安装的是虚拟机，其值通常是 2，即 VMnet8 的网关设置；
- DNS1：DNS 配置，若需要连接外网，需要配置 DNS。

2）重启网络

修改完网卡配置文件后，保存并退出，然后重新启动网络，查看修改是否成功：

```
[root@localhost ~]# systemctl restart network
[root@localhost ~]# ip a
```

修改 IP 地址后，网卡信息如图 2-18 所示。

```
root@localhost:~
文件(F) 编辑(E) 查看(V) 搜索(S) 终端(T) 帮助(H)
[root@localhost ~]# ip a
1: lo: <LOOPBACK,UP,LOWER_UP> mtu 65536 qdisc noqueue state UNKNOWN group default qlen 1000
    link/loopback 00:00:00:00:00:00 brd 00:00:00:00:00:00
    inet 127.0.0.1/8 scope host lo
       valid_lft forever preferred_lft forever
    inet6 ::1/128 scope host
       valid_lft forever preferred_lft forever
2: ens33: <BROADCAST,MULTICAST,UP,LOWER_UP> mtu 1500 qdisc pfifo_fast state UP group default qlen 1000
    link/ether 00:0c:29:c6:7a:b9 brd ff:ff:ff:ff:ff:ff
    inet 192.168.10.129/24 brd 192.168.10.255 scope global noprefixroute ens33
       valid_lft forever preferred_lft forever
    inet6 fe80::4587:be4f:4c2:896d/64 scope link noprefixroute
       valid_lft forever preferred_lft forever
3: virbr0: <NO-CARRIER,BROADCAST,MULTICAST,UP> mtu 1500 qdisc noqueue state DOWN group default qlen 1000
    link/ether 52:54:00:69:5d:b2 brd ff:ff:ff:ff:ff:ff
    inet 192.168.122.1/24 brd 192.168.122.255 scope global virbr0
       valid_lft forever preferred_lft forever
4: virbr0-nic: <BROADCAST,MULTICAST> mtu 1500 qdisc pfifo_fast master virbr0 state DOWN group default qlen 1000
    link/ether 52:54:00:69:5d:b2 brd ff:ff:ff:ff:ff:ff
[root@localhost ~]#
```

图 2-18 修改 IP 地址后的网卡信息

步骤 2 使用 SSH 客户端工具连接虚拟机

安装完成虚拟机的 Linux 系统并做好网络配置后，可以让 VMware 在后台运行，然后在 Windows 中使用 SSH 客户端软件通过 SSH 协议“远程”连接各台 Linux 虚拟机。

1. SSH 客户端软件安装

Windows 平台上有众多 SSH 客户端工具软件，常见的有 XShell、PuTTY、SecureCRT 等，读者可根据自己的喜好任意挑选一款使用。本书以 SecureCRT 为例进行示范，下载一个 SecureCRT 安装包，解压缩后双击 CRT.exe 文件，打开 CRT 远程连接工具，启动界面如图 2-19 所示。

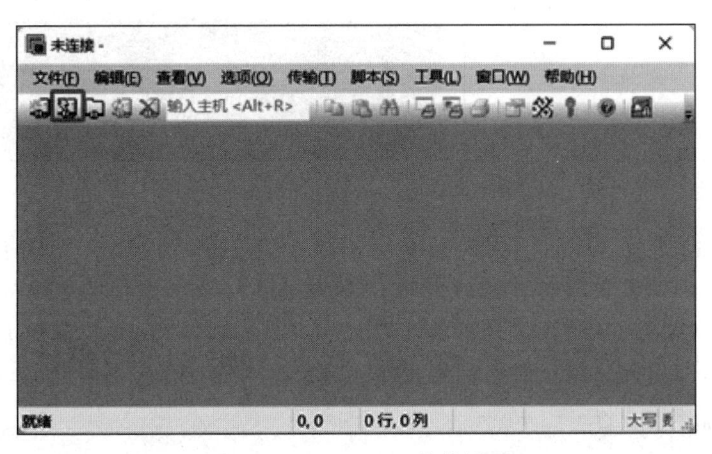

图 2-19 SecureCRT 软件界面

2. 在 SecureCRT 中建立连接

在 SecureCRT 的工具栏中单击“快速连接”图标，可创建一个新的连接，在连接配置框中，各参数设置如下：

（1）主机名：目标主机的域名或者 IP 地址；

（2）端口：采用默认的 22；

（3）用户名：为目标 Linux 主机上的用户名，建议使用 Linux 的超级管理员 root 账号。

SecureCRT 连接地址设置如图 2-20 所示。

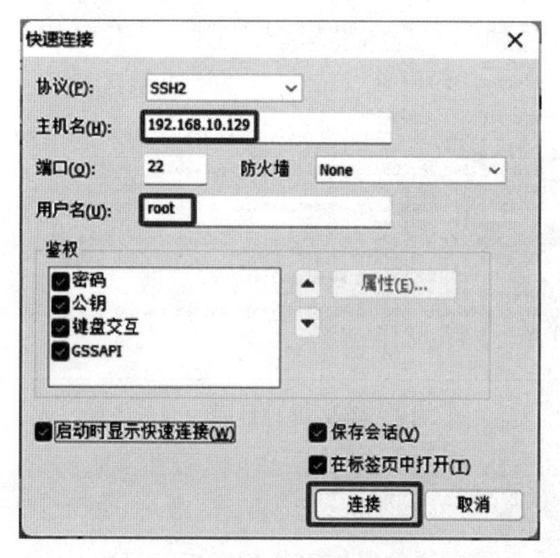

图 2-20　SecureCRT 连接地址

3. 连接虚拟机

配置完成后，单击“连接”按钮，然后在弹出的窗口中输入 root 用户的登录密码，单击“确定”按钮后，如果出现图 2-21 所示的右图界面，表示成功连接。

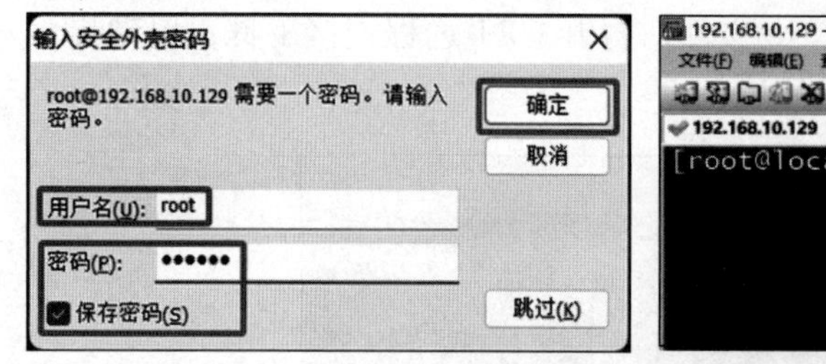

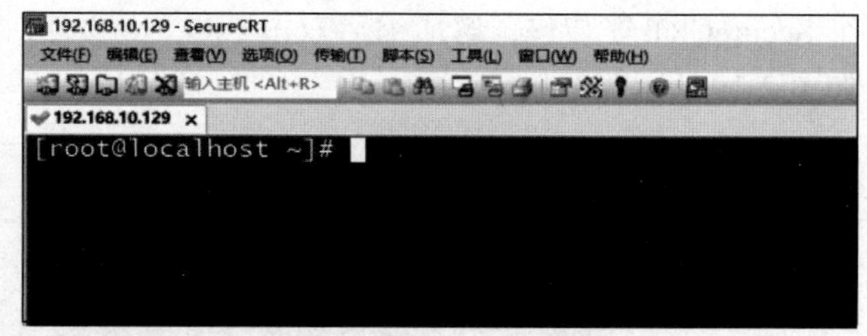

图 2-21　SecureCRT 连接虚拟机

▲ **注意**：在连接 SecureCRT 时，需要确保 VMware 的虚拟网卡 VMnet1 或 VMnet8 处于开启状态，同时需要确保虚拟网卡的 IP 地址为 VMware 虚拟网络编辑器中网段 IP 的第一个地址，如 VMnet8 的网卡地址为 192.168.10.1。虚拟机网络配置过程涉及大量细节问题，但限于本书篇幅，以及避免偏离主题，此处不对这些细节展开介绍。

步骤 3　制作模板虚拟机

在搭建 Hadoop 分布式环境的过程中，需要多台主机组成集群，才能够构建出分布式环境，因此，在后续组建集群时，需要快速地对模板虚拟机进行克隆，这样可以节省重新

安装系统的时间。

1. 配置本地 yum 源

1）检查连接

检查虚拟机光驱是否已经和系统连接，连接状态如图 2-22 所示。

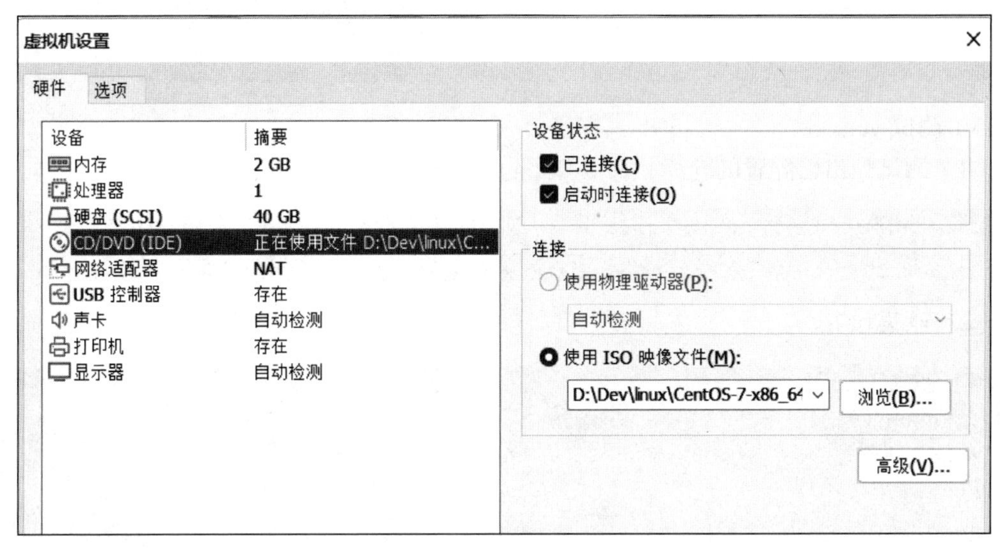

图 2-22　CD/DVD 光驱连接状态

2）创建 yum 源

（1）创建目录。执行以下命令创建目录 centos：

```
[root@localhost ~]# mkdir /mnt/centos
```

（2）挂载光驱。执行以下命令挂载光驱到目录 centos 下，并查看挂载情况，命令如下：

```
[root@localhost ~]# mount  -o  loop  /dev/cdrom  /mnt/centos
[root@localhost ~]# df -h
```

结果如下：

```
Filesystem      Size    Used     Avail  User%   Mounted on
/dev/loop0      4.4G    4.4G     0      100%    /mnt/centos
```

可以看到最下面的 /mnt/centos 已经挂载成功，镜像大小为 4.4GB。

（3）修改 yum 源仓库，命令如下：

```
[root@localhost ~]# cd  /etc/yum.repos.d/
```

把系统当前存在的以 repo 结尾的文件移动到系统的 /media 目录下，命令如下：

```
[root@localhost yum.repos.d]# mv * /media
```

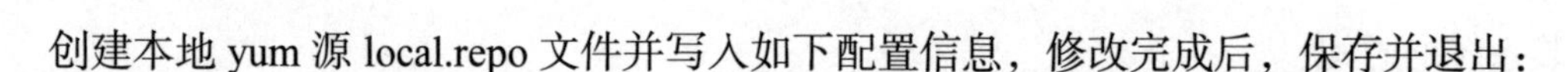

创建本地 yum 源 local.repo 文件并写入如下配置信息，修改完成后，保存并退出：

```
[root@localhost yum.repos.d]# vim vi local.repo
[centos]
name=centos7.9
baseurl=file:///mnt/centos
gpgcheck=0
enabled=1
```

3）测试 yum 源

（1）测试列出已配置的仓库，命令如下：

```
[root@localhost yum.repos.d]# cd
[root@localhost ~]# yum repolist
```

运行结果如下：

```
Loaded plugins: fastestmirror
Loading mirror speeds from cached hostfile
repo id          repo name           status
centos7          centos7.9           4,070
repolist: 4,070
```

如果显示有 4070 个包，说明 yum 源的配置成功。

（2）安装系统常用工具。平时使用 Linux 系统时，有一些工具是必不可少的。例如，vim 编辑器、Linux 命令行补全工具（bash-completion）和网络工具（net-tools），这三个工具可使用如下命令进行安装：

```
[root@localhost ~]# yum install vim  bash-completion  net-tools -y
```

2. 保存配置好的虚拟机

配置完一台创建好的虚拟机后，可以把这个虚拟机当作模板机来使用，在此过程中可以创建虚拟机的快照。这样，后续搭建分布式系统时，只需要对现有的模板进行克隆即可。

任务 2.2 伪分布式系统安装

■ 任务描述

本任务主要搭建了 Hadoop 的一个伪分布式系统，能够让读者提前了解分布式系统的基本结构，并且能够构建一个最简单的 Hadoop 分布式系统。

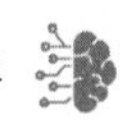

知识学习

伪分布式系统安装

1. 分布式系统

分布式系统（Distributed System）是一个由多台计算机组成的网络化系统，这些计算机通过网络相互连接，并且协同工作以完成共同的任务或提供服务。在这样的系统中，各个组件分布在网络中的不同节点上运行，它们之间不共享内存空间和硬件资源，而是通过网络通信协议进行消息传递和数据交换，从而实现协作。

分布式系统的关键技术包括分布式计算、分布式文件系统、分布式数据库、分布式协调服务（如 ZooKeeper、etcd）、负载均衡、数据复制、分布式锁、共识算法（如 Paxos、Raft）等。在现代信息技术领域，分布式系统广泛应用于云计算、大数据分析、物联网、区块链等诸多场景。

2. Hadoop 分布式系统节点介绍

1）主节点

在 Hadoop 集群中，主节点主要负责各种资源的调度、集群的管理、数据的分配、计算的规划等重要功能。主节点通常运行着 NameNode 和 ResourceManager 这两个进程。

2）从节点

在 Hadoop 集群中，除主节点之外的节点都是从节点，主要负责数据的存储与计算。从节点通常运行着 DataNode 和 NodeManager 这两个进程。

3）数据副本

在 Hadoop 集群中，为了数据的安全，会故意通过复制的方式使数据冗余，默认是复制 3 份。

3. Hadoop 伪分布式系统主要进程

1）NameNode

NameNode 主要用来保存 HDFS 的元数据信息。

2）DataNode

DataNode 用来保存具体的文件数据，数据以块的形式存放。

3）SecondaryNameNode

SecondaryNameNode 用于同步主节点元数据信息，将 NameNode 上的 FSImage 和 edits 文件复制到本地，并合并生成新的 FSImage 文件，再将新的 FSImage 文件复制回 NameNode。

4）ResourceManager

ResourceManager 是分布式计算框架主节点，主要用来进行资源的调度。

5）NodeManager

NodeManager 用来完成计算任务的具体节点。

任务实施

在伪分布式模式下，Hadoop 程序的守护进程都运行在一台节点上，该模式主要用于调试 Hadoop 分布式程序的代码，以及程序的执行是否正确。伪分布式模式是完全分布式模式的一个特例，部署规划如表 2-1 所示。

表 2-1 Hadoop 伪分布式部署规划

主 机 名	IP 地址	运行进程	释 义
Hadoop01（既是主节点，也是从节点）	192.168.10.129	NameNode	保存 HDFS 的元数据信息
		DataNode	负责存储数据
		SecondaryNameNode	用于协助 NameNode 同步元数据
		ResourceManager	负责对集群资源进行统一管理和任务调度
		NodeManager	管理集群中每个节点上的计算资源

步骤 1 克隆虚拟机

搭建 Hadoop 伪分布式系统时，仅需要一台主机，因此按下面的步骤对之前创建好的虚拟机模板进行克隆即可。

关闭任务 2.1 中打开的模板虚拟机，然后在 VMware 左侧的虚拟机列表中右击此虚拟机，选择“管理”→“克隆”，在弹出的“克隆虚拟机向导”窗口中直接单击“下一页”按钮即可，如图 2-23 所示。

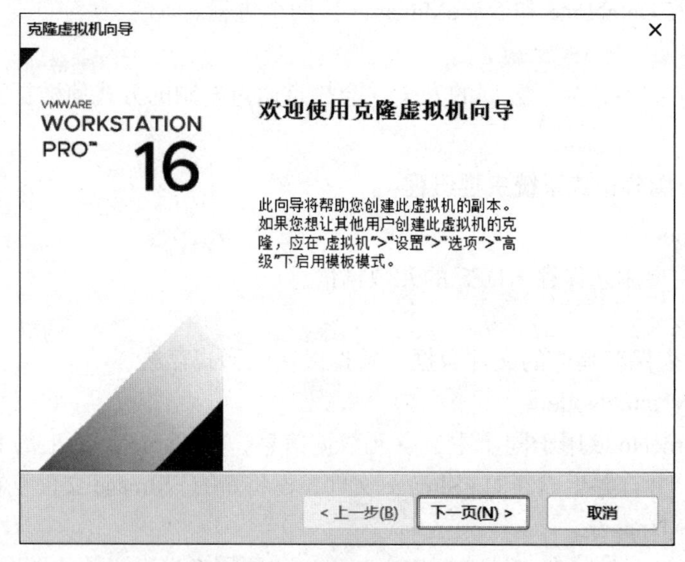

图 2-23 克隆虚拟机向导

在弹出的“源克隆”窗口中选择“虚拟机中的当前状态”选项，然后单击“下一页”按钮，如图 2-24 所示。

在弹出的“克隆类型”窗口中选择“创建完整克隆”选项，然后单击“下一页”按钮，如图 2-25 所示。

在弹出的新窗口中，将“虚拟机名称”修改为 Hadoop01，并单击“浏览”按钮，修改新虚拟机的存储位置，然后单击“完成”按钮，开始进行克隆，如图 2-26 所示。

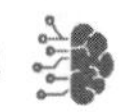

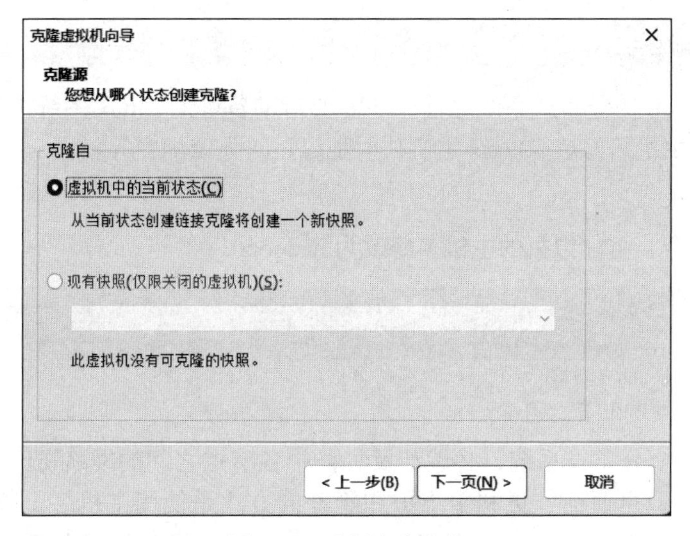

图 2-24 选择克隆状态

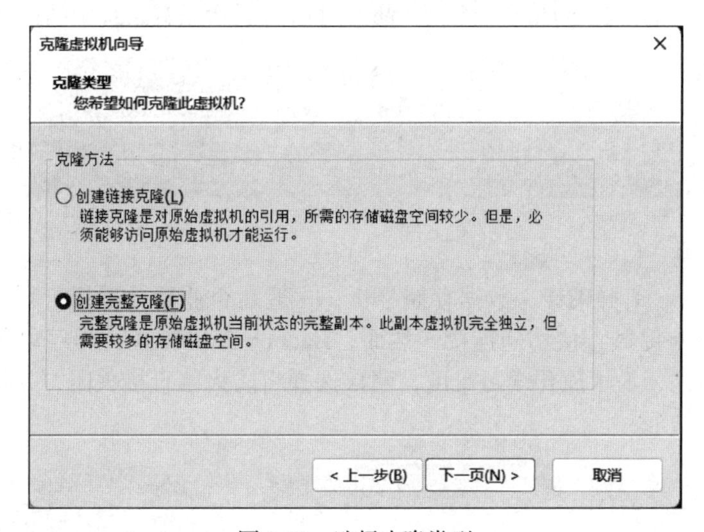

图 2-25 选择克隆类型

克隆虚拟机向导
新虚拟机名称
您希望该虚拟机使用什么名称?
虚拟机名称(V)
Hadoop01
位置(L)
D:\Virtual Machines\Hadoop01
浏览(R)...
< 上一步(B)
完成
取消

图 2-26 克隆虚拟机的名称和位置

步骤 2　基础环境配置

在搭建 Hadoop 伪分布式系统之前，还需要对准备好的 Linux 系统进行一些基本环境配置，主要包含主机名修改、hosts 主机映射配置、防火墙配置等。

1. 主机名修改

执行以下命令，将虚拟机的主机名修改为 hadoop01：

```
[root@localhost ~]# hostnamectl set-hostname hadoop01
[root@localhost ~]# bash
```

2. hosts 主机映射配置

Hadoop 是一个分布式系统，必然涉及集群中各节点之间的网络访问，而访问网络可以通过 IP 地址，但更便捷、更利于维护和管理的方式是使用主机名（域名）进行访问。因此，需要在各台 Linux 机器上配置好整个集群中各个主机名和对应 IP 地址的映射关系。配置文件为 /etc/hosts，命令如下（注意，修改时请勿删除原有系统中的前两行内容）：

```
[root@hadoop01~]# vim  /etc/hosts
127.0.0.1  localhost localhost.localdomain localhost4 localhost4.localdomain4
::1        localhost localhost.localdomain localhost6 localhost6.localdomain6
192.168.10.129 hadoop01
```

3. 防火墙配置

典型的 Hadoop 集群用于大数据存储分析，一般在企业后台运行，不会直接对外暴露服务，也不会对外提供直接访问连接。然而，Hadoop 集群中各种程序角色又要使用众多的网络端口，因此，为了简化学习难度，建议选择将防火墙直接关闭，并禁止防火墙自动启动，设置命令如下：

```
[root@hadoop01 ~]# systemctl stop firewalld          //临时关闭
[root@hadoop01 ~]# systemctl disable firewalld       //永久关闭
[root@hadoop01 ~]# systemctl status firewalld        //查看防火墙状态
```

运行结果如下：

```
firewalld.service - firewalld - dynamic firewall daemon
Loaded: loaded (/usr/lib/systemd/system/firewalld.service; disabled;
vendor preset: enabled)
Active: inactive (dead)          //非活动状态
Docs: man:firewalld(1)
```

步骤 3　安装配置 JDK

在整个 Hadoop 技术生态系统中，绝大部分软件组件是基于 Java 开发的，因而部署 Hadoop 集群离不开 Java 运行环境。集群中所有节点都必须安装 JDK，并配置好相应的系统环境变量。下面介绍具体的操作步骤。

1. 上传 JDK 安装包

在 Hadoop01 节点中，执行以下命令，上传安装文件到操作系统的 /opt/software/ 目录中：

```
[root@hadoop01 ~]# mkdir /opt/software
[root@hadoop01 ~]# cd /opt/software/
[root@hadoop01 software]# rz
```

输入 rz 命令后，选择上传 jdk-8u212-linux-x64.tar.gz 文件，然后使用以下命令查看：

```
[root@hadoop01 software]# ll
```

运行结果如下：

```
-rw-r--r--. 1 root root 195013152 10月  1 2022 jdk-8u212-linux-x64.tar.gz
```

2. 配置 JDK

1）解压并重命名

在 Hadoop01 节点中，执行如下命令，将 JDK 安装包解压到 /opt/modules/ 目录中，修改解压后的文件名为 java，然后使用命令查看：

```
[root@hadoop01 ~]# mkdir /opt/modules
[root@hadoop01 ~]# tar  -zxf  jdk-8u212-linux-x64.tar.gz  -C /opt/modules/
[root@hadoop01 software]# cd /opt/modules/
[root@hadoop01 modules]# mv jdk1.8.0_212 java
[root@hadoop01 modules]# ll
```

运行结果如下：

```
drwxr-xr-x.  7 root root  245 4月   2 2019 java
```

2）配置环境变量

Hadoop 中的各软件在运行时需要从系统环境中获取 JAVA_HOME 环境变量的值，并需要通过 PATH 来搜寻 JDK 中的可执行程序。因此，需要将这两个环境变量配置到系统环境变量中，具体实现步骤如下：

```
[root@hadoop01 ~]# vim /etc/profile
```

在文件的末尾加入以下内容：

```
export JAVA_HOME=/opt/modules/java
export PATH=$PATH:$JAVA_HOME/bin
```

执行以下命令，刷新 profile 文件，使修改生效：

```
[root@hadoop01~]# source /etc/profilc
```

检查 Java 环境是否安装成功，如果出现以下提示，表示安装成功：

```
[root@hadoop01 ~]# java -version
java version "1.8.0_212"
Java(TM) SE Runtime Environment (build 1.8.0_212-b10)
Java HotSpot(TM) 64-Bit Server VM (build 25.212-b10, mixed mode)
```

步骤 4 部署 Hadoop 伪分布式系统

1. 安装 Hadoop

1）上传 Hadoop 安装包

使用 SecureCRT 软件连接虚拟机所在主节点（Hadoop01）的会话窗口，使用 sftp 工具将 Hadoop 安装包上传到 opt/software 目录。

2）解压缩文件

执行以下命令，将文件解压缩到系统的 opt/modules 目录下：

```
[root@hadoop01 software]# tar -zxvf hadoop-2.7.7.tar.gz -C /opt/modules
[root@hadoop01 software]# cd /opt/modules/
[root@hadoop01 modules]# mv hadoop-2.7.7 hadoop
```

3）配置环境变量

为了便于执行 Hadoop 安装目录中的各脚本命令，需要在系统环境变量中配置 HADOOP_HOME 变量，以及在 PATH 变量中增加 Hadoop 中的 bin 路径和 sbin 路径，具体操作步骤如下：

```
[root@hadoop01~]# vim /etc/profile
```

在文件末尾处之前配置的 JAVA_HOME 的基础上添加以下内容：

```
export HADOOP_HOME=/opt/modules/hadoop
export PATH=$PATH:$HADOOP_HOME/bin:$HADOOP_HOME/sbin
```

修改完成后，将 /etc/profile 中的变量定义通过 source 命令引入当前的 BASH 环境中。命令如下：

```
[root@hadoop01~]# source /etc/profile
```

检查 Hadoop 环境是否配置成功，如果出现如下提示，表示安装成功：

```
[root@hadoop01 ~]# hdfs
Usage: hdfs [--config confdir] [--loglevel loglevel] COMMAND
       where COMMAND is one of:
 dfs                  run a filesystem command on the file systems supported
                      in Hadoop.
 classpath            prints the classpath
 namenode -format     format the DFS filesystem
 secondary namenode run the DFS secondary namenode
 namenode             run the DFS namenode
```

```
    journalnode          run the DFS journalnode
    zkfc                 run the ZK Failover Controller daemon
    datanode             run a DFS datanode
    dfsadmin             run a DFS admin client
    haadmin              run a DFS HA admin client
    fsck                 run a DFS filesystem checking utility
    balancer             run a cluster balancing utility
    jmxget               get JMX exported values from NameNode or DataNode
    mover                run a utility to move block replicas across storage types
    oiv                  apply the offline fsimage viewer to an fsimage
    oiv_legacy           apply the offline fsimage viewer to an legacy fsimage
    oev                  apply the offline edits viewer to an edits file
    fetchdt              fetch a delegation token from the NameNode
    getconf              get config values from configuration
    groups               get the groups which users belong to
    snapshotDiff         diff two snapshots of a directory or diff the
                         current directory contents with a snapshot
    lsSnapshottableDir   list all snapshottable dirs owned by the current user
                                                Use -help to see options
    portmap              run a portmap service
    nfs3                 run an NFS version 3 gateway
    Cacheadmin           configure the HDFS cache
    crypto               configure HDFS encryption zones
    storagepolicies      list/get/set block storage policies
    version              print the version
```

2. 配置 Hadoop

Hadoop 所有配置文件都在软件安装目录下的 etc/hadoop 目录下，主要涉及修改的配置文件，如表 2-2 所示。

表 2-2 Hadoop 常用配置文件说明

配置文件	配置对象	主要配置内容
hadoop-env.sh	Hadoop 运行时的各类环境变量	让 Hadoop 启动时能够找到对应的软件目录
core-site.xm	Hadoop 核心配置文件	配置 HDFS 地址、端口号、Hadoop 运行时生成数据的临时目录
hdfs-site.xml	HDFS 文件系统相关参数	1. NameNode 和 DataNode 的存放位置 2. HDFS 数据块的副本数量（默认为 3） 3. SecondaryNameNode 所在服务的 HTTP 协议地址
mapred-site.xml	MapReduce 核心配置文件	指定 MapReduce 的运行框架为 Yarn
yarn-site.xml	Yarn 集群资源管理系统的核心配置文件	1. 配置 Yarn 集群的主节点 ResourceManager 的地址 2. 配置 NodeManager 运行时的附属服务为 mapreduce_shuffle，才可以运行 MapReduce 程序
slaves	Hadoop 集群所有子节点的主机名	配置 DataNode 节点

1）配置 Hadoop 环境变量

执行以下命令，修改 hadoop-env.sh 文件，配置 Hadoop 环境变量：

```
[root@hadoop01 ~]# cd /opt/modules/hadoop/etc/hadoop/
[root@hadoop01 ~]# vim hadoop-env.sh
```

在 hadoop-env.sh 文件中找到 export JAVA_HOME 这一行，然后指定 JDK 的安装路径：

```
export JAVA_HOME=/opt/modules/java
```

2）配置 HDFS

（1）修改 core-site.xml 文件，命令如下：

```
[root@hadoop01 ~]# vim core-site.xml
<!-- 指定 Hadoop 所使用的文件系统 schema（URI),HDFS 的主节点 NameNode 的地址 -->
<?xml version="1.0" encoding="UTF-8"?>
<?xml-stylesheet type="text/xsl" href="configuration.xsl"?>
<configuration>
    <property>
        <name>fs.defaultFS</name>
        <value>hdfs://hadoop01:9000</value>
    </property>
    <!-- 指定 Hadoop 运行时产生文件的存储目录 -->
    <property>
        <name>hadoop.tmp.dir</name>
        <value>/opt/modules/hadoop/data</value>
    </property>
</configuration>
```

上述代码中各个参数的含义如下：

- fs.defaultFS：用于指定 Hadoop 的默认文件系统为 HDFS，并通过 value 中的 URI：hdfs://hadoop01:9000 指定 HDFS 的 NameNode 服务进程所在机器为 hadoop01，客户端请求 NameNode 时使用的端口为 9000；
- hadoop.tmp.dir：用于指定 Hadoop（包括 HDFS）的服务进程在运行过程中存放数据的目录。

⚠ **注意：** Hadoop 中的所有配置文件参数都是系统默认规定好的，不能自定义，要严格按照默认配置文件参数进行修改。在书写过程中，需要格外注意参数的大小写，否则会在格式化文件系统时报错，导致后续进程无法正常启动。

（2）修改 hdfs-site.xml，命令如下：

```
[root@hadoop01 ~]# vim hdfs-site.xml
<?xml version="1.0" encoding="UTF-8"?>
<?xml-stylesheet type="text/xsl" href="configuration.xsl"?>
<configuration>
     <!-- 指定 HDFS 副本的数量，默认为 3 份。 -->
     <property>
         <name>dfs.replication</name>
         <value>1</value>
     </property>
</configuration>
```

3）配置 Yarn

（1）修改 mapred-site.xml。由于系统没有提供默认的配置文件，因此先修改配置文件的名字，命令如下：

```
[root@hadoop01 ~]# mv mapred-site.xml.template mapred-site.xml
[root@hadoop01 ~]# vim mapred-site.xml
<?xml version="1.0" encoding="UTF-8"?>
<?xml-stylesheet type="text/xsl" href="configuration.xsl"?>
<!-- 指定 MapReduce 运行在 Yarn 上 -->
<configuration>
     <property>
      <name>mapreduce.framework.name</name>
      <value>yarn</value>
     </property>
</configuration>
```

（2）修改 yarn-site.xml，命令如下：

```
[root@hadoop01 ~]# vim yarn-site.xml
<?xml version="1.0" encoding="UTF-8"?>
<?xml-stylesheet type="text/xsl" href="configuration.xsl"?>
<!-- 指定 Yarn 的主节点 ResourceManager 的地址 -->
<configuration>
    <property>
       <name>yarn.resourcemanager.hostname</name>
       <value>hadoop01</value>
    </property>
    <!-- reducer 获取数据的方式，从节点的运行机制 -->
    <property>
       <name>yarn.nodemanager.aux-services</name>
       <value>mapreduce_shuffle</value>
    </property>
</configuration>
```

上述代码中各个参数的含义如下：

- yarn.resourcemanager.hostname：指定 Yarn 的 ResourceManager 节点在哪台主机上运行；
- yarn.nodemanager.aux-services：指定 Yarn 的 NodeManager 节点机制。

4）配置节点文件

使用以下命令修改 slaves 配置文件，先删除默认的 localhost：

```
[root@hadoop01 ~]# vim slaves
hadoop01
```

在使用脚本命令 start-dfs.sh 启动集群时，该脚本需要读取这个文件，获知需要在哪些节点上启动 DataNode 服务进程。因此，需要将规划为 DataNode 节点的主机名全部在该文件中列出，因为在伪分布式系统中，从节点和主节点在一台机器上，所以只需要写本机的主机名即可。

3. 格式化文件系统

执行以下命令，格式化文件系统：

```
[root@hadoop01 ~]# hdfs  namenode -format
```

4. 启动 HDFS

执行以下命令，启动 HDFS，使用 jps 命令查看进程：

```
[root@hadoop01 ~]# start-dfs.sh
[root@hadoop01 ~]# jps
NameNode
DataNode
SecondaryNameNode
```

在浏览器中输入 http://192.168.10.129:50070 或 http://hadoop01:50070，查看 HDFS，Web 访问页面如图 2-27 所示。

图 2-27　HDFS 启动 Web 页面

也可以通过命令行验证，具体如下：

```
[root@hadoop01 ~]# hdfs  dfsadmin  -report
```

5. 启动 Yarn 进程

执行以下命令启动 Yarn，使用 jps 命令查看进程：

```
[root@hadoop01 ~]# start-yarn.sh
[root@hadoop01 ~]# jps
NameNode
DataNode
SecondaryNameNode
```

```
Resourcemanager
NodeManager
```

在浏览器中输入 http://192.168.10.129:8088 或 http://hadoop01:8088，查看 Yarn，Web 访问页面如图 2-28 所示。

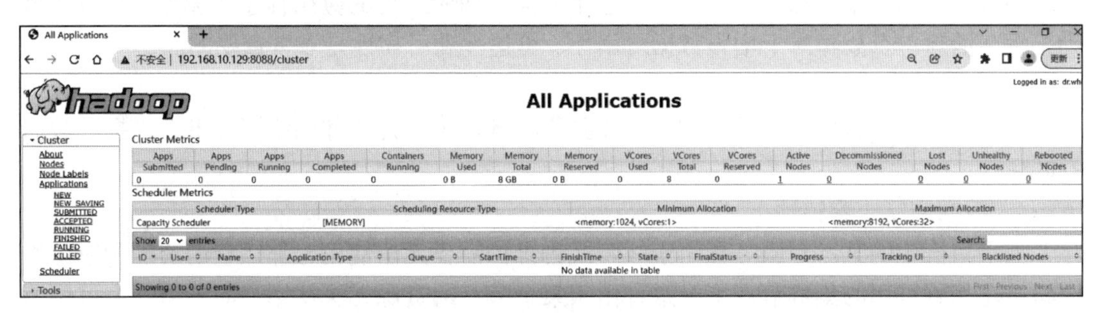

图 2-28　Yarn 启动 Web 页面

注意： 系统格式化和启动时一般会遇到很多问题，以下是一些常见错误，可以作为参考。

（1）访问 Web 页面时，如果使用的是 Windows 浏览器，同样需要配置 Windows 的 hosts 文件。

（2）检查配置文件，确认无误后再进行格式化，如果出现格式化不成功的情况，查看是否存在不符合 XML 语法的错误，请仔细检查是否漏掉了 <> 中的部分属性。

（3）进程无法启动，可能是因为 xml 文件中的 name 和 value 属性和值书写错误。

（4）格式化文件系统如果出错，不要直接重新格式化，如果确实需要重新格式化，必须先删除之前格式化生成的所有数据。

任务 2.3　完全分布系统安装

完全分布系统安装

任务描述

本任务主要搭建了 Hadoop 的一个完全分布式系统，能够让读者了解分布式集群系统，了解集群的特点，并且能够构建一个 Hadoop 完全分布式系统。

知识学习

1. 集群的概念

集群是指将多个服务器集中起来协同工作，从而提供某种服务，而且在客户端看来，就好像只有一个服务器。集群可以利用多台计算机进行并行计算，从而获得很高的计算速度，也可以用多台计算机做备份，确保在任何一台机器出现故障的情况下，整个系统仍能正常运行。其中，每台服务器都是集群的节点。集群有如下特点。

1）可扩展性

集群的性能不受单一的服务实体限制，新的服务实体可以动态地添加到集群中，从而增强集群的性能。

2）高可用性

当集群中的一个节点发生故障时，这个节点上面所运行的应用程序将被另一个节点自动接管。消除单点故障对于增强数据可用性、可达性和可靠性是非常重要的。

3）负载均衡

负载均衡是指将任务比较均匀地分布到集群环境中的计算和网络资源上，以提高数据吞吐量。

4）数据恢复（容错性）

如果集群中的某一台服务器由于故障或者维护需要无法使用，那么它的资源和应用程序将被转移到可用的集群节点上。这种由于某个节点的资源无法使用，而被另一个可用节点中的资源透明地接管并继续完成任务的过程，叫作数据恢复。

2. 负载均衡的概念

负载均衡是指由多台服务器以对称的方式组成一个服务器集合。其中，每台服务器都具有等价的地位，都可以单独地对外提供服务而不需要其他服务器的辅助。通过某种负载分担技术，将外部发送来的请求均匀地分配到对称结构中的某一台服务器上，再由接收到请求的服务器独立地回应给客户端。均衡负载能够平均分配客户端请求到服务器列阵，从而实现快速获取重要数据、解决大量并发访问服务问题的目的。典型的网络负载均衡模式如图2-29所示。

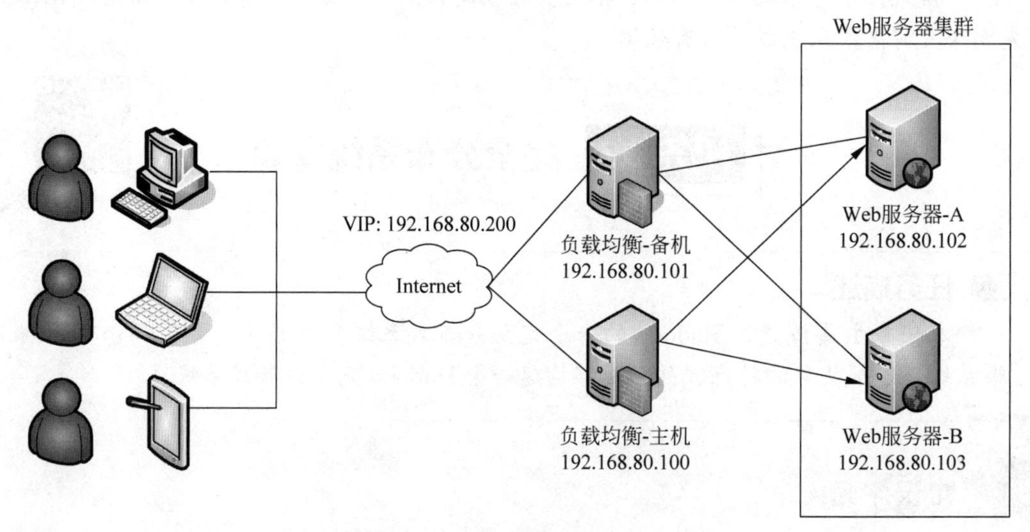

图2-29　典型的网络负载均衡模式

当一台服务器的性能达到极限时，可以使用服务器集群提高网站的整体性能。那么，在服务器集群中，需要有一台服务器充当调度者的角色，接收客户端的所有请求，然后再根据每台服务器的负载情况将请求分配给某一台后端服务器去处理。在这个过程中，调度者如何合理分配任务，保证所有后端服务器都能充分发挥性能，从而保持服务器集群的整

体性能最优，就涉及负载均衡问题。

3. 虚拟机克隆

对一个 Hadoop 集群来说，一台 Linux 机器是远远不够的，还需要创建更多 Linux 虚拟机备用。本书至少需要使用 3 台 Linux 虚拟机，因此需要再创建至少 2 台 Linux 虚拟机。也可以采用克隆上述安装好的 Linux 虚拟机的方式，更快速地得到另外 2 台虚拟机。

虚拟机克隆有两种模式，分别是完整克隆和链接克隆。

1）完整克隆

完整克隆是通过复制原始虚拟机，得到一个完全独立的副本，它不和原始虚拟机共享任何资源，可以脱离原始虚拟机独立使用。

2）链接克隆

链接克隆需要和原始虚拟机共享虚拟磁盘文件，因此不能脱离原始虚拟机独立运行。但是，采用共享磁盘文件可以极大地缩短创建克隆虚拟机的时间，同时还能节省物理磁盘空间。

⚠ **注意：** 虚拟机环境的准备存在很多细节问题，据编者的经验，很多初学者在搭建虚拟机环境的过程中会遇到各种各样的问题，但限于本书篇幅，以及避免内容偏离主题，过多的细节就不在此处阐述了。

任务实施

步骤 1 分布式集群节点规划

在完全分布式模式下，Hadoop 程序的进程都运行在不同的节点上，每个节点各司其职，共同完成分布式集群处理任务，如表 2-3 所示。

表 2-3 Hadoop 完全分布式部署规划

主机名	IP 地址	运 行 进 程	释 义
master（主节点）	192.168.10.129	NameNode	保存 HDFS 的元数据信息
		DataNode	负责存储数据
		NodeManager	管理集群中每个节点上的计算资源
slave1（从节点）	192.168.10.130	ResourceManager	负责对集群资源进行统一管理和任务调度
		DataNode	负责存储数据
		NodeManager	管理集群中每个节点上的计算资源
slave2（从节点）	192.168.10.131	DataNode	负责存储数据
		SecondaryNameNode	用于协助 NameNode 同步元数据
		NodeManager	管理集群中每个节点上的计算资源

步骤 2 克隆虚拟机

Hadoop 集群中的所有服务器都需要互联互通，所以在正式开始搭建 Hadoop 集群之前，需要克隆 3 台虚拟机。从模板虚拟机 centos 克隆 3 台虚拟机，操作步骤和克隆伪分布式系统一样。克隆的虚拟机名称分别为 master、slave1 和 slave2。

步骤 3 基础环境配置

同伪分布式环境一样，在搭建 Hadoop 完全分布式系统之前，要对克隆好的 Linux 系统做一些基本环境配置。由于 Hadoop 伪分布式系统就是完全分布式系统的一个特例，因此，完全分布式系统的多数配置操作与伪分布式系统的配置操作是一样的。因此，在下面的具体配置过程中，将不再赘述一些解释性质的内容。

1. 修改主机名

执行以下命令，修改 3 台虚拟机的主机名：

```
[root@localhost ~]# systemctl set-hostname master
[root@localhost ~]# bash
[root@localhost ~]# systemctl set-hostname slave1
[root@localhost ~]# bash
[root@localhost ~]# systemctl set-hostname slave2
[root@localhost ~]# bash
```

2. 修改 IP 地址

分别在 3 台虚拟机上执行以下命令，修改 IP 地址：

```
vim /etc/sysconfig/network-scripts/ifcfg-ens33
```

只需要修改 3 台机器的配置文件中 IP 地址部分，其他内容保持不变，修改后的内容如下：

```
master    IPADDR 192.168.10.129
slave1    IPADDR 192.168.10.130
slave2    IPADDR 192.168.10.131
```

3. 配置 hosts 主机映射

配置主机名和对应 IP 地址的映射关系，配置文件为 /etc/hosts，需要修改内容如下：

```
[root@master ~]# vim  /etc/hosts
  127.0.0.1  localhost localhost.localdomain localhost4 localhost4.localdomain4
::1        localhost localhost.localdomain localhost6 localhost6.localdomain6
192.168.10.129 master
192.168.10.130 slave1
192.168.10.131 slave2
```

然后，继续配置 slave1 和 slave2 的 hosts 文件，配置内容和 master 的配置内容相同，如下：

```
[root@slave1 ~]# vim  /etc/hosts
[root@slave2 ~]# vim  /etc/hosts
```

4. 配置防火墙

执行以下命令，依次进行临时关闭、永久关闭和查看防火墙状态操作：

```
[root@master ~]# systemctl stop firewalld          // 临时关闭
[root@master ~]# systemctl disable firewalld       // 永久关闭
[root@master ~]# systemctl status firewalld        // 查看防火墙状态
```

运行结果如下：

```
firewalld.service - firewalld - dynamic firewall daemon
Loaded: loaded (/usr/lib/systemd/system/firewalld.service; disabled; vendor
preset: enabled)
Active: inactive (dead)          // 非活动状态
Docs: man:firewalld(1)
```

继续配置 slave1、slave2 这两台主机，也可以用一行命令完成，操作如下：

```
[root@slave1 ~]# systemctl stop firewalld && systemctl disable firewalld
[root@slave2 ~]# systemctl stop firewalld && systemctl disable firewalld
```

5. 配置 SSH 免密登录

Hadoop 分布式系统包含一个 NameNode 节点、一个 SecondaryNameNode 节点和众多 DataNode 节点，将来要想批量快速地启动集群中各个节点上的进程，需要使用批启动脚本。而要想使用批启动脚本，则需要在执行所在的节点（master），通过 SSH 发送远程命令到其他各节点，启动相应的程序进程。因此，需要将执行批启动脚本的机器配置成可以通过密钥机制（免密码）登录其他节点，以防止在启动过程中一遍又一遍地手动输入密码。

下面介绍 master 节点的 SSH 免密登录配置的 4 个要点。

1）创建密钥对

运行 ssh-keygen，连续按 4 次 Enter 键，生成密钥对（公钥-私钥），其中密钥对生成后在 root 用户主目录下的 .ssh 目录中，操作如下：

```
[root@master ~]# ssh-keygen
```

生成密钥后，进入 ssh 目录下查看生成的密钥对，其中 id_rsa 为私钥，id_rsa.pub 为公钥，然后查看公钥的内容，具体操作如下：

```
[root@master ~]# cd .ssh
[root@master.ssh]# ls
id_rsa  id_rsa.pub  known_hosts
[root@master.ssh]# more id_rsa.pub
ssh-rsaAAAAB3NzaC1yc2EAAAADAQABAAABAQC3EnxydBR+plt9hSayk2LcFHLs/
BpxsvLUyXpuOG4Nsozsq/ntWAw4P2vl9LbSA4uqp/EE3znGPCU8cSLD+1FLOo0aOq//
Pe8G2j9s9Rloww4pTSeWlu2Fq0spPue23EHmti2hDfL1F/cfcbL1bs+0WSeWW67wFpBp9
xMgKcql5wSM9JR31LkOzvknocMCIVb29D3JFRb2wsrYvstgOwusg+QIjCIs/+MbRqYoHX3D+
ssQlalYdcSukPqpiO+i79eFGvFasc6MDJRdFWkSopChHVtMfr239LpajBT992+NrB/C/
cBTtJY17QVzmfsWAztly2fTOQtsJA2ZZjEBSetZ root@master
```

2）向需要免密登录的目标机器注册公钥

使用命令将 master 的公钥，注册到要使用 SSH 免密登录的目标主机，执行命令时还需要输入访问主机的密码，具体配置命令如下：

```
[root@master ~]# ssh-copy-id  master
[root@master ~]# ssh-copy-id  slave1
[root@master ~]# ssh-copy-id  slave2
```

3）检查密钥是否复制成功

查看 slave1 节点的 authorized_keys 文件，发现其内容和 master 节点的公钥文件 id_rsa.pub 相同，此时就可以实现从 master 到 slave1 节点的免密登录，具体操作如下：

```
[root@slave1 ~]# cd .ssh
[root@slave1.ssh]# ls
authorized_keys  id_rsa  id_rsa.pub  known_hosts
[root@hadoop01.ssh]# more authorized_keys
```

如果查看相关内容，具体操作如下：

```
ssh-rsaAAAAB3NzaC1yc2EAAAADAQABAAABAQC3EnxydBR+plt9hSayk2LcFHLs/
BpxsvLUyXpuOG4Nsozsq/ntWAw4P2vl9LbSA4uqp/EE3znGPCU8cSLD+1FLOo0aOq//Pe8G
2j9s9Rloww4pTSeWlu2Fq0spPue23EHmti2hDfL1F/cfcbL1bs+0WSeWW67wFpBp9xMgKcq
l5wSM9JR31LkOzvknocMCIVb29D3JFRb2wsrYvstgOwusg+QIjCIs/+MbRqYoHX3D+ssQla
lYdcSukPqpiO+i79eFGvFasc6MDJRdFWkSopChHVtMfr239LpajBT992+NrB/C/cBTtJY17
QVzmfsWAztly2fTOQtsJA2ZZjEBSetZ root@master
```

4）检查免密是否成功

如果配置成功，通过 SSH 命令即可在不用输入密码的情况下登录主机 slave1 和 slave2，如果想要退出登录状态，可以使用 exit 命令，具体操作如下：

```
[root@master ~]# ssh slave1
[root@slave1 ~]# exit
```

执行相同的命令，实现在 slave1 节点上远程登录 master 节点和 slave2 节点的功能，具体操作如下：

```
[root@slave1 ~]# ssh-keygen
[root@slave1 ~]# ssh-copy-id  master
[root@slave1 ~]# ssh-copy-id  slave1
[root@slave1 ~]# ssh-copy-id  slave2
```

执行相同的命令，实现在 slave2 节点上远程登录 master 节点和 slave1 节点的功能，具体操作如下：

```
[root@slave2 ~]# ssh-keygen
[root@slave2 ~]# ssh-copy-id  master
```

```
[root@slave2 ~]# ssh-copy-id  slave1
[root@slave2 ~]# ssh-copy-id  slave2
```

步骤 4　安装配置 JDK

之前配置伪分布式系统时，配置过 Java 运行环境，这里需要进行相同的操作，具体步骤如下。

1. 安装 JDK

执行以下命令，在 master 节点中，上传安装文件到目录 /opt/software/ 中，进入该目录，将其解压到目录 /opt/modules/ 中：

```
[root@master ~]# cd /opt/software
[root@master software]# rz
[root@master software]# tar -zxf  jdk-8u212-linux-x64.tar.gz  -C /opt/modules
[root@master software]# mv /opt/modules/jdk1.8.0_212  /opt/modules/java
[root@master software]# cd
```

安装完成后，执行以下命令，将已经解压的 JDK 复制到 slave1 和 slave2 中的相同目录下：

```
[root@master ~]# scp -r /opt/modules/java  root@slave1: /opt/modules/
[root@master ~]# scp -r /opt/modules/java  root@slave2: /opt/modules/
```

2. 配置环境变量

配置 JAVA_HOME 环境变量，具体实现步骤如下：

```
[root@master ~]# vim /etc/profile
```

在文件的末尾加入以下内容：

```
export JAVA_HOME=/opt/modules/java
export PATH=$PATH:$JAVA_HOME/bin
```

修改完成后，将 /etc/profile 中的变量定义通过 source 命令引入当前 BASH 环境，具体步骤如下：

```
[root@master ~]# source /etc/profile
```

检查 Java 环境是否安装成功，如果出现以下提示，表示安装成功：

```
[root@master ~]# java -version
java version "1.8.0_212"
Java(TM) SE Runtime Environment (build 1.8.0_212-b10)
Java HotSpot(TM) 64-Bit Server VM (build 25.212-b10, mixed mode)
```

安装完成后，通过 scp 命令将 /etc/profile 文件复制到 slave1 和 slave2 中操作如下：

```
[root@master ~]# scp -r /etc/profile  root@slave1: /etc/
[root@master ~]# scp -r /etc/profile  root@slave2: /etc/
```

修改完成后，执行以下命令，刷新环境变量，使其生效：

```
[root@slave1 ~]# source /etc/profile
[root@slave2 ~]# source /etc/profile
```

步骤 5 部署 Hadoop 完全分布式系统

1. 安装 Hadoop

执行如下命令，使用 SecureCRT 软件连接虚拟机所在 master 的会话窗口，将 Hadoop 安装包上传，然后解压缩文件：

```
[root@master ~]# cd /opt/software
[root@master software]# tar -zxvf hadoop-2.7.7.tar.gz -C /opt/modules/
[root@master software]# mv /opt/modules/hadoop-2.7.7  /opt/modules/hadoop
[root@master software]# cd
```

2. 配置环境变量

在系统环境变量中配置 HADOOP_HOME 变量，以及在 PATH 变量中增加 Hadoop 中的 bin 路径和 sbin 路径，便于执行 Hadoop 安装目录中的各脚本命令，具体操作步骤如下：

```
[root@master ~]# vim /etc/profile
```

在文件末尾处之前配置的 JAVA_HOME 的基础上添加以下内容：

```
export HADOOP_HOME=/opt/modules/hadoop
export PATH=$PATH:$JAVA_HOME/bin:$HADOOP_HOME/bin:$HADOOP_HOME/sbin
```

用同样的方式配置 slave1 和 slave2，命令如下：

```
[root@slave1 ~]# vim /etc/profile
[root@slave2 ~]# vim /etc/profile
```

修改完成后，将 /etc/profile 中的变量定义通过 source 命令引入当前 BASH 环境，命令如下：

```
[root@master ~]# source /etc/profile
[root@slave1 ~]# source /etc/profile
[root@slave2 ~]# source /etc/profile
```

3. 配置 Hadoop

Hadoop 所有配置文件都在自身软件安装目录下的 etc/hadoop 目录下，具体需要配置的文件内容和伪分布式系统需要配置的文件内容基本相同，可以参考表 2-3。

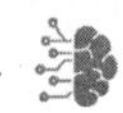

1）修改 hadoop-env.sh

找到 hadoop-env.sh 文件中的 export JAVA_HOME 这一行，然后使用以下命令指定 JDK 的安装路径：

```
[root@master ~]# cd /opt/modules/hadoop/etc/hadoop/
[root@master ~]# vim hadoop-env.sh
 export JAVA_HOME=/opt/modules/java
```

2）修改 core-site.xml

修改代码如下：

```
[root@master ~]# vim core-site.xml
<!-- 指定Hadoop使用的文件系统schema（URI），以及HDFS的主节点NameNode的地址 -->
<?xml version="1.0" encoding="UTF-8"?>
<?xml-stylesheet type="text/xsl" href="configuration.xsl"?>
<configuration>
    <property>
       <name>fs.defaultFS</name>
       <value>hdfs://master:9000</value>
     </property>
</configuration>
```

上述代码中 fs.defaultFS 参数的含义如下：用于指定 Hadoop 的默认文件系统为 HDFS，并通过 value 中的 URI:hdfs://master:9000 指定 HDFS 的 NameNode 服务进程所在的机器为 master，客户端请求 NameNode 时使用的端口为 9000。

3）修改 hdfs-site.xml

修改代码如下：

```
[root@master ~]# vim hdfs-site.xml
<?xml version="1.0" encoding="UTF-8"?>
<?xml-stylesheet type="text/xsl" href="configuration.xsl"?>
<configuration>
    <!-- 指定 HDFS 副本的数量 -->
    <property>
       <name>dfs.replication</name>
       <value>3</value>
    </property>
    <!-- 设置 SecondaryNameNode 的主机位置 -->
    <property>
       <name>dfs.namenode.secondary.http-address</name>
       <value>slave2:50090</value>
    </property>
    <!-- 设置 NameNode 的数据存放路径 -->
    <property>
       <name>dfs.namenode.name.dir</name>
       <value>/opt/modules/hadoop/data/name</value>
    </property>
```

```
    <!-- 设置 DataNode 的数据存放路径 -->
    <property>
       <name>dfs.datanode.name.dir</name>
       <value>/opt/modules/hadoop/data/data</value>
    </property>
</configuration>
```

上述代码中各参数的含义如下：

- dfs.replication：用来指定 HDFS 的副本数量，如果不配置，默认为 3 个；
- dfs.namenode.secondary.http-address：用来指定 SecondaryNameNode 的主机位置；
- dfs.namenode.name.dir：用来指定 NameNode 的数据存放路径；
- dfs.datanode.name.dir：用来指定 DataNode 的数据存放路径。

4）修改 mapred-site.xml

由于系统没有提供默认的配置文件，因此先使用以下命令修改配置文件的名字：

```
[root@master ~]# mv mapred-site.xml.template mapred-site.xml
[root@master ~]# vim mapred-site.xml
<?xml version="1.0" encoding="UTF-8"?>
<?xml-stylesheet type="text/xsl" href="configuration.xsl"?>
<!-- 指定 MapReduce 运行在 Yarn 上 -->
<configuration>
     <property>
         <name>mapreduce.framework.name</name>
         <value>yarn</value>
     </property>
 </configuration>
```

上述代码中 mapreduce.framework.name 参数用来指定 MapReduce 的执行框架为 Yarn。

5）修改 yarn-site.xml

修改代码如下：

```
[root@hadoop ~]# vim yarn-site.xml
<?xml version="1.0" encoding="UTF-8"?>
<?xml-stylesheet type="text/xsl" href="configuration.xsl"?>
<!-- 指定 Yarn 的主节点 ResourceManager 的地址 -->
<configuration>
     <property>
        <name>yarn.resourcemanager.hostname</name>
        <value>slave1</value>
     </property>
     <!-- reducer 获取数据的方式，从节点的运行机制 -->
     <property>
        <name>yarn.nodemanager.aux-services</name>
        <value>mapreduce_shuffle</value>
```

```
        </property>
    </configuration>
```

上述代码中各参数的含义如下：

- yarn.resourcemanager.hostname：用来指定 Yarn 的 ResourceManager 节点运行在哪台主机上；
- yarn.nodemanager.aux-services：用来指定 Yarn 的 NodeManager 节点的运行机制。

6）修改 slaves 配置文件

修改代码如下：

```
[root@master ~]# vim slaves
master
slave1
slave2
```

4. 分发文件

每个节点都需要配置上述文件，但如果每个节点都手动配置一次非常容易出错。因此只需要配置好一个节点的文件，然后执行以下命令，复制到其他节点即可：

```
[root@master ~]# scp -r /opt/modules/hadoop  root@slave1:/opt/modules/
[root@master ~]# scp -r /opt/modules/hadoop  root@slave2:/opt/modules/
```

5. 格式化文件系统

NameNode 在第一次启动之前，需要生成初始状态的元数据存储目录和元数据镜像文件等。因此，在第一次启动 HDFS 集群之前，执行以下命令进行格式化：

```
[root@master ~]# hdfs  namenode -format
```

格式化文件系统应在 namenode 所在的节点上进行。

6. 启动 Hadoop 集群

1）启动 HDFS

执行以下命令，启动 HDFS：

```
[root@master ~]# start-dfs.sh
Starting namenodes on [master] master: starting namenode, logging to
/opt/modules/hadoop/logs/hadoop-root-namenode-master.out
slave2: starting datanode, logging to
/opt/modules/hadoop/logs/hadoop-root-datanode-slave2.out
slave1: starting datanode, logging to
/opt/modules/hadoop/logs/hadoop-root-datanode-slave1.out
master: starting datanode, logging to
/opt/modules/hadoop/logs/hadoop-root-datanode-master.out
Starting secondary namenodes [slave2]
slave2: starting secondarynamenode, logging to
/opt/modules/hadoop/logs/hadoop-root-secondarynamenode-slave2.out
```

启动完毕，执行以下命令，在 master、slave1 和 slave2 节点上查看进程：

```
[root@master ~]# jps
2196 NameNode
1782 DataNode
2154 Jps
[root@slave1 ~]# jps
1779 DataNode
2104 Jps
[root@slave2 ~]# jps
1777 DataNode
2100 Jps
3124 SecondaryNameNode
```

可以看到，master 节点启动了 NameNode、DataNode 进程，slave1 节点启动了 DataNode 进程，slave2 节点启动了 DataNode、SecondaryNameNode 进程。

在浏览器中输入 http://192.168.10.129:50070 或 http://master:50070。由于 NameNode。提供了一个查看 HDFS 集群状态的 Web 服务，绑定的端口默认为 50070，因此，可以在任何一台能与 NameNode 节点联网的机器上，使用 Web 浏览器查看 HDFS 集群状态，集群 Web 页面如图 2-30 所示。

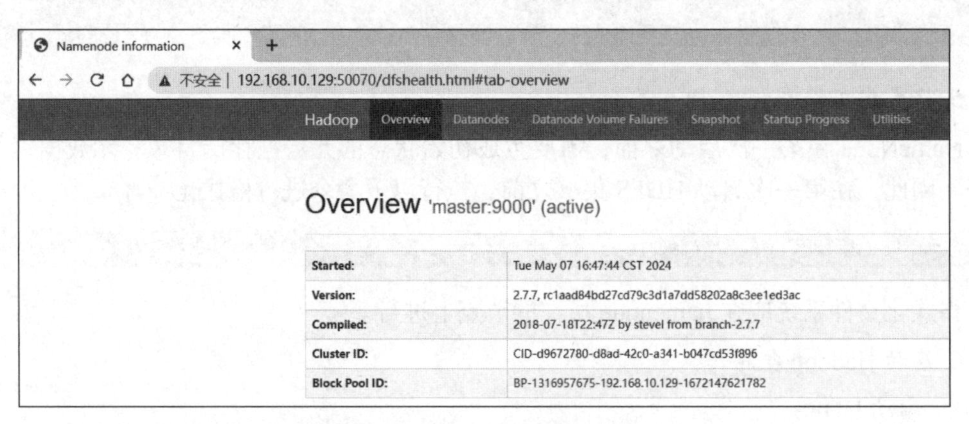

图 2-30　HDFS 集群 Web 页面

也可以通过以下命令行验证：

```
[root@master ~]# hdfs  dfsadmin  -report
```

2）启动 Yarn

执行以下命令，启动 Yarn：

```
[root@master ~]# start-yarn.sh
starting yarn daemons starting resourcemanager, logging to
/opt/modules/hadoop/logs/yarn-root-resourcemanager-slave1.out
master: starting nodemanager, logging to
/opt/modules/hadoop/logs/yarn-root-nodemanager-master.out
slave2: starting nodemanager, logging to
```

```
/opt/modules/hadoop/logs/yarn-root-nodemanager-slave2.out
slave1: starting nodemanager, logging to
/opt/modules/hadoop/logs/yarn-root-nodemanager-slave1.out
```

启动完毕，执行以下命令，在 master、slave1 和 slave2 节点上查看进程：

```
[root@master ~]# jps
2196 NameNode
1782 DataNode
2154 Jps
1974 NodeManager
[root@slave1 ~]# jps
1779 DataNode
2104 Jps
1964 NodeManager
2668 ResourceManager
[root@slave2 ~]# jps
1777 DataNode
2100 Jps
1962 NodeManager
2392 SecondaryNameNode
```

在浏览器中输入 http://192.168.10.130:8088 或 http://slave1:8088，集群 Web 页面如图 2-31 所示。

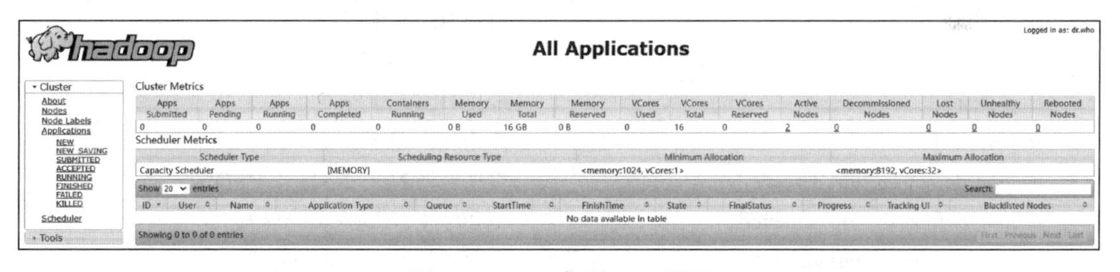

图 2-31 Yarn 集群 Web 页面

⚠ **注意：** 在配置集群时，由于涉及多台虚拟机，因此在配置的过程中需要认真按步骤完成，否则非常容易出现错误，导致节点启动失败。如果出现错误，可以通过查看系统自带的日志文件进行排错。一般情况下，在该日志中基本能找出出现错误的原因。

7. 停止 Hadoop 集群

1）停止 HDFS 集群

停止集群的脚本命令为 stop-dfs.sh，可在任意一个节点上执行该命令：

```
[root@master ~]# stop-dfs.sh
Stopping namenodes on [master]
master: stopping namenode
master: stopping datanode
slave2: stopping datanode
```

```
slave1: stopping datanode
Stopping secondary namenodes [slave2]
slave2: stopping secondarynamenode
```

2）停止 Yarn 集群

Yarn 和 HDFS 集群的情况基本相同，因此可以通过 stop-yarn.sh 来停止 Yarn 集群，具体操作如下：

```
[root@master ~]# stop-yarn.sh
stopping yarn daemons
stopping resourcemanager
slave2: stopping nodemanager
slave1: stopping nodemanager
master: stopping nodemanager
```

3）Hadoop 启动和停止脚本

Hadoop 集群的启动，本质上就是在各节点上启动相应的服务进程。在 Hadoop 安装目录下的 sbin 目录中，存放着很多启动脚本，如果集群中某个守护进程无法正常运行了，可以执行该目录中对应的守护进程进行启动。常用的 Hadoop 启动和停止脚本及说明如表 2-4 所示。

表 2-4　常用的 Hadoop 启动和停止脚本及说明

脚　　本	说　　明
start-dfs.sh	启动 HDFS 集群
start-yarn.sh	启动 Yarn 集群
stop-dfs.sh	停止 HDFS 集群
stop-yarn.sh	停止 Yarn 集群
hadoop-demon.sh start namenode	单独启动 NameNode 守护进程
hadoop-demon.sh stop namenode	单独停止 NameNode 守护进程
hadoop-demon.sh start datanode	单独启动 DataNode 守护进程
hadoop-demon.sh stop datanode	单独停止 DataNode 守护进程
hadoop-demon.sh start secondarynamenode	单独启动 SecondaryNameNode 守护进程
hadoop-demon.sh stop secondarynamenode	单独停止 SecondaryNameNode 守护进程
hadoop-demon.sh start nodemanager	单独启动 NodeManager 守护进程
hadoop-demon.sh stop nodemanager	单独停止 NodeManager 守护进程

步骤 6　编写 Java 进程查看脚本

启动和关闭 Hadoop 集群要在 3 台机器上依次操作，为了操作方便，通常可以通过编写脚本文件来管理操作。

1. 新建脚本文件 all.sh

执行以下命令，新建脚本文件：

```
[root@master ~]# mkdir bin
[root@master ~]# cd bin
[root@master bin]# vim all.sh
```

添加以下内容：

```
#!/bin/bash
for i in master slave1 slave2
do
   echo "=====================jps: $i ========================"
   ssh $i /opt/modules/java/bin/jps
done
```

2. 提升权限

执行以下命令，提升权限：

```
[root@master bin]# chmod 777 all.sh
```

3. 使用脚本查看进程

执行以下命令，查看进程：

```
[root@master bin]# all.sh
```

运行结果如下：

```
=====================jps: master ========================
2059 Jps
=====================jps: slave1 ========================
1719 Jps
=====================jps: slave2 ========================
1717 Jps
```

◆ 课 后 练 习 ◆

一、单选题

1. 在安装 Hadoop 时，（　　）文件用于配置 Hadoop 的环境变量。

   A. hadoop-env.sh　　B. core-site.xml

   C. hdfs-site.xml　　D. mapred-site.xml

2. Hadoop 的默认文件系统是（　　）。

   A. HDFS　　B. NFS

   C. EXT4　　D. NTFS

3. 在 Hadoop 中，NameNode 主要负责（　　）。

   A. 存储数据　　B. 管理数据块的映射

   C. 执行计算任务　　D. 监控集群状态

4. Hadoop 中的 DataNode 负责（　　）。

A. 存储元数据　　B. 存储实际数据

C. 管理数据块的映射　　D. 执行计算任务

5. 在 Hadoop 集群中，（　　）服务默认使用 50070 端口。

A. NameNode　　B. DataNode

C. SecondaryNameNode　　D. Yarn

6. 在 Linux 中，生成 SSH 密钥的命令是（　　）。

A. ssh-copy-id　　B. ssh-add　　C. ssh　　D. ssh-keygen

7. 在Hadoop集群部署过程中，如果出现Permission denied错误，可能的原因是（　　）。

A. Hadoop 安装文件夹未被授权给 hadoop 用户

B. 环境变量未配置正确

C. workers 文件配置错误

D. NameNode 未格式化

8. 在 Hadoop 中，（　　）命令用于启动 HDFS。

A. start-dfs.sh　　B. start-yarn.sh

C. hadoop-daemon.sh start namenode　　D. hadoop-daemon.sh start datanode

9. 在 Hadoop 集群中，SecondaryNameNode 的主要作用是（　　）。

A. 存储数据　　B. 执行计算任务

C. 备份 NameNode 的元数据　　D. 监控集群状态

10. Hadoop 集群中的 ResourceManager 主要负责（　　）。

A. 存储数据　　B. 管理数据块的映射

C. 负责并协调集群的资源分配　　D. 执行计算任务

二、多选题

1. Hadoop 集群中的主节点主要负责（　　）任务。

A. 存储实际数据　　B. 管理数据块的映射

C. 负责集群的资源分配　　D. 监控集群状态

2. 在 Hadoop 集群部署中，（　　）因素会影响集群性能。

A. 网络连接的稳定性　　B. 节点的硬件配置

C. 存储空间的配置　　D. 备份和故障恢复机制

3. 关于 Hadoop 集群中的节点，以下说法正确的是（　　）。

A. 主节点负责管理集群　　B. 从节点负责存储和处理数据

C. 所有节点都需要安装 Java　　D. 从节点不需要配置 SSH

4. 在 Hadoop 集群中，（　　）组件是 HDFS 的核心部分。

A. NameNode　　B. DataNode

C. ResourceManager　　D. SecondaryNameNode

5. Hadoop 集群的性能优化可以从（　　）方面进行。

A. 调整配置参数　　B. 使用数据压缩技术

C. 增加从节点　　D. 减少数据的冗余备份

分布式文件系统 HDFS

导读

大数据必须解决海量数据的存储问题，为此，谷歌开发了分布式文件系统（Cloud File System，CFS），通过网络实现文件在多台机器上的分布式存储，较好地满足了大规模数据存储的需求。Hadoop 分布式文件系统（HDFS）是 Hadoop 项目的两大核心之一，是针对谷歌文件系统（Google File System，GFS）的开源实现。它提供了在廉价服务器集群中进行大规模分布式文件存储的能力。HDFS 具有很好的容错能力并且兼容廉价的硬件设备，因此可以以较低的成本利用现有机器实现大流量和大数据的读写。

学习目标

（1）熟悉 HDFS 文件系统的架构基本原理；
（2）掌握 HDFS 的客户端命令。

技能目标

（1）能够熟练使用 HDFS Shell 命令；
（2）能够处理 HDFS 的常见问题和故障；
（3）能够对 HDFS 集群进行性能调优。

职业素养目标

（1）增强文化自信和民族自豪感，引导树立正确的价值观；
（2）增强创新意识，鼓励学生不断探索新的 HDFS 应用场景和技术创新点；
（3）培养团队合作精神，在 HDFS 的学习和实践中，强调团队协作的重要性，培养与他人合作、共同解决问题的能力；
（4）提升职业道德意识，在使用 HDFS 集群时遵守相关法律法规和行业标准。

任务 3.1 HDFS 概述

HDFS 概述

■ 任务描述

本任务主要介绍 HDFS 的基本概念，以及它的设计原理和架构特点，让读者了解分布式文件系统的特点。

知识学习

1. 大数据存储

随着数据量的不断增加，一个操作系统的存储空间往往就不够用了，需要将数据分配到更多操作系统管理的磁盘中。但是，这种存储方式不方便管理和维护数据，因此需要一种系统来管理多台机器上的文件。此时，分布式文件管理系统就出现了。HDFS 是分布式文件管理系统的一种。

2. HDFS 的演变

HDFS 是一个用于存储文件的文件系统，通过目录树来定位文件。此外，它是分布式的，通过由很多服务器组成的集群实现其功能，集群中的服务器有各自的作用。传统文件系统向分布式文件系统的演变如图 3-1 所示。

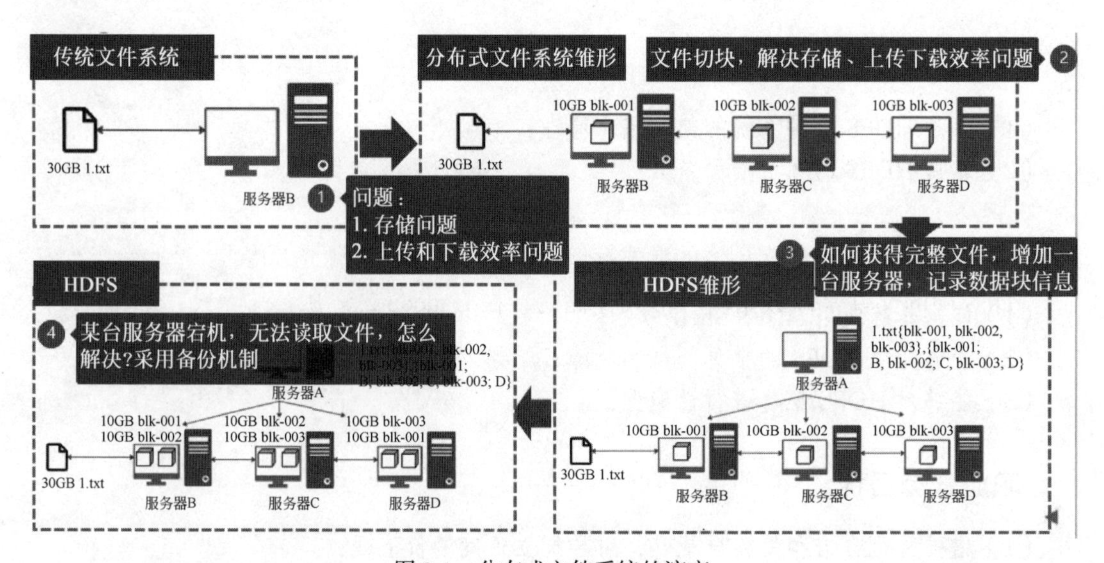

图 3-1 分布式文件系统的演变

3. HDFS 架构

HDFS 是典型的主从（Master/Slave）架构的分布式系统，由 4 部分组成：Client、

NameNode、DataNode、SecondaryNameNode，如图 3-2 所示。

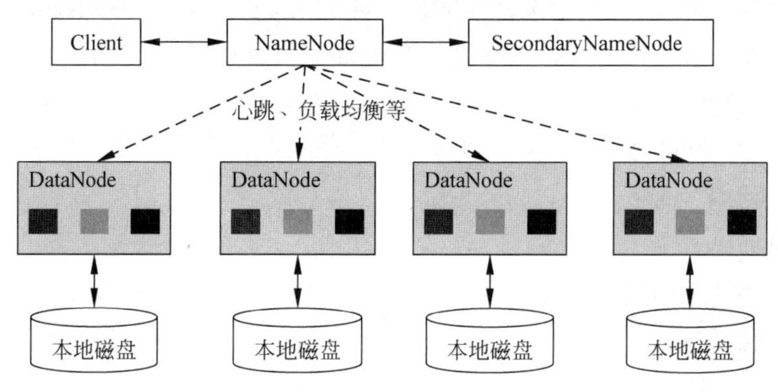

图 3-2　HDFS 架构图

1）Client（客户端）

Client 是 HDFS 集群下各种操作请求对应的客户端，主要有以下几个功能。

（1）文件上传到 HDFS 时，Client 将文件切分成一个个数据块（Block），然后进行存储。

（2）Client 与 NameNode 交互，获取文件的位置信息。

（3）Client 与 DataNode 交互，读取或者写入数据。

（4）Client 提供一些命令来管理和访问 HDFS，如启动或者关闭 HDFS。

2）NameNode（名称节点）

NameNode 是 HDFS 集群的主服务器，通常被称为名称节点或者主节点。一旦 NameNode 关闭，就无法访问 Hadoop 集群了。NameNode 是 HDFS 的管理者，是 HDFS 中存储元数据 Metadata（文件名称、副本数量、大小、存储位置等信息）的地方。NameNode 还存储着数据块到 DataNode 的映射信息、元数据信息及数据。

3）DataNode（数据节点）

DataNode 提供真实文件数据的存储服务。以文件块为最基本的存储单位。不同于普通文件系统，在 HDFS 中，如果一个文件小于一个数据块的大小，就不会占用整个数据块的存储空间。DataNode 以多副本的形式存储数据，一般系统默认是 3 个。

HDFS 中的文件是以数据块的形式存储的，在 Hadoop 2.× 版本中，HDFS 中的文件总是按照默认大小 128MB 被切分成不同的块，且备份 3 份。按块存储的好处主要是不需要考虑文件的大小，以实现容错功能。HDFS 的存储结构如图 3-3 所示。

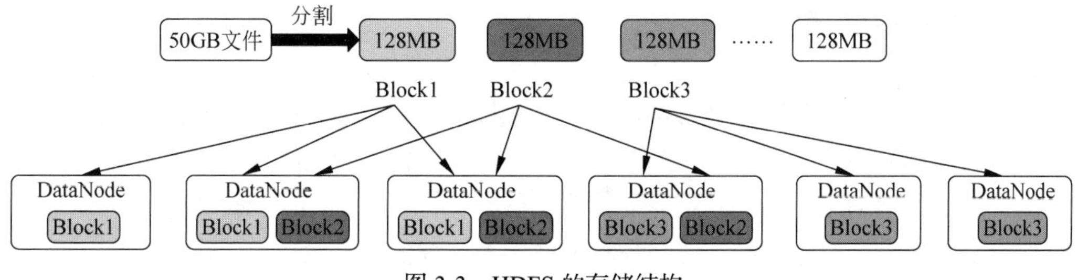

图 3-3　HDFS 的存储结构

4）SecondaryNameNode

SecondaryNameNode 主要用来合并数据文件 FSImage。SecondaryNameNode 每隔一段时间（默认为 3600 秒）将 NameNode 上的 FSImage 和 edits 文件复制到本地，并将两者合并生成新的 FSImage 文件，再将新的 FSImage 文件复制回 NameNode。在 Hadoop 的高可用系统中，由于 SecondaryNameNode 自身存在一些缺点，一般情况下不对其进行配置。

4. HDFS 特点

1）高容错性

HDFS 可以通过由成百上千台廉价服务器组成的集群来存储大量数据。HDFS 的副本机制会自动为数据保存多个副本，确保数据在部分节点出现故障时仍然可用。

2）流式数据访问

HDFS 设计用于批处理，而不是交互式使用。它支持以流的形式访问文件系统中的数据，这意味着数据以连续的方式而不是随机访问的方式写入或读取。

3）支持大文件

HDFS 具有很大的数据集，目的是在可靠的大型集群上存储超大型文件（GB、TB、PB 级别的数据）。它将每个文件切分成多个小的数据块进行存储，除最后一个数据块外的所有数据块大小都相同，默认是 128MB。

4）高吞吐量

由于 Hadoop 集群采用的是分布式架构，可以并行处理数据，提高了单位时间内的数据处理能力，从而提高了吞吐量。

5. HDFS 应用场景

HDFS 适应以下应用场景。

（1）需要存储非常大的文件，文件数据需要一次写入、多次读取。

（2）硬件成本预算低，需要高容错性。

（3）需要根据数据规模变化方便地扩容。

HDFS 不适应以下应用场景。

（1）小文件：HDFS 的主节点要记录文件的元数据，大量小文件将导致元数据规模很大，太多的元数据将导致 NameNode 所在节点的内存难以支撑。

（2）低延迟访问：对延迟要求为秒级别的应用不适合采用 HDFS，因为 HDFS 是为高吞吐数据传输设计的。

（3）多用户写入：HDFS 不支持多用户写入及修改文件。

6. HDFS 数据读写

1）数据读取

HDFS 的数据分散存储在 DataNode 上，但是读取数据时需要经过 NameNode。HDFS 的数据读取流程如图 3-4 所示。下面将详细介绍 HDFS 数据读取流程的基本步骤。

（1）发起读取请求。当客户端需要读取文件时，首先向 NameNode 发起读取请求，这个读取请求中包含了要读取的文件路径和偏移量等关键信息。

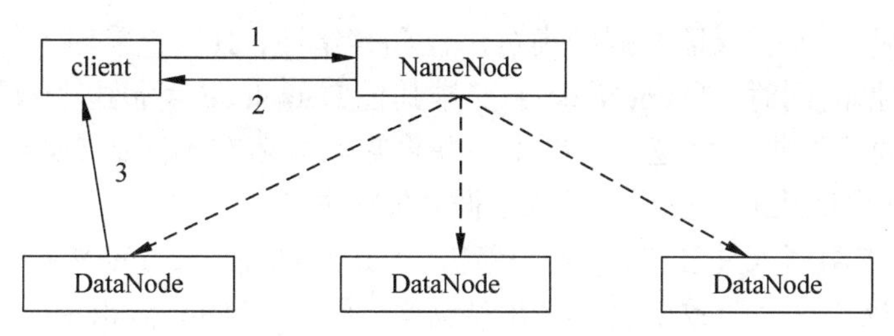

图 3-4 HDFS 的数据读取流程

（2）获取元数据。NameNode 接收到读请求后，会在 HDFS 中快速定位所请求文件的具体位置。NameNode 通过查询元数据表，确定文件的数据块存储在哪些 DataNode 上，并将这些数据块的位置信息作为元数据返回给客户端。

（3）选择 DataNode 并读取数据客户端。收到 NameNode 返回的元数据后，就能知道要读取的数据具体存储在哪个或哪些 DataNode 上了。接下来，客户端会选择一个或多个 DataNode 进行数据的读取。一旦选择了 DataNode，客户端就会与之建立连接，并发送具体的读取请求。DataNode 在接收到请求后，会按照请求的偏移量和长度，将数据块的内容读取出来，并通过网络发送给客户端。

如果读取的数据跨越了多个数据块，客户端还需要将这些数据块进行合并，以获得完整的数据内容。

2）数据写入

HDFS 的数据写入流程如图 3-5 所示。下面将详细介绍 HDFS 数据写入流程的基本步骤。

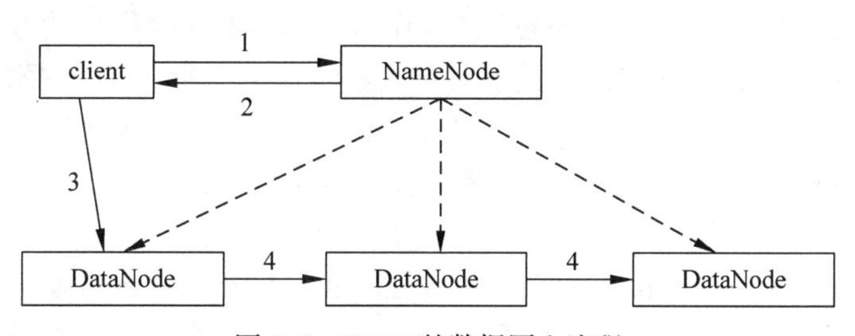

图 3-5 HDFS 的数据写入流程

（1）发起写入请求。当客户端需要对文件执行写入操作时，首先向 NameNode 发起写入请求，将需要写入的文件名、文件大小等信息告诉 NameNode。

（2）处理写入请求。在接收到客户端的写入请求后，NameNode 会检查该文件是否已存在、客户端是否具有写入权限等。如果一切正常，NameNode 会生成一个新的数据块 ID，并选择一个或多个 DataNode 来存储这个数据块。NameNode 会返回给客户端一个包含了数据块 ID 和 DataNode 地址的元数据。

（3）写入数据。客户端在接收到 NameNode 返回的元数据后，会与选定的 DataNode 建立连接，并开始将数据写入这个数据块。客户端会将数据切分为多个数据包，每个数据包的大小通常为 64KB，然后逐个发送给 DataNode。DataNode 在接收到数据包后，会将其写入本地磁盘的相应位置。

（4）复制数据。为了保证数据的高可用性和容错性，HDFS 采用了数据复制的机制。在客户端写入数据的同时，NameNode 会安排其他 DataNode 复制这个数据块。默认情况下，HDFS 会为每个数据块创建 3 个副本，并将它们分布在不同的 DataNode 上。这样即使某个 DataNode 出现故障，也不会导致数据丢失或损坏。

当数据块被成功写入并复制到所有指定的 DataNode 后，NameNode 会更新其本地的元数据信息，以反映这个新数据块的存在和位置。同时，NameNode 还会将相关的元数据信息同步到其他备份节点上，以确保元数据的一致性和可靠性。

任务 3.2　HDFS 命令行客户端

HDFS 命令行客户端

任务描述

本任务主要介绍 HDFS 的 Shell 命令，让读者学习如何通过 HDFS 的 Shell 命令操作分布式文件系统。

知识学习

既然 HDFS 是支持存取文件的分布式文件系统，那么对文件系统的常用操作，如文件和文件夹的创建、修改、删除以及修改权限的设置等，也适用于 HDFS。只是，与操作 Linux 的本地文件系统不同，对 HDFS 的操作需要使用 HDFS 提供的客户端程序（或者 HDFS 提供的客户端 API），而 HDFS 的安装包已经包含一个命令行客户端程序。

HDFS 命令行客户端的操作命令类似于 Linux 的 Shell 对本地文件的操作命令，如 ls（查看目录）、mkdir（创建文件夹）、rm（删除文件或文件夹）等。

注意：执行以下操作时，一定要确保 HDFS 是正常运行的，使用 jps 命令确保看到 HDFS 的各个服务进程，或者在 master 上执行 hdfs dfsadmin -report 命令查看集群的状态。

通过 hdfs dfs 命令可以启动命令行客户端，并且在该命令后如果不附加任何具体的操作参数，客户端程序会打印所有可用的命令参数，从而可以得知 HDFS 命令行客户端支持的所有功能。具体命令如下：

```
[root@master ~]# hdfs dfs
Usage: hadoop fs [generic options]
  [-appendToFile <localsrc> ... <dst>]
  [-cat [-ignoreCrc] <src> ...]
  [-checksum <src> ...]
  [-chgrp [-R] GROUP PATH...]
  [-chmod [-R] <MODE[, MODE]... | OCTALMODE> PATH...]
  [-chown [-R] [OWNER][:[GROUP]] PATH...]
  [-copyFromLocal [-f] [-p] [-l] <localsrc> ... <dst>]
  [-copyToLocal [-p] [-ignoreCrc] [-crc] <src> ... <localdst>]
```

```
    [-count [-q] [-h] <path> ...]
    [-cp [-f] [-p | -p[topax]] <src> ... <dst>]
    [-createSnapshot <snapshotDir> [<snapshotName>]]
    [-deleteSnapshot <snapshotDir> <snapshotName>]
    [-df [-h] [<path> ...]]
    [-du [-s] [-h] <path> ...]
    [-expunge]
    [-get [-p] [-ignoreCrc] [-crc] <src> ... <localdst>]
    [-getfacl [-R] <path>]
    [-getfattr [-R] {-n name | -d} [-e en] <path>]
    [-getmerge [-nl] <src> <localdst>]
    [-help [cmd ...]]
    [-ls [-d] [-h] [-R] [<path> ...]]
    [-mkdir [-p] <path> ...]
    [-moveFromLocal <localsrc> ... <dst>]
    [-moveToLocal <src> <localdst>]
    [-mv <src> ... <dst>]
    [-put [-f] [-p] [-l] <localsrc> ... <dst>]
    [-renameSnapshot <snapshotDir> <oldName> <newName>]
    [-rm [-f] [-r|-R] [-skipTrash] <src> ...]
    [-rmdir [--ignore-fail-on-non-empty] <dir> ...]
    [-setfacl [-R] [{-b|-k} {-m|-x <acl_spec>} <path>]|[--set <acl_spec>
<path>]]
    [-setfattr {-n name [-v value] | -x name} <path>]
    [-setrep [-R] [-w] <rep> <path> ...]
    [-stat [format] <path> ...]
    [-tail [-f] <file>]
    [-test -[defsz] <path>]
    [-text [-ignoreCrc] <src> ...]
    [-touchz <path> ...]
```

任务实施

步骤1 HDFS基本操作

1. 显示当前目录结构

执行以下命令，显示当前目录结构：

```
[root@master ~]# hdfs dfs -ls /
Found 5 items
-rw-r--r--   2 root supergroup   18 2023-06-22 08:04 /salve
drwxr-xr-x   - root supergroup    0 2023-06-22 07:12 /system
drwx------   - root supergroup    0 2023-06-22 06:06 /tmp
drwxr-xr-x   - root supergroup    0 2023-06-22 04:01 /user
drwxr-xr-x   - root supergroup    0 2023-06-22 06:06 /wordcount
```

示例命令中的路径是 HDFS 根目录，显示的内容格式与 Linux 的命令 ls -l 显示的内容格式非常相似。上述命令结果中各列的含义如下。

（1）第 1 列：首字符如果是 d，表示文件夹，首字符如果是 -，表示文件；后面的 9 位字符表示权限（参考 Linux 的文件权限）。

（2）第 2 列：数字或 – 表示副本数，如果是文件，使用数字表示副本数；文件夹没有副本，用 – 表示。

（3）第 3 列：root 表示属主。

（4）第 4 列：supergroup 表示属组。

（5）第 5 列：18 表示文件大小，单位是 KB。

（6）第 6 列：最近修改时间，格式是年月日时分。

（7）第 7 列：文件全路径。

可见，示例中的 HDFS 根目录下面有 4 个文件夹、2 个文件。如果该命令选项后面没有路径，那么就会访问 /user/< 当前用户 > 目录。使用 root 用户登录，因此会访问 HDFS 的 /user/root 目录。而如果路径前面不写 /，则为相对路径。

例如，hdfs dfs -ls wordcount 显示的是 /user/root/wordcount 文件夹下面的情况。

执行 -ls -R 命令，递归显示目录如下：

```
[root@master ~]# hdfs dfs -ls -R /
-rw-r--r--   2 root supergroup      18 2023-06-22 08:04 /salve
drwxr-xr-x   - root supergroup       0 2023-06-22 07:12 /system
drwxr-xr-x   - root supergroup       0 2023-06-22 04:01 /user
drwxr-xr-x   - root supergroup       0 2023-06-22 04:01 /user/root
drwxr-xr-x   - root supergroup       0 2023-06-22 04:01 /user/root/wordcount
drwxr-xr-x   - root supergroup       0 2023-06-22 04:01 /user/root/wordcount/in
drwxr-xr-x   - root supergroup       0 2023-06-22 06:06 /wordcount
drwxr-xr-x   - root supergroup       0 2023-06-22 04:53 /wordcount/in
-rw-r--r--   2 root supergroup   13231 2023-06-22 04:53
/wordcount/in/install.log
drwxr-xr-x   - root supergroup       0 2023-06-22 06:07 /wordcount/output
-rw-r--r--   2 root supergroup       0 2023-06-22 06:07
/wordcount/output/_SUCCESS
-rw-r--r--   2 root supergroup   11592 2023-06-22 06:07
/wordcount/output/part-r-00000
```

2. 显示各目录文件的大小

执行以下命令，显示各目录文件的大小：

```
[root@master ~]# hdfs dfs -du -h /
18        /salve
0         /system
0         /user
24.2 K    /wordcount
[root@master ~]# hdfs dfs -du -s /
24841
```

如果不加 -h 则按照字节显示大小，加上 -h 则自动按照最适合的单位显示，-s 表示只显示总大小。

3. 统计文件或文件夹

count 命令可以统计指定路径下的文件夹数量、文件数量、文件总大小信息，示例如下：

```
[root@master ~]# hdfs dfs -count /
 9           4              24841 /
[root@master ~]# hdfs dfs -count -h /
 9           4              24.3 K /
```

上述代码表示根目录中总共有 9 个文件夹和 4 个文件，文件总大小是 24.3KB。

4. 移动文件

mv 命令用于将一个 HDFS 文件从一个 HDFS 目录移动到另一个 HDFS 目录中，示例如下：

```
[root@master ~]# hdfs dfs -ls /
Found 4 items
-rw-r--r--   2 root supergroup      18 2023-06-22 08:04 /salve
drwxr-xr-x   - root supergroup       0 2023-06-22 07:12 /system
drwxr-xr-x   - root supergroup       0 2023-06-22 04:01 /user
drwxr-xr-x   - root supergroup       0 2023-06-22 06:06 /wordcount
[root@master ~]# hdfs dfs -mv /salve /wordcount/in/
[root@master ~]# hdfs dfs -ls -R /
drwxr-xr-x   - root supergroup       0 2023-06-22 07:12 /system
drwxr-xr-x   - root supergroup       0 2023-06-22 04:01 /user
drwxr-xr-x   - root supergroup       0 2023-06-22 04:01 /user/root
drwxr-xr-x   - root supergroup       0 2023-06-22 04:01 /user/root/wordcount
drwxr-xr-x   - root supergroup       0 2023-06-22 04:01 /user/root/wordcount/in
drwxr-xr-x   - root supergroup       0 2023-06-22 06:06 /wordcount
drwxr-xr-x   - root supergroup       0 2023-06-22 08:58 /wordcount/in
-rw-r--r--   2 root supergroup  13231 2023-06-22 04:53
/wordcount/in/install.log
-rw-r--r--   2 root supergroup      18 2023-06-22 08:04 /wordcount/in/salve
drwxr-xr-x   - root supergroup       0 2023-06-22 06:07 /wordcount/output
-rw-r--r--   2 root supergroup       0 2023-06-22 06:07
/wordcount/output/_SUCCESS
-rw-r--r--   2 root supergroup  11592 2023-06-22 06:07
/wordcount/output/part-r-00000
```

5. 复制文件

cp 命令表示复制 HDFS 指定的文件到指定的 HDFS 目录中。后面跟两个路径：第一个是被复制的文件，第二个是目标路径，示例如下：

```
[root@master ~]# hdfs dfs -cp /wordcount/in/install.log /
[root@master ~]# hdfs dfs -ls -R /
```

```
-rw-r--r--   2 root supergroup  13231 2023-06-22 09:17 /install.log
drwxr-xr-x   - root supergroup      0 2023-06-22 07:12 /system
drwxr-xr-x   - root supergroup      0 2023-06-22 04:01 /user
drwxr-xr-x   - root supergroup      0 2023-06-22 04:01 /user/root
drwxr-xr-x   - root supergroup      0 2023-06-22 04:01 /user/root/wordcount
drwxr-xr-x   - root supergroup      0 2023-06-22 04:01 /user/root/wordcount/in
drwxr-xr-x   - root supergroup      0 2023-06-22 06:06 /wordcount
drwxr-xr-x   - root supergroup      0 2023-06-22 08:58 /wordcount/in
```

6. 创建空白文件夹

mkdir 命令表示创建文件夹，后面跟的路径是在 HDFS 中将要创建的文件夹。-p 选项可以创建多级目录，示例如下：

```
[root@master ~]# hdfs dfs -mkdir /abc
[root@master ~]# hdfs dfs -mkdir /aaa/bbb
mkdir: '/aaa/bbb': No such file or directory
[root@master ~]# hdfs dfs -mkdir -p /aaa/bbb
[root@master ~]# hdfs dfs -ls /
Found 6 items
drwxr-xr-x   - root supergroup          0 2023-06-22 09:22 /aaa
drwxr-xr-x   - root supergroup          0 2023-06-22 09:22 /abc
-rw-r--r--   2 root supergroup      13231 2023-06-22 09:17 /install.log
drwxr-xr-x   - root supergroup          0 2023-06-22 07:12 /system
drwxr-xr-x   - root supergroup          0 2023-06-22 04:01 /user
drwxr-xr-x   - root supergroup          0 2023-06-22 06:06 /wordcount
```

7. 删除文件或空文件夹

rm 命令表示删除指定的文件或者空目录，加上 -r 参数可以删除非空文件夹，示例如下：

```
[root@master ~]# hdfs dfs -rm -r /abc
23/06/22 09:31:02 INFO fs.TrashPolicyDefault: Namenode trash configuration:
Deletion interval = 0 minutes, Emptier interval = 0 minutes
Deleted /abc
[root@master ~]# hdfs dfs -rm  /install.log
23/06/22 09:33:13 INFO fs.TrashPolicyDefault: Namenode trash configuration:
Deletion interval = 0 minutes, Emptier interval = 0 minutes
Deleted /install.log
[root@master ~]# hdfs dfs -ls /
Found 3 items
drwxr-xr-x   - root supergroup          0 2023-06-22 07:12 /system
drwxr-xr-x   - root supergroup          0 2023-06-22 04:01 /user
drwxr-xr-x   - root supergroup          0 2023-06-22 06:06 /wordcount
```

8. 上传文件

put©FromLocal 命令用于将客户端本地文件系统中的文件复制上传到 HDFS 中，示例如下：

```
[root@master ~]# hdfs dfs -put hdfs-site.xml /wordcount/in
[root@master ~]# hdfs dfs -copyFromLocal hadoop-env.sh /wordcount/in
[root@master ~]# hdfs dfs -ls /wordcount/in
Found 5 items
-rw-r--r--   2 root supergroup       4286 2023-06-22 11:51
/wordcount/in/hadoop-env.sh
-rw-r--r--   2 root supergroup        319 2023-06-22 11:50
/wordcount/in/hdfs-site.xml
-rw-r--r--   2 root supergroup      13231 2023-06-22 04:53
/wordcount/in/install.log
-rw-r--r--   2 root supergroup         18 2023-06-22 08:04
/wordcount/in/salve
-rw-r--r--   2 root supergroup        585 2023-06-22 11:46
/wordcount/in/yarn-site.xml
```

9. 从本地移动文件

moveFromLocal 命令表示将文件从客户端本地文件系统中移动到 HDFS 中；而 put 命令则会删除本地文件，示例如下：

```
[root@master ~]# hdfs dfs -moveFromLocal ~/install.log /aa.log
[root@master ~]# ll
总用量 190700
-rw-------. 1 root root      1261 6月  15 18:55 anaconda-ks.cfg
-rwxr-xr-x. 1 root root      1055 6月  21 19:23 auto_ssh_copy.sh
-rw-r--r--. 1 root root 195257604 1月  16 2023 hadoop-2.10.1.tar.gz
-rw-r--r--. 1 root root      3482 6月  15 18:54 install.log.syslog
-rw-r--r--. 1 root root        18 6月  21 19:24 salve
[root@masterhadoop]# hdfs dfs -ls /
Found 4 items
-rw-r--r--   2 root supergroup      13231 2023-06-22 12:12 /aa.log
drwxr-xr-x   - root supergroup          0 2023-06-22 07:12 /system
drwxr-xr-x   - root supergroup          0 2023-06-22 04:01 /user
drwxr-xr-x   - root supergroup          0 2023-06-22 06:06 /wordcount
```

10. 合并文件到本地

getmerge 命令将 HDFS 指定目录下的文件内容合并到客户端本地文件中，示例如下：

```
[root@master ~]# hdfs dfs -getmerge /wordcount/in ~/aaa.log
[root@master ~]# ll -h ~/aaa.log
-rw-r--r--. 1 root root 19K 6月  22 12:32 /root/aaa.log
```

步骤 2　HDFS 文件操作

1. 查看文件内容

（1）通过 cat 命令查看 HDFS 指定目录下的文件内容，示例如下：

```
[root@master ~]# hdfs dfs -cat /aa.log
安装 libgcc-4.4.7-4.el6.x86_64
warning: libgcc-4.4.7-4.el6.x86_64: Header V3 RSA/SHA1 Signature, key
ID c105b9de: NOKEY
安装 setup-2.8.14-20.el6_4.1.noarch
安装 filesystem-2.4.30-3.el6.x86_64
安装 xml-common-0.6.3-32.el6.noarch
安装 cjkuni-fonts-common-0.2.20080216.1-36.el6.noarch
安装 iso-codes-3.16-2.el6.noarch
安装 basesystem-10.0-4.el6.noarch
安装 dmz-cursor-themes-0.4-4.el6.noarch
安装 libX11-common-1.5.0-4.el6.noarch
安装 ncurses-base-5.7-3.20090208.el6.x86_64
...
```

（2）通过 text 命令查看日志内容，示例如下：

```
[root@master ~]# hdfs dfs -text /aa.log
安装 libgcc-4.4.7-4.el6.x86_64
warning: libgcc-4.4.7-4.el6.x86_64: Header V3 RSA/SHA1 Signature, key
ID c105b9de: NOKEY
安装 setup-2.8.14-20.el6_4.1.noarch
安装 filesystem-2.4.30-3.el6.x86_64
安装 xml-common-0.6.3-32.el6.noarch
安装 cjkuni-fonts-common-0.2.20080216.1-36.el6.noarch
安装 iso-codes-3.16-2.el6.noarch
安装 basesystem-10.0-4.el6.noarch
安装 dmz-cursor-themes-0.4-4.el6.noarch
安装 libX11-common-1.5.0-4.el6.noarch
安装 ncurses-base-5.7-3.20090208.el6.x86_64
...
```

2. 设置副本数量

使用 setrep 命令，可重新设置文件的副本数量，示例如下：

```
[root@master ~]# hdfs dfs -setrep 3 /aa.log
Replication 3 set: /aa.log
[root@master ~]# hdfs dfs -ls /
Found 4 items
-rw-r--r--   3 root supergroup      13231 2023-06-22 12:12 /aa.log
drwxr-xr-x   - root supergroup          0 2023-06-22 07:12 /system
drwxr-xr-x   - root supergroup          0 2023-06-22 04:01 /user
drwxr-xr-x   - root supergroup          0 2023-06-22 06:06 /wordcount
```

使用 -R 选项，可以递归指定文件夹中的所有文件，示例如下：

```
[root@master ~]# hdfs dfs -setrep -R 1 /wordcount
```

```
Replication 1 set: /wordcount/in/hadoop-env.sh
Replication 1 set: /wordcount/in/hdfs-site.xml
Replication 1 set: /wordcount/in/install.log
Replication 1 set: /wordcount/in/salve
Replication 1 set: /wordcount/in/yarn-site.xml
Replication 1 set: /wordcount/output/_SUCCESS
Replication 1 set: /wordcount/output/part-r-00000
```

3. 按照指定格式显示文件信息

stat 命令选项用于显示文件的一些统计信息，示例如下：

```
[root@master ~]# hdfs dfs -stat
-stat: Not enough arguments: expected 1 but got 0
Usage: hadoop fs [generic options] -stat [format] <path> ...
```

上述结果中 format 的形式如下：

- %b：打印文件大小（目录为 0）；
- %n：打印文件名；
- %o：打印 block size（想要的值）；
- %r：打印备份数；
- %y：打印 UTC 日期 yyyy-MM-dd HH:mm:ss；
- %Y：打印自 1970 年 1 月 1 日以来的 UTC 微秒数；
- %F：目录打印 directory，文件打印 regular file。

当使用 -stat 选项但不指定 format 时，只打印文件创建的日期，相当于 %y，示例如下：

```
[root@master ~]# hdfs dfs -stat 'name:%n size:%b back:%r time:%y' /aa.log
name:aa.log size:13231 back:3 time:2023-06-22 04:12:13
[root@master ~]# hdfs dfs -stat /aa.log
2023-06-22 04:12:13
```

4. 查看文件尾部内容

tail 命令选项显示文件最后 1KB 的内容，一般用于查看日志；如果带有选项 -f，那么当文件内容发生变化时，也会自动显示，示例如下：

```
[root@master ~]# hdfs dfs -tail /aa.log
6_64
安装 acl-2.2.49-6.el6.x86_64
安装 attr-2.4.44-7.el6.x86_64
安装 cjkuni-uming-fonts-0.2.20080216.1-36.el6.noarch
安装 cjkuni-ukai-fonts-0.2.20080216.1-36.el6.noarch
安装 ql2400-firmware-7.00.01-1.el6.noarch
............................
安装 ipw2100-firmware-1.3-11.el6.noarch
安装 ql23xx-firmware-3.03.27-3.1.el6.noarch
安装 ipw2200-firmware-3.1-4.el6.noarch
```

```
安装 rootfiles-8.1-6.1.el6.noarch
*** FINISHED INSTALLING PACKAGES ***
```

◆ 课 后 练 习 ◆

一、单选题

1. 在 Hadoop 技术生态系统中，HDFS 主要与（　　）组件协同工作以支持大数据分析。

A. MapReduce　　B. Flume　　C. HBase　　D. Hive

2. 在 Hadoop 2.x 中，HDFS 默认一个块的大小是（　　）。

A. 32MB　　B. 64MB　　C. 128MB　　D. 256MB

3. SecondaryNameNode 的作用是（　　）。

A. 备份 NameNode 的元数据　　B. 替代 NameNode 工作

C. 管理数据块存储　　D. 执行 MapReduce 任务

4. 在 HDFS 中，（　　）节点负责处理文件系统客户端的文件读写请求。

A. NameNode　　B. DataNode

C. SecondaryNameNode　　D. JobTracker

5. 在 HDFS 中，FSImage 文件记录了（　　）信息。

A. 每个块的具体存储位置

B. 文件系统中所有目录和文件的元数据

C. 数据节点的运行状态

D. 客户端的访问日志

6. 在 HDFS 中，如果 NameNode 发生故障，会导致（　　）结果。

A. 数据丢失　　B. 数据无法访问

C. 整个集群变得不可用　　D. DataNode 自动升级为 NameNode

7. 下列关于 HDFS 的描述中，正确的是（　　）。

A. HDFS 是一个分布式数据库系统

B. HDFS 不支持数据的随机读写

C. HDFS 适合存储小文件和大文件

D. HDFS 中的数据块可以随意修改和删除

8. HDFS 的 Web UI 默认使用（　　）端口。

A. 50070　　B. 8088　　C. 9000　　D. 10000

9. HDFS 中的数据冗余策略通常是（　　）。

A. 只存储一份数据　　B. 存储数据的 2 个副本

C. 存储数据的 3 个副本　　D. 存储数据的 4 个副本

10. HDFS 中负责协调集群中数据存储的组件是（　　）。

A. NameNode　　B. DataNode

C. SecondaryNameNode　　D. ResourceManager

二、多选题

1. HDFS 中的 NameNode 主要负责（　　）。
   A. 管理文件系统的命名空间　　B. 处理客户端的读写请求
   C. 存储文件数据块　　D. 监控 DataNode 的健康状况
2. HDFS 中 DataNode 的主要职责包括（　　）。
   A. 存储文件数据块　　B. 响应客户端的读写请求
   C. 复制数据块以维护副本数　　D. 管理文件系统的元数据
3. HDFS 中（　　）操作是客户端与 NameNode 之间的交互。
   A. 文件创建　　B. 文件读取
   C. 数据块位置查询　　D. 数据块传输
4. HDFS 与其他 Hadoop 组件的交互体现在（　　）方面。
   A. 与 MapReduce 协同处理数据　　B. 为 HBase 提供底层存储支持
   C. 通过 Yarn 进行资源管理和任务调度　　D. 支持 Hive 的数据查询和分析
5. HDFS 的文件操作包括（　　）。
   A. 创建目录　　B. 上传文件
   C. 列出文件 / 目录　　D. 删除文件 / 目录

项目 4

分布式计算框架 MapReduce

导读

MapReduce 和 Yarn 在 Hadoop 生态系统中扮演着重要的角色。MapReduce 是一个编程模型和处理大量数据的框架，负责处理和分析大数据集；而 Yarn 作为资源调度平台，为 MapReduce 和其他计算框架提供资源管理和作业调度的功能。它们之间的紧密关系使得 Hadoop 生态系统能够更加高效地处理大规模数据任务。

学习目标

（1）了解分布式计算框架 MapReduce 的基本原理；
（2）熟悉 MapReduce 单词计数运行流程；
（3）掌握 MapReduce 单词计数的方法；
（4）掌握 MapReduce 程序在 Yarn 集群运行的流程。

技能目标

（1）能够使用 MapReduce 实现单词计数；
（2）能够阐述 Map 阶段和 Reduce 阶段的实现过程；
（3）能够通过浏览器查看 Yarn 集群资源调度历史。

职业素养目标

（1）增强文化自信和民族自豪感，引导树立正确的价值观；

（2）增强创新意识，鼓励学生不断探索新的 MapReduce 应用场景和技术创新点，Yarn 在其他计算框架如 Spark、Flink 中的应用；

（3）培养团队合作精神，在 MapReduce 的学习和实践中，强调团队协作的重要性，培养与他人合作、共同解决问题的能力；

（4）提升职业道德意识，在使用 MapReduce 处理数据之前，务必了解数据的来源和用途，确保数据处理的合法性。

任务 4.1 认识 MapReduce

任务描述

本任务主要介绍了分布式计算框架 MapReduce 的基本原理和思想以及架构设计等，让读者能够对分布式计算模式有一个基本的认识。

知识学习

认识 MapReduce

1. 分布式并行计算思想

MapReduce 是一个用于开发分布式并行数据处理程序的编程框架，要理解 MapReduce，需要先理解分布式并行运算思想。

大数据时代的数据分析任务比传统的数据分析任务要复杂，涉及的数据量更大，例如，要分析汇总某个大型零售商在全国的销售数据，查看某个搜索引擎的特定词条的访问日志，对大量互联网用户进行属性分析和用户画像的生成等。

通常来讲，计算机可以同时做很多事，如听音乐、编辑 Word 文档、下载电影。为什么这些都可以同时进行呢？因为这些程序任务处理的数据量规模较小。而对于大规模的数据处理任务，就不是一台计算机同时做许多任务了，而是许多台计算机同时执行一项任务。假如要写一个程序，然后让计算机来处理一个数据量比较大的任务（如把百度百科上所有的词条分析一遍），那么这台计算机需要极长的时间来做这件事，大多数情况下，数据还没跑完，这台计算机就被“累死了”（死机了）。那该怎么办？为了解决这个问题，就有人提出用许多台计算机同时完成这个任务，这就引入了并行计算的概念。

许多台计算机同时做一件复杂的任务，涉及很多问题。例如，首先要将这个任务分解成许多子任务，然后将这些小的子任务在这些计算机上分配，等这些计算机完成了任务之后，需要将反馈结果汇总。同时，还要考虑如果这些计算机出现故障异常等问题，该怎么解决。MapReduce 就是能完成这类任务的一个编程模型。一个复杂的任务按照这个抽象的模型去实现，就可以有效地进行并行计算。

2. MapReduce 的设计思想

这个编程模型究竟是怎样的呢？它实际上想表达的就是这样一种情况：已知有许许多多（几万台，甚至几十万台）PC，每一台可能都是普通配置，但是如果这些 PC 团结协作起来，可以与一个大型的工作站的能力相媲美。现在有个复杂的任务，需要处理海量的数据。数据在哪里？数据实际上是随机分布式地存储在这些服务器上的。不需要统一地将数据集中存储在一个超大的硬盘上，可以直接分散地存储在这些服务器上，这些服务器本身不仅相当于许许多多个处理器，也相当于许许多多个小硬盘。

这些 PC 服务器分为两大类三小类，第一类为 MRAppMaster（只有一个运行实例），负责调度，相当于管理者。第二类为 Worker（根据数据规模可以有大量的运行实例），相当于员工。Worker 可进一步分为两类：一类叫作 MapTask，另一类叫作 ReduceTask。假设有一个巨大的数据集，里面有海量规模的元素，元素的个数为 M 个，每个元素都需要调用同一个函数进行逻辑处理，处理过程如下。

（1）MRAppMaster 将 M 分成许多小份（数据切片在 MapReduce 中被称为 FileSplit），然后每一个数据切片被指派给一个 MapTask 来处理。

（2）MapTask 处理完后，将自己负责的数据切片的处理结果传给 ReduceTask。

（3）ReduceTask 统计汇总各个 MapTask 传过来的结果，得到最终的任务处理结果。

当然，这是最简单的表述，实际上 MRAppMaster 的任务分配过程很复杂。

举例来说，统计一系列文档中的词频。文档数量规模很大，有 1000 万个，包含的英文单词总数可能只有 3000 个（常用的），统计过程如下。

（1）使用 10000 台 PC 服务器运行 MapTask，100 台 PC 服务器运行 ReduceTask。

（2）每个 MapTask 做 1000 个文档的词频统计，完成之后将中间结果分发给 100 个 ReduceTask 汇总。

（3）100 个 ReduceTask 计算机把各自收到的数据做最终的汇总分析处理，得到最终的统计结果。

其实 MapReduce 秉承的就是分而治之的程序处理理念，将一个复杂的任务划分为若干个简单的任务来处理。另外，就是程序的调度问题，将哪些任务分配给哪些 MapTask 来处理，是一个需要着重考虑的问题。MapReduce 的根本原则是信息处理的本地化，哪台 PC 持有相应要处理的数据，哪台 PC 就负责处理该部分数据，这样做的意义在于可以减少网络通信的负担。图 4-1 描述了 MapReduce 分布式数据处理的一般过程。

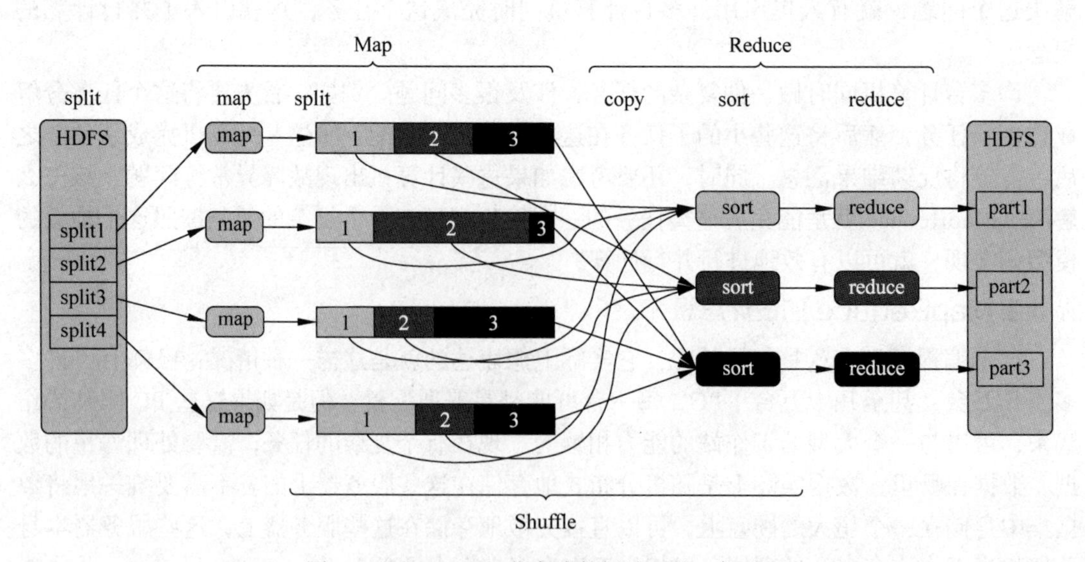

图 4-1　MapReduce 分布式数据处理的一般过程

 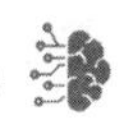

整个 MapReduce 流程中的一个核心关键点是数据的 Shuffle。Shuffle 机制既要考虑将数据尽可能均匀分发给 ReduceTask，又要保证将需要进行汇总统计的数据分发给同一个 ReduceTask。在 MapReduce 中，数据的基本传递单位是一个键值对（key-value），而默认的 Shuffle 逻辑是用数据的 key 的 hashCode 对 ReduceTask 的数量进行取模，得到余数，根据余数将数据分发给相应编号的 ReduceTask。

例如，MapTask 处理后得到一个中间结果数据：key 为单词 hello，value 为词频 980，ReduceTask 的数量为 5，而 "hello".hashCode()%5 = 3，则可知，hello 单词相关的数据都将分发给编号为 3 的 ReduceTask 机器。

3. MapReduce 的算法模型

广义上的 MapReduce 是一种分布式并行运算的算法模型，它将任意运算逻辑都抽象成两个阶段。

1）Map 阶段

Map 阶段主要负责读取原始数据，并将原始数据按照所需业务逻辑处理映射成键值对形式的数据。

2）Reduce 阶段

Reduce 阶段则负责对 Map 阶段产生的 key-value 数据按照 key 进行聚合运算。

如一段文本：a a b c a b c d a……需要统计文本中的词频（单词及其出现次数），如果使用 MapReduce 算法模型来实现的话，就可以按照以下流程进行。

（1）Map 阶段。将文本数据映射成如下形式的 key-value（单词作为 key，1 作为 value）：（a，1）（a，1）（b，1）（c，1）（a，1）（b，1）（c，1）（d，1）（a，1）……

（2）Teduce 阶段。将 Map 阶段生成的 key-value 数据按照 key 分组，然后进行分组聚合运算（将一组数据的 value 累加在一起），即可得出结果：（a，4）（b，2）（c，2）（d，1）……

现实中的数据处理需求肯定是复杂多样的，但在绝大多数场景下，可以用 MapReduce 算法模型来实现。根据需求的复杂程度，可能只需要一次 MapReduce 过程，也可能需要多次 MapReduce 过程。图 4-2 更为清晰地展示了上述过程。

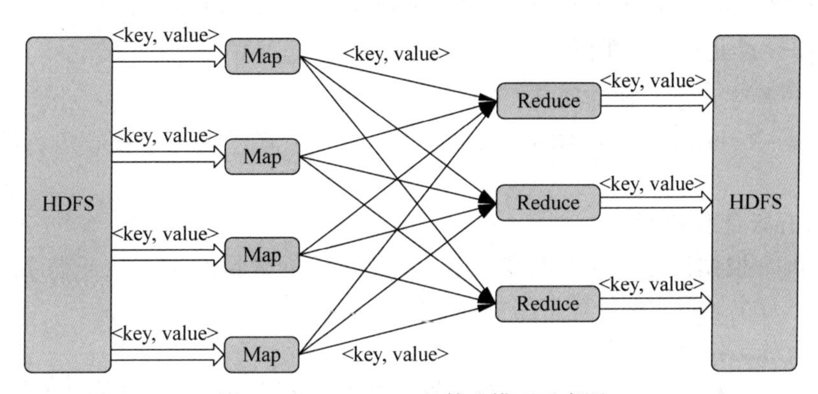

图 4-2　MapReduce 的算法模型示意图

MapReduce 算法模型核心要点说明如下。

（1）整个数据处理流程分为 Map 和 Reduce 两个阶段。

（2）数据分成多个任务切片，交由多个 Map 任务程序独立地进行并行处理。

（3）Map 阶段读取源数据，并将原始数据映射成 key-value 形式的数据。

（4）Map 阶段生成 key-value 数据经过数据分发规则（即所谓的 Shuffle 过程）分发给一定数量的 Reduce 任务程序。

（5）在 Reduce 阶段，Reduce 任务程序对从 Map 阶段 Shuffle 过来的 key-value 数据并行地进行分组聚合运算，得到最终结果。

4. MapReduce 编程框架

从狭义上来说，Hadoop 中的 MapReduce 则是对上述算法模型的一个具体实现程序。此处所说的 MapReduce，就是 Hadoop 软件系统提供的一个用于开发分布式并行数据处理程序的编程框架。Hadoop 中的 MapReduce 编程框架很好地解决了上述问题。在 MapReduce 框架中，有以下几类实体程序角色。

1）MapTask

MapTask 是 Map 阶段的运行时程序，可以在多个服务器节点上启动、运行多个并行实例，实现了读取数据、缓存数据、调用用户自定义运算逻辑、输出中间结果等功能。

2）ReduceTask

ReduceTask 是 Reduce 阶段的运行时程序，可以在多个服务器节点上启动、运行多个并行实例，实现了获取 Map 阶段输出数据、缓存数据、整理数据、调用用户自定义聚合逻辑、输出最终结果等功能。

3）MRAppMaster

MRAppMaster 作为整个 MapReduce 程序运行时的所有 MapTask 运行实例和 ReduceTask 运行实例的总管，负责启动、监控、调度上述众多 MapTask 和 ReduceTask 运行实例，并为它们分配数据处理任务。

总之，MapReduce 分布式编程框架是 Hadoop 技术体系中对 MapReduce 分布式并行运算模型的一个具体实现工具。用户在基于 MapReduce 框架开发分布式数据分析程序时，只需要提供 Map 和 Reduce 阶段需要的数据处理逻辑方法即可。具体来说，就是根据自身需求，提供 MapReduce 框架所需的 Mapper 和 Reducer 两个类的重写实现。

5. MapReduce 工作机制

框架中的程序角色，如前所述，MapReduce 分布式运算框架中有三个重要的核心角色：MapTask、ReduceTask 和 MRAppMaster。下面分别阐述这三个核心角色的主要工作机制。

1）MapTask 工作机制

在运行时，根据待处理数据的规模不同，会有不同数量的 MapTask 程序实例在多台节点上运行，每个运行实例处理自己负责的数据切片。

MapTask 的工作流程如下。

（1）MapTask 利用 InputFormat 组件获取一个 RecordReader，读取待处理数据。

（2）MapTask 将读取到的数据封装为一个个 key-value 数据，然后调用用户提供的

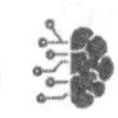

map() 函数，并逐一传入这些 key-value 进行运算处理。

（3）MapTask 获取 map() 函数的处理结果，将结果数据序列化到内存缓存中，并在对数据按 key 进行排序和分区（不同区的数据将分给不同的 ReduceTask）后，持久化到本地磁盘文件中。所谓的分区就是上文所提及的 Shuffle 机制，在具体实现上，就是 MapTask 将自己产生的数据根据 Partitioner 组件中的 getPartition 方法所定义的规则，将中间结果数据按 ReduceTask 的数量划分为若干个区块，每一个区块交由一个 ReduceTask 运行实例进行 Reduce 阶段的聚合运算处理。

2）ReduceTask 工作机制

ReduceTask 也能运行多个实例，数量由用户通过参数指定。每个 ReduceTask 实例都有自己的编号，ReduceTask 的职责是根据自己的编号从 MapTask 产生的中间结果数据中获取与自己编号相同的分区数据到本地，然后按 key 分组进行聚合运算。

ReduceTask 的处理流程如下。

（1）根据自己的实例编号从 MapTask 输出结果中获取相同编号的分区数据。

（2）把从多个 MapTask 处拉取过来的文件块合并，并按照 key 进行归并排序。

（3）对排好序的数据按 key 进行分组，对每一组数据调用用户提供的 reduce() 函数进行聚合运算。

（4）获取 reduce() 函数产生的结果数据，并通过 OutputFormat 组件获取一个 Record Writer 工具，将数据写入用户指定的外部存储。

3）MRAppMaster 工作机制

MRAppMaster 是整个 MapReduce 运算程序运行时的 Master 角色，负责启动、调度、监控各任务程序（MapTask、ReduceTask）实例的运行，其工作流程如下。

（1）根据任务切片数向 Yarn 申请启动、运行 MapTask 任务程序所需的运算资源（Container）。

（2）在申请到的 Container 上启动 MapTask 程序进程，并监控这些 MapTask 程序实例的运行状态。

（3）适时向 Yarn 申请启动、运行 ReduceTask 任务程序所需的运算资源。

（4）在申请到的 Container 上启动、运行 ReduceTask 任务程序并监控这些 ReduceTask 程序实例的运行状态。

（5）在整个 Job 执行完后，向 Yarn 注销资源。

6. MapReduce 运行机制示意图

前文分别阐述了 MapReduce 运行时的各个程序角色的职责及工作流程，本节内容将再次从全局的角度，对 MapReduce 程序整个运行时完整生命周期进行阐述。

（1）用户客户端程序启动 MapReduce 程序中的 MRAppMaster。

（2）MRAppMaster 启动若干 worker（MapTask 及 ReduceTask）。

（3）MapTask 启动后读取属于自己的数据切片开始处理。

（4）MapTask 将处理产生的结果数据写入本地磁盘。

（5）ReduceTask 启动后从 MapTask 所在节点拉取属于自己的分区数据。

（6）ReduceTask 将处理产生的结果数据写入 HDFS 目标目录。

MapReduce 程序的启动和运行过程如图 4-3 所示。

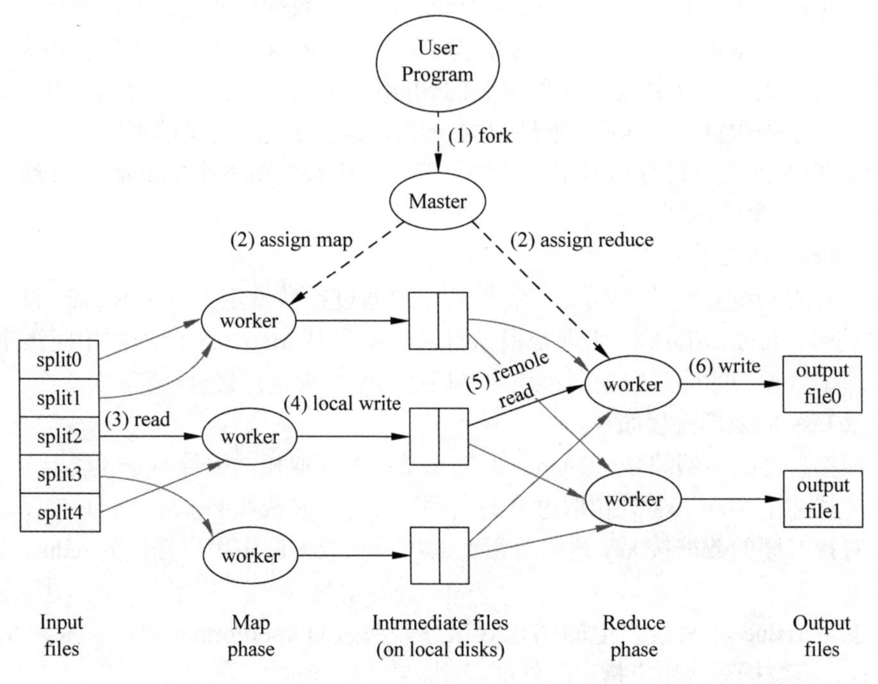

图 4-3　MapReduce 运行机制示意

任务实施

步骤 1　单词计数案例需求

假设有大量文本文件，需要统计所有文件中各单词出现的总次数，即词频统计。内容样例如下：

```
hello world
hello hadoop
bye hadoop
tom and jack bye hadoop
```

步骤 2　思路设计

首先，检查单词计数是否可以使用 MapReduce 进行处理。因为在单词计数程序任务中，不同单词的出现次数之间不存在相关性，相互独立，所以，可以把不同单词分发给不同机器进行并行处理。因此，可以采用 MapReduce 来实现单词计数的统计任务。

其次，确定 MapReduce 程序的设计思路。把文件内容分解成许多个单词，然后把所有相同的单词聚集到一起，计算出每个单词出现的次数。

最后，确定 MapReduce 程序的执行过程。把一个大的文件切分成许多个分片，将每

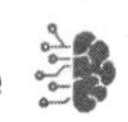

个分片输入不同结点，形成不同的 Map 任务。每个 Map 任务分别负责完成从不同的文件块中解析所有的单词。图 4-4 是 MapReduce 处理单词计数的基本流程。

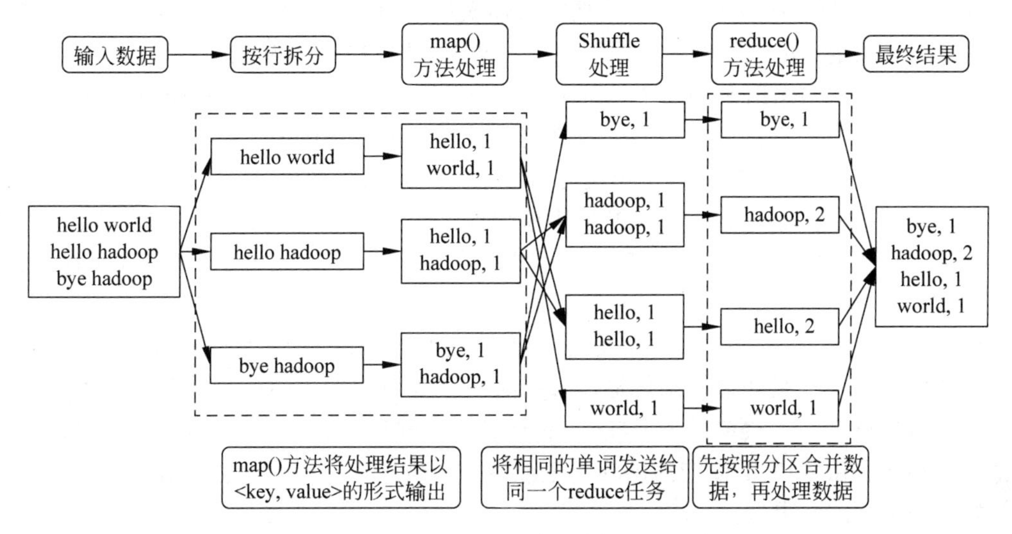

图 4-4　MapReduce 处理单词计数的基本流程

在初期学习 MapReduce 程序时，可以不用过多考虑 MapReduce 程序运行时的状况，只要抓住 MapReduce 编程模型中的要点即可，即考虑 Map 阶段读取到原始数据后产生什么样的 key 和 value，以便能在 Reduce 阶段按 key 分组进行聚合运算时得到想要的结果。

本案例逻辑说明如下：在 MapReduce 程序中，整个数据处理的流程分为 Map 和 Reduce 两个阶段，而这两个阶段中真正工作的程序是 MapTask 和 ReduceTask，这两个程序已在框架中提供；用户在编写自己的 MapReduce 程序时，只需要为 MapTask 和 ReduceTask 提供进行数据处理时的具体逻辑函数，即 map() 函数和 reduce() 函数即可。

1）Map 阶段

（1）MapTask 会从 HDFS 的源数据文件中逐行读取数据，然后对每一行调用一次用户自定义的 map() 方法。

（2）用户自定义的 map() 函数执行以下任务：①将每一行数据切分成单词；②为每一个单词构造一个键值对（单词 , 1）；③将键值对返回给 MapTask。

2）Reduce 阶段

（1）ReduceTask 会获取 Map 阶段输出的单词键值对。

（2）ReduceTask 会将 key 相同（即单词相同）的键值对汇聚成组，然后对每一组键值对数据调用一次用户自定义的 reduce() 方法，进行运算处理。

（3）用户自定义的 reduce() 函数执行以下任务：①遍历 ReduceTask 传入的一组键值对数据，将 value 值累加求和，即得到每一个单词出现的总次数；②将计算结果（单词，总次数）返回给 ReduceTask。

步骤 3　关键技术点

在开发自定义的 Mapper 类时，需要定义输入数据的泛型类型（KEY IN，VALUE IN）。而这些泛型的确定，依赖于输入数据的类型。输入数据的类型决定机制描述如下。

默认情况下，MapTask 调用 TextInputFormat 获取一个 LineRecordReader 来读取文件，其机制为逐行读取，每读到一行数据，就将这一行在文件中的起始偏移量（类型为 long）作为 key 数据，将行的文本内容（类型为 string）作为 value 数据。

map() 函数处理后产生的数据也需要组织成一个 key 和一个 value，也需要为此声明输出数据的泛型类型（KEY OUT, VALUE OUT）。这两个泛型的声明，则取决于自定义的 map() 方法将要生成的结果 key-value 数据的类型。

在 MapReduce 中，数据经常需要持久化到磁盘文件中，或经网络连接进行传输，而不管持久化到文件还是通过网络传输，key-value 数据都需要经过序列化和反序列化操作。为了降低数据的体积，提高效率，Hadoop 开发了一种自己的序列化框架。上述 key-value 数据类型不能直接采用 JDK 中提供的原生类型，而是需要使用实现了 Hadoop 序列化接口的类型，如下面这些类型。

（1）KEY IN：行的起始偏移量，原生类型 long，对应的 Hadoop 序列化类型为 LongWritable。

（2）VALUE IN：行的文本内容，原生类型 string，对应的 Hadoop 序列化类型为 Text。

（3）KEY OUT：一个单词，原生类型 string，对应的 Hadoop 序列化类型为 Text。

（4）VALUE OUT：单词出现次数，原生类型 int，对应的 Hadoop 序列化类型为 IntWritable。

所谓序列化，就是将内存中的 Java 对象结构数据“压扁”成一个线性的二进制数据序列，反序列化则反其道而行之。由 JDK 中的序列化机制生成的二进制序列，不仅包含对象中的数据，还包含很多附加信息（如类名、继承关系等）。换句话说就是，JDK 的序列化机制产生的序列化结果非常臃肿和冗余。

在数据量很大且需要频繁进行磁盘序列化和网络传输的情况下，如果用 JDK 的原生序列化机制，会导致数据传输和存储的负担过大。所以 Hadoop 开发了一套自己的序列化框架，使对象序列化后包含的信息仅限于对象中的数据内容，从而大大降低了磁盘存储和网络传输的负担，提高了效率。

任务 4.2　分布式资源调度平台 Yarn

分布式资源调度平台 Yarn

■ 任务描述

本任务主要介绍分布式资源调度平台 Yarn 的基本概念，并通过 Yarn 集群运行 MapReduce 的单词计数程序。

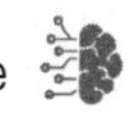

知识学习

1. Yarn 基本概念

MapReduce 分布式并行数据处理程序开发好后，需要运行在一个大规模的集群当中，而通常，一个大规模集群在同一时间可能需要运行很多个不同的 MapReduce 分布式数据处理程序。每一个分布式数据处理程序都需要占用集群中各节点的资源（CPU、内存、带宽和硬盘等），如果正在运行的应用程序数量较多，可能导致部分机器资源不足，另一部分机器资源得不到充分利用等问题。这种情况会进一步导致某个或某些应用程序抢占了集群的绝大部分资源，而另外一些程序则因为无资源可用而无法启动和运行。

因此，需要一个资源调度系统来为每一个数据处理任务分配、调度、隔离运算资源。

Yarn（Yet Another Resource Negotiator）是一个通用的资源管理系统，在 Hadoop 2.0 版本中引入，可以在其上部署各种计算框架。Yarn 为上层应用提供统一的资源管理和调度，简单来说，Yarn 就是一个为分布式运算程序提供运算资源统一调度和分配的资源调度平台。它能对集群的资源进行统一管理，根据集群的资源状态、各个任务的资源需求量及任务优先级，为各应用程序安排执行计划，并通过虚拟化技术中的“容器”（Container）为它们隔离、分配一定数量的 CPU、内存等资源。

要想利用 MapReduce 框架开发好的分布式数据处理程序，需要在 Yarn 平台上运行这些程序，使用 Yarn 进行集群资源管理和调度。每个 MapReduce 应用程序会在 Yarn 上产生一个 MRAppMaster 进程，该进程是 ApplicationMaster 的实现。

MRAppMaster 进程管理整个 MapReduce 应用程序的生命周期、任务资源申请、Container 启动与释放等。Container 是 Yarn 中资源分配的基本单位，是一个封装了 CPU 和内存资源的容器，相当于一个 Task 运行环境的抽象。具体的 Yarn 集群资源调度如图 4-5 所示。

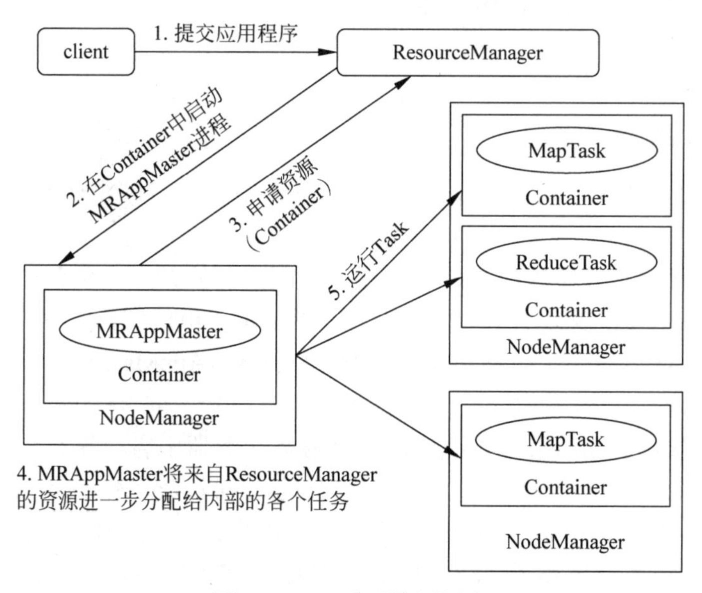

图 4-5　Yarn 集群资源调度

2. Yarn 核心成员

在 Yarn 平台中，有 ResourceManager、NodeManager、ApplicationMaster、Container 这 4 种核心角色。

1）ResourceManager

整个集群中只有一个，负责集群资源的统一管理和调度。具体功能如下：

- 处理客户端请求；
- 启动 / 监控 ApplicationMaster；
- 监控 NodeManager；
- 资源分配与调度。

2）NodeManager

整个集群中有多个，负责单个节点资源的管理和使用。具体功能如下：

- 单个节点上的资源管理和任务管理；
- 处理来自 ResourceManager 的命令；
- 处理来自 ApplicationMaster 的命令。

3）ApplicationMaster

每个程序中有一个（该程序并不包含在 Yarn 中，而是由用户自己的分布式应用程序提供，不过需要符合 Yarn 的通信协议等规范的要求。比如 MapReduce 程序中就有对应的 MRAppMaster），负责应用程序的管理。具体功能如下：

- 数据切分；
- 为应用程序申请资源，并进一步分配给内部任务；
- 任务监控与容错。

4）Container

对任务运行环境的抽象，描述一系列关于运算资源的信息，具体功能如下：

- 任务运行资源（节点、内存、CPU）；
- 任务启动命令；
- 任务运行环境。

3. Yarn 运行机制

图 4-6 展示了两个分布式应用程序在 Yarn 集群中运行时的整体流程和分布式状态。具体说明如下。

（1）用户提交分布式应用程序到 Yarn 上运行时，需要开发一个客户端程序，向 Yarn 中的 ResourceManager 提交运行分布式应用程序的请求。申请到资源容器后，启动应用程序中的 ApplicationMaster（比如 MapReduce 程序中的 MRAppMaster）。

（2）ApplicationMaster 启动之后，根据相关配置参数，向 ResourceManager 申请一定数量的“资源容器 Container”，并通过远程指令在各个容器中启动各个 Task 程序。

（3）各 Task 程序在运行期间，会定期向自己的 ApplicationMaster 汇报运行状态。

（4）当 Task 完成自己的运算任务后，就会退出，所占用的资源容器会被释放，由 NodeManager 回收。当整个分布式计算程序运算完成后，ApplicationMaster 会向

ResourceManager 注销自己，所占用的资源容器也由 NodeManager 回收。

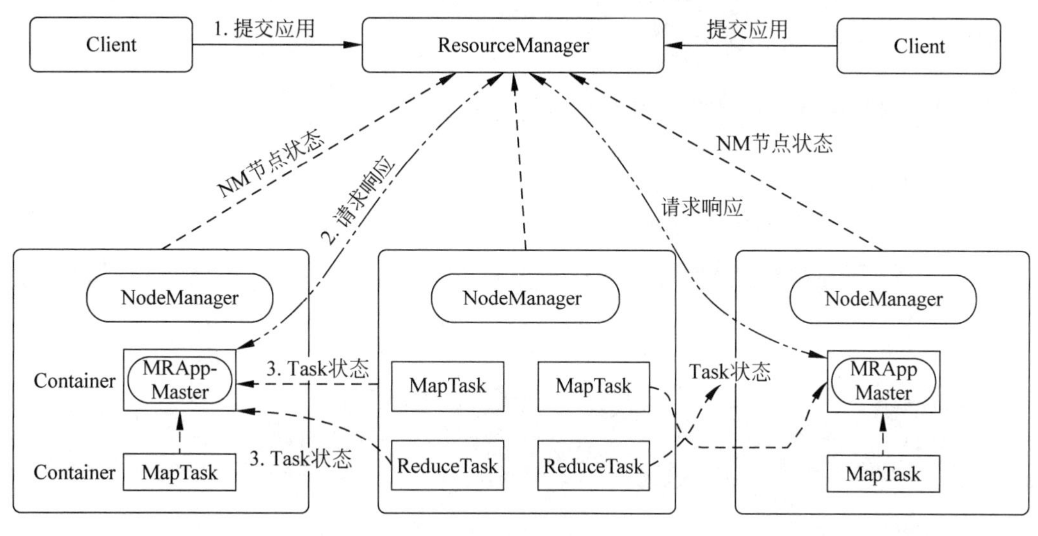

图 4-6　Yarn 运行机制

4. MapReduce 程序在 Yarn 集群中运行的流程

在真实的生产环境中，MapReduce 程序应该被提交到 Yarn 集群中分布式运行，这样才能发挥 MapReduce 分布式并行计算的效果。将 MapReduce 程序提交给 Yarn 执行的过程如下。

（1）在客户端代码中设置好 MapReduce 程序运行时要使用的 Mapper 类、Reducer 类、程序 jar 包所在路径、Job 名称、Job 输入数据的切片信息、Configuration 所配置的参数等资源，统一提交给 Yarn 所指定的位于 HDFS 上的 Job 资源提交路径。

（2）客户端向 Yarn 中的 ResourceManager 请求运行 jar 包中 MRAppMaster 进程的资源容器 Container。

（3）Yarn 将提供 Container 的任务指派给某个拥有空闲资源的 NodeManager 节点，NodeManager 接收任务后创建 Container。

（4）客户端向创建好容器的 NodeManager 发送启动 MRAppMaster 进程的 Shell 脚本命令，启动 MRAppMaster。

（5）MRAppMaster 启动后，读取 Job 相关配置及程序资源，向 ResourceManager 请求 N 个资源容器来启动若干个 MapTask 进程和若干个 ReduceTask 进程，并监控这些 MapTask 进程和 ReduceTask 进程的运行状态。

（6）当整个 Job 的所有 MapTask 进程和 ReduceTask 进程任务处理完成后，所有进程全部注销。Yarn 销毁 Container，回收运算资源。

Yarn 不仅能运行 MapReduce 程序，还能运行 Spark 程序等。自从 Hadoop 2.0 版本分离出 Yarn 后，Yarn 已经逐渐成为分布式计算领域中的通用资源调度平台。在 Yarn 上运行分布式应用程序的机制和流程非常复杂，Yarn 的任务调度策略也非常丰富。

任务实施

下面进行 MapReduce 测试。

步骤 1　前期准备

1. 创建测试文件

执行以下命令，创建测试文件：

```
[root@master ~]# vim word.txt
```

内容如下：

```
HELLO WORLD
HELLO HADOOP
HELLO JAVA
```

2. 在 HDFS 中创建文件夹

执行以下命令，在 HDFS 中创建文件夹：

```
[root@master ~]# hadoop fs -mkdir /input
[root@master ~]# hadoop fs -ls /
Found 5 items
-rw-r--r--   2 root supergroup         18 2023-06-22 08:04 /salve
drwxr-xr-x   - root supergroup          0 2023-06-22 07:12 /system
drwx------   - root supergroup          0 2023-06-22 06:06 /tmp
drwxr-xr-x   - root supergroup          0 2023-06-22 04:01 /user
drwxr-xr-x   - root supergroup          0 2023-06-22 06:06 /input
```

3. 将 word.txt 传输到 input 上

```
[root@master ~]# hadoop  fs  -put  ~/word.txt  /input
[root@master ~]# hadoop fs -ls  -R /
drwxr-xr-x   - root supergroup        0 2023-06-22 06:06 /input
drwxr-xr-x   - root supergroup        0 2023-06-22 06:06 /input/word.txt
```

4. 进入 jar 包测试文件目录

执行以下命令，进入 jar 包测试文件目录：

```
[root@master ~]# cd /opt/modules/hadoop/share/hadoop/mapreduce/
[root@master mapreduce]# ll
r--r--.     1 root root  540117  月  19 2023
hadoop-mapreduce-client-app-2.7.7.jar
-rw-r--r--. 1 root root  773735 7月  19 2023
hadoop-mapreduce-client-common-2.7.7.jar
-rw-r--r--. 1 root root 1556812 7月  19 2023
hadoop-mapreduce-client-core-2.7.7.jar
-rw-r--r--. 1 root root  189951 7月  19 2023
```

```
hadoop-mapreduce-client-hs-2.7.7.jar
-rw-r--r--. 1 root root   27831 7月  19 2023
hadoop-mapreduce-client-hs-plugins-2.7.7.jar
-rw-r--r--. 1 root root   62388 7月  19 2023
hadoop-mapreduce-client-jobclient-2.7.7.jar
-rw-r--r--. 1 root root 1556921 7月  19 2023
hadoop-mapreduce-client-jobclient-2.7.7-tests.jar
-rw-r--r--. 1 root root   71617 7月  19 2023
hadoop-mapreduce-client-shuffle-2.7.7.jar
-rw-r--r--. 1 root root  296044 7月  19 2023
hadoop-mapreduce-examples-2.7.7.jar
drwxr-xr-x. 2 root root    4096 7月  19 2023 lib
drwxr-xr-x. 2 root root      30 7月  19 2023 lib-examples
drwxr-xr-x. 2 root root    4096 7月  19 2023 sources
```

步骤 2 测试

1. 测试 MapReduce

执行以下命令，测试 MapReduce：

```
[root@master mapreduce]# hadoop jar hadoop-mapreduce-examples-2.7.7.jar
wordcount  /input/word.txt  /output
```

2. 查看 HDFS 下的传输结果

执行以下命令，查看 HDFS 下的传输结果：

```
[root@master mapreduce]# hadoop fs -ls -R /output
-rw-r--r--   3  root supergroup    0 2023-09-20 201:47 /output/ SUCCESS
-rw-r--r--   3  root supergroup    0 2023-09-20 201:47 /output/part-r-00000
```

3. 查看文件测试的结果

执行以下命令，查看文件测试的结果：

```
[root@master mapreduce]# hadoop fs -cat /output/part-r-00000
HADOOP  1
HELLO   3
JAVA    1
WORD    1
```

◈ 课 后 练 习 ◈

一、单选题

1. MapReduce 主要适用的数据处理场景是（　　）。

A. 实时数据流处理　　B. 小规模数据处理

C. 大规模数据处理　　D. 交互式数据处理

2. 在 MapReduce 中，map() 函数的主要作用是（　　）。

A. 合并数据　　B. 排序数据

C. 处理和转换数据　　D. 分发数据

3. MapReduce 中的 reduce() 函数主要负责（　　）。

A. 数据分割　　B. 数据合并　　C. 数据清洗　　D. 数据转换

4. MapReduce 作业通常包括（　　）两个阶段。

A. Map 和 Shuffle　　B. Shuffle 和 Reduce

C. Map 和 Reduce　　D. Reduce 和 Output

5. MapReduce 中，Reducer 任务的数量是由（　　）决定的。

A. Mapper 任务的数量　　B. 输入数据的大小

C. 用户指定　　D. HDFS 块大小

6. 在 MapReduce 中，数据是（　　）分发到不同的 Map 任务中的。

A. 随机　　B. 按数据大小

C. 按数据块　　D. 按数据顺序

7. MapReduce 的输出结果通常保存在（　　）。

A. 内存　　B. 分布式文件系统

C. 数据库　　D. 本地文件系统

8. MapReduce 是基于（　　）的分布式计算框架。

A. Hadoop　　B. Spark　　C. Flink　　D. Beam

9. MapReduce 的（　　）特点使其适合处理非交互式计算任务。

A. 实时性　　B. 交互性　　C. 批处理　　D. 并行性

10. MapReduce 的默认输出格式是（　　）。

A. 文本格式　　B. 序列化对象　　C. 自定义格式　　D. JSON 格式

二、多选题

1. MapReduce 框架提供了（　　）功能来优化程序的性能。

A. 本地化缓存　　B. 并行处理　　C. 数据过滤　　D. 数据压缩

2. 以下（　　）是 MapReduce 框架的特点。

A. 易于编程　　B. 良好的扩展性

C. 高容错性　　D. 适合处理海量数据

3. MapReduce 的 Map 任务数量是由（　　）因素决定的。

A. 输入数据的大小　　B. HDFS 块大小

C. FileInputFormat 的设置　　D. Reduce 任务的数量

4. MapReduce 作业的输入和输出通常存储在（　　）位置。

A. 本地文件系统　　B. 内存

C. 分布式文件系统（如 HDFS）　　D. 数据库

5. MapReduce 适用于的场景有（　　）。

A. 大规模数据挖掘和分析　　B. 分布式搜索引擎构建

C. 实时日志分析　　D. 交互式数据分析

分布式协调框架 ZooKeeper

导读

ZooKeeper 是 Google Chubby 的开源实现，是一个分布式协调框架，为大型分布式系统提供高效且可靠的分布式协调服务，用于管理和协调分布式系统中的各种服务和进程，广泛应用于 Hadoop、HBase、Kafka 等分布式开源系统。

学习目标

（1）了解 ZooKeeper 的基本概念；
（2）熟悉 ZooKeeper 数据模型、集群架构；
（3）熟悉 ZooKeeper 的监听机制和选举机制；
（4）掌握 ZooKeeper 集群部署；
（5）掌握 ZooKeeper Shell 操作的方法。

技能目标

（1）具备独立搭建和管理 ZooKeeper 集群的能力；
（2）能够处理 ZooKeeper 的常见问题和故障；
（3）能够对 ZooKeeper 集群进行性能调优，以满足高并发、低延迟的需求。

职业素养目标

（1）增强文化自信和民族自豪感，引导学生了解我国自主创新的分布式系统技术；
（2）增强创新意识，鼓励学生不断探索分布式系统技术应用场景和技术创新点；
（3）培养团队合作精神，培养与他人合作、共同解决问题的能力；
（4）提升职业道德意识，注重数据的安全性和隐私保护，遵守相关法律法规；
（5）培养社会责任感，引导学生利用所学知识为社会发展做出贡献。

任务 5.1 认识 ZooKeeper

认识 ZooKeeper

■ 任务描述

通过学习本任务，读者能够对 ZooKeeper 的基本概念及特点、应用场景、数据模型、核心机制和工作原理有一定了解，为进一步学习和应用 ZooKeeper 打下坚实的理论基础。

知识学习

1. ZooKeeper 简介

ZooKeeper 最早起源于 Yahoo 研究院的一个研究小组。当时，研究人员发现 Yahoo 内部很多大型系统基本需要依赖一个类似的系统进行分布式协调，但是这些系统往往存在分布式单点问题。所以，Yahoo 的开发人员就试图开发一个通用的无单点问题的分布式协调框架，以便让开发人员将精力集中在处理业务逻辑上。考虑到之前内部很多项目都是使用动物的名字命名的，于是 Yahoo 的工程师给这个项目也取了一个与动物有关的名字，ZooKeeper 应运而生。

ZooKeeper 的中文翻译为动物园管理员。在 Apache 开源家族中，一些项目喜欢用动物作为标志，例如，Hadoop 的标志是一头大象、HBase 的标志是一只海豚、Flink 的标志是一只松鼠等。ZooKeeper 的作用是提供管理和协调分布式服务器集群，以类似于文件系统目录树的方式存储数据，通过监控这些数据状态的变化，实现基于数据的集群管理。当集群中的某台服务器因故障下线或者修复成功再次上线时，ZooKeeper 通过一个特定的协议通知集群成员，并自动采取应对措施，保证系统的稳健性。

2. ZooKeeper 特性

ZooKeeper 具有数据一致性、可靠性、有序性、原子性以及实时性等特点，可以说 ZooKeeper 的其他特性都是为保障数据一致性而存在的。

1）数据一致性

每个服务器都保存一份相同的数据副本，客户端连接到集群的任意节点上，看到的目录树都是一致的（也就代表数据是一致的），这也是 ZooKeeper 最重要的特性。

2）可靠性

如果消息（对目录结构的增删改查）被其中一台服务器接收，那么所有服务器都将接收这一消息。一旦一次更改请求被应用，更改的结果就会被持久化，直到被下一次更改所覆盖。

3）有序性

如果在一台服务器上，信息 A 先于信息 B 发布，那在所有服务器上，信息 A 都将先于信息 B 发布。

4）原子性

一次数据更新操作要么成功（半数以上节点成功），要么失败，不存在中间状态，这确保了数据的完整性。

5）实时性

ZooKeeper 的数据存放在内存里，可以实现高吞吐、低延迟。ZooKeeper 保证客户端将在一个时间间隔范围内获得服务器的更新信息，或者服务器失效的信息。这确保了系统的实时性和响应性。

3. ZooKeeper 数据模型

ZooKeeper 主要用于管理协调数据（服务器的配置、状态等信息），不能用于存储大型数据集。ZooKeeper 的数据模型包含若干数据节点，形成了一个具有层次关系的树状结构，如图 5-1 所示。

数据节点被称为 ZNode（不是物理机器节点），并以 / 作为路径分隔符标识。每个 ZNode 可以存储数据，ZNode 是 ZooKeeper 中数据的最小单元，也可以挂载子节点，因此构成了一个层次结构的目录树。

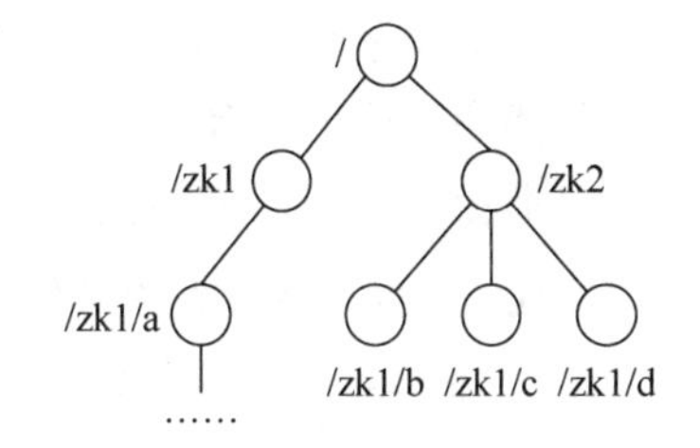

图 5-1　ZooKeeper 数据模型

1）数据节点

ZNode 中仅存储协调数据，即与同步相关的数据，如状态信息、配置内容、位置信息等。一个 ZNode 维护一个状态结构，该结构包括版本号、ACL（访问控制列表）变更、时间戳。ZNode 存储的数据每次发生变化，版本号都会递增，每当客户端检索数据时，客户端也会同时接收到数据的版本。客户端也可以基于版本号检索相关数据。每个 ZNode 都有一个 ACL，用来限定该 ZNode 的客户端访问权限。

在 ZooKeeper 中，ZNode 有以下四种类型的数据节点。

（1）持久 ZNode（PERSISTENTZNode）：此类节点的生命周期不依赖于会话，节点被创建后就会一直存在于 ZooKeeper 服务器上，并且只有在客户端显式执行删除操作时，它们才能被删除。

（2）持久顺序 ZNode（PERSISTENT SEQUENTIALZNode）：基本特性与持久 ZNode 相同，额外特性表现在顺序性上。ZooKeeper 会给此类节点名称进行顺序编号，自动在给定节点名后加上一个数字后缀。这个数字后缀的上限是整型的最大值，其格式为 %10d（10 位数字，没有数值的数位用 0 补充，如 0000000001）。

（3）临时 ZNode（EPHEMERALZNode）：与持久 ZNode 不同的是，临时 ZNode 的生命周期依赖于创建它的会话，也就是说，如果客户端会话失效，临时节点将被自动删除。当然，也可以手动删除，ZooKeeper 规定临时节点没有子节点。

（4）临时顺序 ZNode（EPHEMERAL SEQUENTIALZNode）：基本特性也和临时 ZNode 一致，同样是在临时 ZNode 的基础上增加了顺序性。

2）ZNode 结构

ZNode 由以下三部分组成。

（1）stat（状态信息，描述该 ZNode 的版本、权限信息等组成）。

（2）data（与该 ZNode 关联的数据）。

（3）children（该 ZNode 的子节点）。

4. ZooKeeper 集群模型

在 ZooKeeper 集群中，有 Leader、Follower 和 Observer 三种类型的服务器角色。

1）Leader 服务器

Leader 服务器是整个 ZooKeeper 集群工作机制的核心，是事务请求的唯一调度和处理者，保证了集群事务处理的顺序性，同时也是集群内部各服务器的调度者。

2）Follower 服务器

Follower 服务器是 ZooKeeper 集群状态的跟随者，其作用是处理客户端非事务请求，转发事务请求给 Leader 服务器，并且参与 Leader 选举投票。

3）Observer 服务器

Observer 观察 ZooKeeper 集群的最新状态变化并对这些状态变化进行同步。Observer 服务器的工作原理和 Follower 服务器的工作原理基本一致，唯一的区别在于，Observer 服务器不参与任何形式的投票（包括 Leader 的选举投票）。

5. ZooKeeper 集群架构

ZooKeeper 集群的总体架构如图 5-2 所示，主要包含以下部分。

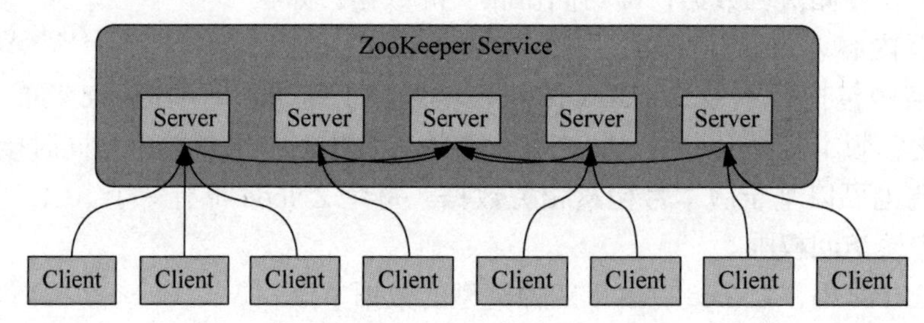

图 5-2　ZooKeeper 集群的总体架构

1）Client 客户端

ZooKeeper 客户端是与 ZooKeeper 服务器进行交互的工具。通过 ZooKeeper 客户端，可以实现对 ZooKeeper 服务器的各种操作，如创建节点、获取节点数据、设置节点数据、获取子节点数等。

2）Server 服务器

ZooKeeper 集群由一组服务器（Server）节点组成，在这些服务器节点中，只有一个节点的角色为 Leader，其余节点的角色均为 Follower。当客户端连接到 ZooKeeper 集群并执行写入请求时，这些请求首先会被发送给 Leader 节点，Leader 节点会将数据变更应用到内存中，以加快数据的读取速度，最后 Leader 节点上的数据变更会同步（广播）到集群的其他 Follower 节点上。

集群中只要有过半数的节点是正常运行的，那么整个集群就是可用的。因此，ZooKeeper 集群通常被配置为具有奇数个节点，以便在节点故障时仍能保持过半数的节点可用。

ZooKeeper 集群支持动态添加和删除节点。当需要增加或减少节点时，可以通过修改配置文件并重启服务来实现。

6. ZooKeeper 核心机制

ZooKeeper 提供了分布式数据发布 / 订阅功能，能让多个订阅者同时监听某个主题对象，当这个主题对象自身状态变化时，会通知所有订阅者，使它们能够做出相应的处理。

1）Watcher 机制

ZooKeeper 引入了 Watcher 机制实现分布式通知功能。ZooKeeper 的 Watcher 机制主要包括客户端线程、客户端 WatcherManager 和 ZooKeeper 服务器三个部分。在工作流程上，简单地讲，客户端在向 ZooKeeper 服务器注册的同时，会将 Watcher 对象存储在客户端的 WatcherManager 当中。当 ZooKeeper 服务器触发 Watcher 事件后，会向客户端发送通知，客户端线程从 WatcherManager 中取出对应的 Watcher 对象，执行回调逻辑。整个 Watcher 注册与通知过程如图 5-3 所示。

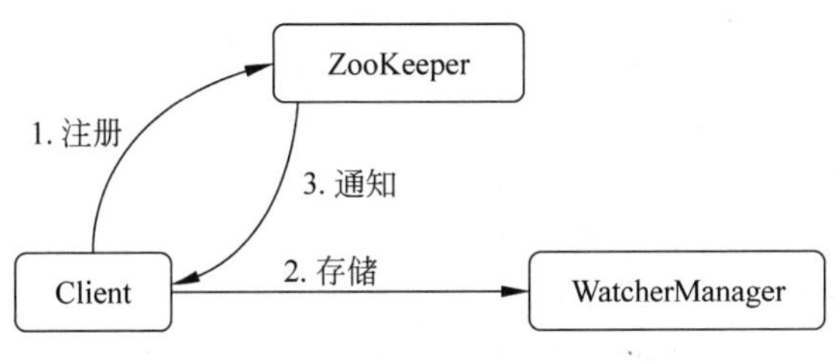

图 5-3 ZooKeeper Watcher 机制

客户端如果对 ZooKeeper 的一个数据节点注册 Watcher 监听，那么当该数据节点的内容或其子节点列表发生变化时，ZooKeeper 服务器就会向订阅客户端发送变更通知。Watcher 机制具有以下特点。

（1）一次性触发：当被 Watch 的对象发生改变时，将会触发此对象上 Watch 对应的事件，但这种监听是一次性的，后续对象的状态再次发生变化，对应的事件也不会再次被触发。

（2）事件封装：ZooKeeper 使用 WatchedEvent 对象来封装服务端事件并传递。该对象包含了每个事件的三个基本属性，即通知状态（KeeperState）、事件类型（EventType）和节点路径（path）。

（3）异步发送：Watch 的通知事件是从服务端异步发送到客户端的。

（4）先注册再触发：ZooKeeper 中的 Watcher 机制，必须由客户端先去服务端注册监听，这样才会触发事件的监听，并通知给客户端。

2）选举机制

ZooKeeper 为了保证各节点的协同工作，在工作时需要选举出一个 Leader 角色，而 ZooKeeper 默认采用 FastLeaderElection 算法，且投票数大于半数则胜出的机制。在介绍选举机制之前，首先了解选举涉及的相关概念。

（1）服务器 ID：设置集群 myid 参数时，服务器的编号越大，那么在 FastLeaderElection 算法中权重越大。

（2）选举状态：选举过程中，ZooKeeper 服务器有 4 种状态，分别为竞选状态、随从状态、观察状态、领导者状态。

（3）数据 ID：服务器中存放的最新数据版本号，该值越大则说明数据越新，在选举过程中，数据越新权重越大。

（4）逻辑时钟：在投票过程中，逻辑时钟与投票轮数协同工作，同一轮投票的逻辑时针值相同，逻辑时钟的初始值为 0，每投一次票，值加 1。然后，与接收到其他服务器返回的投票信息中的数值比较，根据不同值做出不同判断。如果某台机器宕机，那么这台机器不会参与投票，因此逻辑时钟也会比其他机器的值低。

3）选举过程

ZooKeeper 通过选举机制实现集群中 Leader 角色的确定，以确保集群的高可用性和数据的一致性。ZooKeeper 选举机制有两种类型，分别为全新集群选举和非全新集群选举。

全新集群选举是针对新搭建起来的集群进行选举，没有数据 ID 和逻辑时钟数据影响选举过程；非全新集群选举时是优中选优，保证 Leader 是 ZooKeeper 集群中数据最完整、最可靠的一台服务器。

假设有 5 台编号分别是 1 至 5 的服务器，选举过程如下。

（1）服务器 1 启动：先给自己投票，然后，发出投票信息，由于其他机器还没有启动，所以无法接收投票信息，因此服务器 1 的状态一直处于竞选状态。

（2）服务器 2 启动：先给自己投票，然后，在集群中启动 ZooKeeper 服务的机器发起投票比较，它会与服务器 1 交换结果。由于服务器 2 编号大，胜出，服务器 1 会将票投给服务器 2。此时，服务器 2 的投票数并没有超过集群半数，因此两台服务器仍旧处于竞选状态。

（3）服务器 3 启动：先给自己投票，然后，与之前启动的服务器 1 和服务器 2 交换信息，服务器 3 的编号最大，胜出。服务器 1 和服务器 2 会将票投给服务器 3，此时投票数正好大于半数，所以服务器 3 处于 Leoder 状态，服务器 1 和服务器 2 处于 Follower 状态。

（4）服务器 4 启动：先给自己投票，然后，与之前启动的服务器 1、服务器 2 和服务器 3 交换信息，尽管服务器 4 的编号最大，但是服务器 3 已经胜，所以服务器 4 只能成为 Follower。

（5）服务器 5 启动：同服务器 4 一样，均处于 Follower 状态。

在 ZooKeeper 集群正常运行过程中，一旦选出一个 Leader，那么所有服务器的集群角色一般不会再发生变化。也就是说，Leader 服务器将一直作为集群的 Leader，即使集群中有非 Leader 宕机或是有新机器加入，也不会影响 Leader。但是，一旦 Leader 宕机，那么整集群将暂时无法对外服务，而是进入新一轮的 Leader 选举。服务器运行期间的 Leader 选举和启动时期的 Leader 选举过程基本一致。

7. ZooKeeper 应用场景

ZooKeeper 是一个开源的分布式应用程序协调服务，应用场景广泛，主要用于解决分布式集群中应用系统的一致性问题，如统一命名服务、分布式配置管理、分布式信息队列、分布式锁、分布式协调等功能。

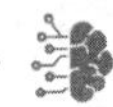

在分布式环境里，所有服务器都需要同样的配置来保证信息的一致性和集群的可靠性，而一个分布式集群往往动辄包含数百台服务器，一旦配置信息改变，就需要对每台服务器进行修改。可以使用 ZooKeeper 实现集群管理，将配置信息保存在 ZooKeeper 的某个目录节点中，然后所有应用服务器都监控配置信息的状态，一旦配置信息发生变化，每台应用服务器就会收到 ZooKeeper 的通知，然后将从 ZooKeeper 获取的新的配置信息应用到系统中即可。

1）统一命名服务

命名服务也是分布式系统中比较常见的一类场景，例如，在 RPC 框架中，ZooKeeper 可以作为服务注册中心，存储和管理服务的名称和地址信息。在分布式系统中，通过使用命名服务，客户端应用能够根据指定名称来获取资源服务的地址、提供者等信息。被命名的实体通常可以是集群中的机器，提供服务地址、进程对象等。

利用 ZooKeeper 中的树状结构，可以把系统中各种服务的名称、地址以及目录信息存放在 ZooKeeper 中，需要的时候去 ZooKeeper 中读取就可以了。

此外，ZooKeeper 中有一类节点是顺序节点，可以利用它的这一特性制作序列号。数据库的主键 ID 可以自动生成，但是在分布式环境中就无法这样操作了，但可以使用 ZooKeeper 的命名服务。它可以生成有顺序的编号，而且支持分布式，非常方便。

2）分布式锁

分布式锁是控制分布式系统之间同步访问共享资源的一种方式，例如，对于一个电商系统的库存系统，当多个用户同时购买同一件商品时，就需要通过 ZooKeeper 的分布式锁来确保库存扣减的原子性。如果不同系统之间或者同一系统的不同主机之间共享了一个或一组资源，那么访问这些资源时，往往需要通过一些互斥手段来防止彼此之间的干扰，从而保证一致性。在这种情况下，就需要使用分布式锁了。

在一个分布式环境中，为了提高可靠性，集群的每台服务器上都部署着同样的服务。这就会导致一个常见的问题：如果集群中的每台服务器都做同一件事情的话，它们相互之间就要协调，涉及的编程工作将非常复杂。这时，就可以使用分布式锁了。可以借助 ZooKeeper 的临时节点特性和 Watcher 机制实现分布式锁，在某个时刻只让一个服务去做这件事，当这个服务出现问题时，将锁释放，立即切换到其他服务。

3）集群管理

随着分布式系统规模的日益扩大，集群中的机器规模也随之变大，因此，如何更好地进行集群管理也越来越重要了。

所谓集群管理，包括集群监控和集群控制两大块，前者侧重对集群运行时状态的收集，后者则是对集群进行操作与控制。在日常开发和运维过程中，经常会有类似如下的需求：希望知道当前集群中究竟有多少台服务器在工作；对集群中每台服务器的运行时状态进行数据收集，对集群中的机器进行上下线操作。

在传统的基于 Agent（代理）的分布式集群管理体系中，都是通过在集群中的每台机器上部署一个 Agent，由这个 Agent 负责主动向指定的一个监控中心系统汇报自己所在机器的状态。在集群规模适中的场景下，这确实是一种在生产实践中广泛使用的解决方案，能够快速有效地实现分布式环境集群监控。但是一旦系统的业务场景增多，集群规模变大之后，该解决方案的弊端就显现出来了，如大规模升级困难、统一的 Agent 无法满足多样的需求、编程语言众多等。

ZooKeeper 可以监控和管理分布式系统中的节点状态。当节点出现故障时，ZooKeeper 可以及时发现并进行处理，保障集群的稳定性和可用性。同时，ZooKeeper 还可以实现集群的自动扩容和缩容。例如，在 Hadoop、Kafka 等分布式系统中，ZooKeeper 就被用作集群的管理中心。

4）消息订阅

消息订阅就是发布者将数据发布到 ZooKeeper 的一个或一系列节点上，供订阅者进行订阅，进而达到动态获取数据的目的，实现配置信息的集中式管理和数据的动态更新。

消息订阅系统一般有两种设计模式，分别是推模式和拉模式。在推模式中，服务端主动将数据更新发送给所有订阅的客户端，而拉模式则是客户端主动发起请求，获取最新数据。通常，客户端采用定时进行轮询拉取的方式。这两种模式各有优缺点，ZooKeeper 采用推拉相结合的方式，即客户端向服务端注册自己需要关注的节点，一旦该节点的数据发生变更，那么服务端就会向相应的客户端发送 Watcher 事件通知，客户端接收到这个消息通知后，需要主动到服务端获取最新数据。

如果将配置信息存放在 ZooKeeper 上进行集中管理，那么通常情况下，应用在启动时都会主动到 ZooKeeper 服务端进行一次配置信息的获取，同时，在指定节点上注册一个 Watcher 监听。这样一来，只要配置信息发生变更，服务端就会实时通知所有订阅的客户端，从而达到实时获取最新配置信息的目的。

5）配置管理

在分布式系统中，各个节点的配置信息需要保持一致。ZooKeeper 可以用作配置管理的中心节点，存储和分发各个节点的配置信息。当配置信息发生变化时，ZooKeeper 可以实时通知各个节点进行更新。例如，一个微服务架构中的服务发现与配置中心，就可以利用 ZooKeeper 来实现服务的注册与发现，以及配置的动态更新。

任务 5.2 部署 ZooKeeper 集群

部署 ZooKeeper 集群

任务描述

通过学习本任务，读者需要独立完成 ZooKeeper 的安装和部署工作，确保 ZooKeeper 服务能够正常运行，并能够根据日志文件解决常见的安装和部署问题，从而为后续的学习和实践操作提供稳定的 ZooKeeper 环境。

知识学习

ZooKeeper 安装部署前需要了解的关键知识点如下。

1. ZooKeeper 部署模式

1）单机模式

ZooKeeper 运行在单台机器上，仅供学习和开发使用，该模式不需要进行任何特殊配置，只需下载 ZooKeeper 软件并启动服务即可。

2）伪分布模式

在单台机器上模拟集群环境，通过配置多个 ZooKeeper 实例来模拟多节点集群。该模式通常用于测试和开发环境，以验证 ZooKeeper 集群的功能和性能。

3）集群模式

最常见的 ZooKeeper 部署方式适用于生产环境。通常包含奇数台服务器（如 3、5、7 等），以提供容错能力。在集群中，一些服务器作为主服务器（Leader）来处理客户端请求，其他服务器作为从服务器（Follower）进行数据备份和容错。如果主服务器出现故障，系统将会选举一个新的主服务器继续提供服务。

2. ZooKeeper 日志和故障排除

（1）ZooKeeper 的日志文件通常位于安装目录的 logs 目录下，查看日志文件，特别是与异常或错误相关的日志条目，有助于确定问题的原因和位置。

（2）可以使用 ZooKeeper 自带的 zkServer.sh 脚本来查看服务器的状态，或者使用 zkCli.sh 脚本连接到 ZooKeeper 服务器并执行命令，查看日志内容。

（3）当 ZooKeeper 集群出现问题时，可以通过查看服务器状态（zkServer.sh status 命令）、检查日志文件、检查配置文件、检查网络连接、检查资源使用情况进行故障排除。

（4）使用 ZooKeeper 的监控工具。ZooKeeper 提供了各种监控工具，如 JMX 和 Four Letter Words 命令。这些工具可用于监控 ZooKeeper 的性能和健康状况，并提供有关集群状态的更多信息。

通过以上知识的学习，读者将能够更顺利地进行 ZooKeeper 的安装和部署工作，并能够解决一些常见的问题。

任务实施

步骤 1 ZooKeeper 集群部署规划

采用前几个项目的开发环境，使用虚拟机模拟的 3 个节点已经安装好了 Java。ZooKeeper 需要 Java 环境才能运行，Java 环境的安装此处不再赘述。计划在 3 个节点上安装 ZooKeeper 集群，具体规划如表 5-1 所示。

表 5-1 ZooKeeper 集群部署规划表

虚 拟 机	IP 地 址	运 行 进 程
master（主节点）	192.168.10.129	QuorumPeerMain（ZooKeeper 进程名）
slave1（从节点）	192.168.10.130	QuorumPeerMain
slave2（从节点）	192.168.10.131	QuorumPeerMain

步骤 2　搭建 ZooKeeper 集群

1. 下载安装包

到 ZooKeeper 官网下载 zookeeper-3.4.6.tar.gz。

2. 上传安装包

在 master 节点中，执行以下命令，上传安装文件到操作系统的 /opt/software/ 目录中：

```
[root@master ~]# cd /opt/software/
[root@master software]# rz
```

输入 rz 命令后，选择上传 zookeeper-3.4.6.tar.gz 文件，然后使用以下命令查看：

```
[root@master software]# ll
```

运行结果如下：

```
总用量 421328
-rw-r--r--. 1 root root 218720521  9月  28 2022 hadoop-2.7.7.tar.gz
-rw-r--r--. 1 root root 195013152 10月   1 2022 jdk-8u212-linux-x64.tar.gz
-rw-r--r--. 1 root root  17699306  9月  28 2022 zookeeper-3.4.6.tar.gz
```

3. 解压并重命名

在 master 节点中，执行以下命令，将 ZooKeeper 安装包解压到 /opt/modules/ 目录中，修改解压后的文件名为 zookeeper，然后使用以下命令查看：

```
[root@master software]# tar -zxf zookeeper-3.4.6.tar.gz -C /opt/modules/
[root@master software]# cd /opt/modules/
[root@master modules]# mv zookeeper-3.4.6  zookeeper
[root@master modules]# ll
```

运行结果如下：

```
总用量 4
drwxr-xr-x. 11 root root  173 12月 27 21:27 hadoop
drwxr-xr-x.  7 root root  245  4月  2 2019  java
drwxr-xr-x. 12 root root 4096 12月 27 21:36 zookeeper
```

4. 配置环境变量

为了方便以后的操作，可以对 ZooKeeper 的环境变量进行以下配置：

```
[root@master modules]# cd
[root@master ~]# vim /etc/profile
```

在文件末尾加入以下内容：

```
export ZK_HOME=/opt/modules/zookeeper
```

```
export PATH=$ZK_HOME/bin:$PATH
```

执行以下命令，刷新 profile 文件，使修改生效：

```
[root@master ~]# source /etc/profile
```

5. 配置 ZooKeeper

1）创建数据和日志目录

在 ZooKeeper 安装目录下分别建立 data 数据目录和 logs 日志目录，用于 ZooKeeper 存放数据和日志信息，命令如下：

```
[root@master ~]# mkdir /opt/modules/zookeeper/data
[root@master ~]# mkdir /opt/modules/zookeeper/logs
```

2）配置 zoo.cfg 文件

zoo.cfg 是 ZooKeeper 的主要配置文件，可以设置各种参数，如 tickTime、initLimit、syncLimit、dataDir、clientPort 等。

执行以下命令，在 ZooKeeper 安装目录下的 conf 文件夹中复制 zoo.cfg 文件：

```
[root@master ~]# cd /opt/modules/zookeeper/conf/
[root@master conf]# cp zoo_sample.cfg  zoo.cfg
[root@master conf]# vim zoo.cfg
```

将以 dataDir= 开头的这一行注释掉，在末尾加入以下内容：

```
dataDir=/opt/modules/zookeeper/data     # 修改
dataLogDir=/opt/modules/zookeeper/logs
# server.id=host:past:post 参数，根据集群调整
server.1=master:2888:3888
server.2=slave1:2888:3888
server.3=slave2:2888:3888
```

上述代码中各参数的含义如下。

- dataDir：ZooKeeper 数据文件的存储位置，同时存放集群的 myid 配置文件。
- dataLogDir：用于配置 ZooKeeper 服务器存储 ZooKeeper 事务日志文件的目录。默认情况下，ZooKeeper 会将事务日志文件和数据快照文件存储在同一个目录，即 dataDir 中。应尽量给事务日志的输出配置一个单独的磁盘或者挂载点，从而使用一个专用的日志设备，避免事务日志和数据快照之间的竞争。
- server.id=host:port:port：用于配置组成 ZooKeeper 集群的机器列表。集群中每台机器都需要知道整个集群是由哪几台机器组成的，认知是通过不同 ZooKeeper 服务器具有不同标识来实现的。id 被称为 Server ID，用来标识该机器在集群中的机器序号，与每台服务器 myid 文件中的数字相对应。host 代表服务器的 IP 地址；第一个端口 host 用于指定 Follower 服务器与 Leader 服务器进行运行时通信和数据同步时所使用的端口；第二个端口 port 表进行 Leader 选举时服务器相互通信的端口。

文件中还有一些默认的参数需要读者了解，具体如下。

- tickTime：用来指示一个心跳的时长，单位为毫秒，默认值为 2000 毫秒。
- initLimit：集群中的 Follower 服务器初始化连接 Leader 服务器时能等待的最大心跳数，默认为 10，即经过 10 个心跳之后 Follower 服务器仍然没有收到 Leader 服务器的返回信息，则连接失败。参数 tickTime 为 2000 毫秒，则连接超时时长为 $10\times2000=20$（秒）。
- syncLimit：用于配置 Leader 服务器和 Follower 服务器之间进行心跳检测的最大延迟时间，如果超过此时间 Leader 还没收到响应，那么它就会认为该 Follower 已经脱离了和自己的同步。默认值为 5 毫秒，即 Leader 服务器与 Follower 服务器之间同步通信的时限，最大时长为 $5\times2000=10$（秒）。
- clientPort：ZooKeeper 供客户端连接的端口，默认为 2181。

3）创建 myid 文件

myid 文件创建于服务器的 dataDir 目录下，这个文件的内容只有一行且是一个数字，内容需要与上面配置文件中的 server.id=host：port：port 配置项 host 机器对应的 id 保持一致。具体修改如下：

```
[root@master zookeeper]# cd /opt/modules/zookeeper/data
[root@master data]# echo "1" > myid
```

6. 分发安装文件

执行以下命令，将 master 节点配置好的 ZooKeeper 安装文件复制到其余两个节点：

```
[root@master data]# scp -r /opt/modules/zookeeper  root@slave1:/opt/modules/
[root@master data]# scp -r /opt/modules/zookeeper  root@slave2:/opt/modules/
```

7. 分发环境变量

执行以下命令，将 master 节点配置好的环境变量文件 profile 复制到其余两个节点，刷新此文件，使修改生效：

```
[root@master data]# scp  -r  /etc/profile  root@slave1:/etc/
[root@master data]# scp  -r  /etc/profile  root@slave2:/etc/
[root@slave1 ~]# source  /etc/profile
[root@slave2 ~]# source  /etc/profile
```

8. 修改其他节点配置

分发完毕，需要将 slave1 和 slave2 节点中的 myid 文件的值修改为服务器主机名对应的数字，命令如下：

```
[root@slave1 ~]# cd /opt/modules/zookeeper/data/
[root@slave1 data]# echo "2" > myid
[root@slave2 ~]# cd /opt/modules/zookeeper/data/
[root@slave2 data]# echo "3" > myid
```

步骤 3 启动和关闭 ZooKeeper 集群

1. 启动 ZooKeeper 集群

执行以下命令，启动 ZooKeeper 服务器。在集群环境中，需要在每个节点上执行以下命令：

```
[root@master ~]# zkServer.sh start
[root@slave1 ~]# zkServer.sh start
[root@slave2 ~]# zkServer.sh start
```

启动时输出以下信息代表启动成功：

```
JMX enabled by default
Using config: /opt/modules/zookeeper/bin/../conf/zoo.cfg
Starting zookeeper ... STARTED
```

2. 查看启动状态

执行以下命令，在 master 节点上查看服务状态：

```
[root@master ~]# zkServer.sh status
```

输出以下信息：

```
JMX enabled by default
Using config: /opt/modules/zookeeper/bin/../conf/zoo.cfg
Mode: follower
```

在 slave1 节点上使用上述命令查看服务状态，输出以下信息：

```
[root@slave1 ~]# zkServer.sh status
JMX enabled by default
Using config: /opt/modules/zookeeper/bin/../conf/zoo.cfg
Mode: leader
```

在 slave2 节点上使用上述命令查看服务状态，输出以下信息：

```
[root@slave2 ~]# zkServer.sh status
JMX enabled by default
Using config: /opt/modules/zookeeper/bin/../conf/zoo.cfg
Mode: follower
```

由此可见，本例中 slave1 服务器上的 ZooKeeper 服务为 Leader，其余两个 ZooKeeper 服务为 Follower。

3. 查看各节点启动进程

在 3 个节点上使用 jps 命令，可以看到 QuorumPeerMain 进程，此处只列出了 master 节点命令，对其余节点输入相同的命令即可：

```
[root@master ~]# jps
58688 QuorumPeerMain
58915 Jps
```

4. 关闭集群

在 3 个节点上分别执行 zkServer.sh stop 命令：

```
[root@master ~]# zkServer.sh stop
[root@slave1 ~]# zkServer.sh stop
[root@slave2 ~]# zkServer.sh stop
```

步骤 4　编写 ZooKeeper 集群启动和关闭脚本

启动和关闭 ZooKeeper 集群都要在三台机器上依次操作，为了操作方便，通常通过编写脚本文件来管理 ZooKeeper 服务。

1. 新建脚本文件 zk.sh

执行以下命令，新建脚本文件：

```
[root@master  ~]# cd bin
[root@master bin]# vim zk.sh
```

添加以下内容：

```
#bin/bash
case $1 in
"start"){
     for i in master slave1 slave2
     do
        echo "===========start zk cluster:$i================"
        ssh $i "source /etc/profile;/opt/modules/zookeeper/bin/zkServer.sh start"
     done
     sleep 3s
};;
"status"){
      for i in master slave1 slave2
      do
       echo "===========zk node status:$i================"
       ssh $i "source /etc/profile;/opt/modules/zookeeper/bin/zkServer.sh status"
       done
};;
"stop"){
       for i in master slave1 slave2
        do
           echo "===========zk node stop:$i================"
           ssh $i "source /etc/profile;/opt/modules/zookeeper/bin/zkServer.sh stop"
```

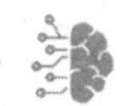

```
        done
};;
esac
```

2. 提升权限

执行以下命令，提升权限：

```
[root@master bin]# chmod 777 zk.sh
```

3. 使用脚本启动 ZooKeeper 集群

执行以下命令，启动 ZooKeeper 集群：

```
[root@master ~]# zk.sh start
```

运行结果如下：

```
===========start zk cluster:master===============
JMX enabled by default
Using config: /opt/modules/zookeeper/bin/../conf/zoo.cfg
Starting zookeeper ... STARTED
===========start zk cluster:slave1===============
JMX enabled by default
Using config: /opt/modules/zookeeper/bin/../conf/zoo.cfg
Starting zookeeper ... STARTED
===========start zk cluster:slave2===============
JMX enabled by default
Using config: /opt/modules/zookeeper/bin/../conf/zoo.cfg
Starting zookeeper ... STARTED
```

任务 5.3 ZooKeeper Shell

■ 任务描述

在这个任务中，大家需要完成 ZooKeeper Shell 的基本操作，包括启动和连接 ZooKeeper 服务，执行常见的 ZNode 操作，设置节点监听器，等等。

知识学习

1. 启动 ZooKeeper Shell

ZooKeeper Shell 是 Apache ZooKeeper 提供的一个交互式命令行工具，允许用户与 ZooKeeper 集群进行通信并执行各种操作，ZooKeeper Shell 命令行工具类似于 Linux Shell。

当ZooKeeper服务启动后，可以在任意一台运行ZooKeeper服务的服务器中输入以下命令，启动一个客户端，连接到ZooKeeper集群：

```
[root@master ~]# zkCli.sh
```

连接成功后，系统会输出ZooKeeper运行环境以及配置信息，之后就可以使用ZooKeeper命令行工具了。如果ZooKeeper服务不在本地运行，可以使用 -server 参数指定服务器的 IP 地址和端口，如 ./zkCli.sh -server ip：port。

2. 常用命令

可以执行以下 help 命令，列出 ZooKeeper Shell 所有可用的命令：

```
[zk: localhost:2181(CONNECTED) 0] help
ZooKeeper -server host:port cmd args
stat path [watch]
set path data [version]
ls path [watch]
delquota [-n -b] path
ls2 path [watch]
setAcl path acl
......................
```

ZooKeeper Shell 常用命令如表 5-2 所示。

表 5-2　ZooKeeper Shell 常用命令

命　　令	说　　明
ls <path> <watch>	列出指定路径下的所有节点。通过添加 [watch] 参数，可以在节点发生变化时收到通知
ls2 <path>	除了列出节点，还显示节点的详细信息（如数据长度、子节点数量、ACL 等）
create [-s] [-e] path data [acl]	在指定路径下创建一个新节点，并设置其数据内容和 ACL，参数 -s 和 e 用于指定节点特性，s 为 Follower 节点，-e 为临时节点，默认情况下不添加 -s 或 e 参数，创建的是持久节点
get <path> [watch]	获取指定节点的数据内容和元数据（如版本号、创建时间等）。通过添加 [watch] 参数，可以在节点数据发生变化时收到通知
set <path> <data> [version]	修改指定节点的数据内容。通过 [version] 参数，可以指定只在节点数据的特定版本上进行修改
delete <path> [version]	删除指定节点。如果节点有子节点，则无法直接删除，除非使用 -r（递归）选项。通过 [version] 参数，可以指定只在节点数据的特定版本上进行删除
deleteall <path>	删除指定节点及其所有子节点
quit	退出 ZooKeeper Shell 客户端

通过掌握这些基本操作命令，读者能够使用 ZooKeeper Shell 与 ZooKeeper 集群进行交互，并执行各种管理、维护和开发任务。

任务实施

ZooKeeper 服务启动后，就可以使用 Shell 命令操作 ZooKeeper 了。

步骤 1　基本操作

1. 列出节点列表

执行以下 ls 命令列出根目录下的子节点：

```
[zk: localhost:2181(CONNECTED) 0] ls /
```

运行结果如下：

```
[zookeeper]
```

2. 创建节点

在根目录下执行以下 create 命令创建 zk 节点，节点存储的元数据为字符串 "data"：

```
[zk: localhost:2181(CONNECTED) 1] create /zk "data"
```

运行结果如下：

```
Created /zk
```

3. 查看节点详细信息

执行以下 get 命令，查看节点 /zk 的详细信息：

```
[zk: localhost:2181(CONNECTED) 2] get /zk
```

运行结果如下：

```
"data"
cZxid = 0x300000002
ctime = Thu Apr 20 21:51:01 CST 2023
mZxid = 0x300000002
mtime = Thu Apr 20 21:51:01 CST 2023
pZxid = 0x300000002
cversion = 0
dataVersion = 0
aclVersion = 0
ephemeralOwner = 0x0
dataLength = 6
numChildren = 0
```

从上面的返回结果中可以看到，第一行是当前 ZNode 的数据内容，从第二行开始就是 ZNode 的状态信息了。ZNode 状态属性的说明如表 5-3 所示。

表 5-3　ZNode 状态属性的说明

状态属性	说　　明
cZxid	ZNode 创建时的事务 ID
ctime	ZNode 创建时的时间
mZxid	ZNode 最后一次被修改时的事务 ID
mtime	ZNode 最后一次被修改的时间
pZxid	ZNode 的子节点列表最后一次被修改时的事务 ID
cversion	ZNode 子节点的版本号
dataVersion	节点被修改的次数
aclVersion	ACL（授权信息）的更新次数
ephemeralOwner	永久节点，取值为 0
dataLength	数据内容的长度
numChildren	ZNode 的子节点数量

4. 修改节点

执行以下 set 命令，将 /zk 节点所关联的字符串修改为 "my"：

```
[zk: localhost:2181(CONNECTED) 3] set /zk "my"
```

运行结果如下：

```
cZxid = 0x300000002
ctime = Thu Apr 20 21:51:01 CST 2023
mZxid = 0x300000005
mtime = Fri Apr 21 05:59:42 CST 2023
pZxid = 0x300000002
cversion = 0
dataVersion = 1
aclVersion = 0
ephemeralOwner = 0x0
dataLength = 4
numChildren = 0
```

5. 删除节点

执行以下 delete 命令，删除刚刚创建的 /zk 节点：

```
[zk: localhost:2181(CONNECTED) 4] delete /zk
```

步骤 2　监听节点

ZooKeeper 允许用户在节点上设置监听器，当被监听的节点发生变化时，ZooKeeper 会触发监听器，并向客户端发送通知。

注意：这个监听功能只能监听一次，如果希望一直监听，就需要编写代码在回调函数中继续订阅监听。

1. 监听节点变化

（1）在根目录下创建节点 zk，监听变化，命令如下：

```
[zk: localhost:2181(CONNECTED) 5] ls  /watch
[zk: localhost:2181(CONNECTED) 6] create  /zk "my"
```

运行结果如下：

```
WATCHER::
WatchedEvent state:SyncConnected type:NodeChildrenChanged path:/
Created /zk
```

（2）在根目录下删除节点 zk，监听变化，命令如下：

```
[zk: localhost:2181(CONNECTED) 7] ls  /watch
[zk: localhost:2181(CONNECTED) 8] delete  /zk
```

运行结果如下：

```
WATCHER::
WatchedEvent state:SyncConnected type:NodeChildrenChanged path:/
```

2. 监听节点数据变化

执行如下命令，监听节点数据变化：

```
[zk: localhost:2181(CONNECTED) 9] create  /zk "my"
[zk: localhost:2181(CONNECTED) 10] get /zk watch
[zk: localhost:2181(CONNECTED) 11] set  /zk "myzk"
```

运行结果如下：

```
WATCHER::
WatchedEvent state:SyncConnected type:NodeDataChanged path:/zk
```

3. 退出 ZooKeeper Shell

在 ZooKeeper Shell 中输入 quit 或 exit 命令即可退出：

```
[zk: localhost:2181(CONNECTED) 9] quit
```

◆ 课后练习 ◆

一、单选题

1. 以下关于 ZooKeeper 描述错误的是（　　）。

A. ZooKeeper 是一款分布式协调服务框架

B. ZooKeeper 集群在第一次启动时需要选举 Leader

C. ZooKeeper 一般用于存储海量数据

D. ZooKeeper 可以通过 Watcher 机制对节点状态进行监控

2. 在 ZooKeeper 中，（　　）组件负责处理客户端的读写请求。

A. Leader　　B. Follower　　C. Observer　　D. Client

3. ZooKeeper 的 ZNode 版本中（　　）代表子节点的版本号。

A. version　　B. cversion　　C. aversion　　D. dversion

4. ZooKeeper 的数据模型是（　　）。

A. 树状结构　　B. 链表结构　　C. 图结构　　D. 环形结构

5. 客户端使用 get /zk watch 命令时，会触发 Watcher 的情况有（　　）。

A. 更新节点 /zk 内容时　　B. 删除节点 /zk 时

C. 在 /zk 节点下创建子节点时　　D. 更新 /zk 节点下的子节点时

6. ZooKeeper 生产环境一般采用（　　）台机器组成集群。

A. 1　　B. 3　　C. 5　　D. 奇数台（且大于 1）

7. 关于 ZooKeeper 的说法错误的是（　　）。

A. ZooKeeper 不存在单点故障的情况

B. ZooKeeper 服务端的两个重要角色是 Leader 和 Follower

C. ZooKeeper Leader 宕机之后会自动从其他机器中选出新的 Leader

D. 客户端可以连接到 ZooKeeper 集群中的任一台机器

8. ZooKeeper 的默认端口是（　　）。

A. 2181　　B. 3888　　C. 8080　　D. 9092

9. 在 ZooKeeper 中，（　　）命令用于创建节点。

A. create　　B. get　　C. set　　D. delete

10. 在 ZooKeeper 中，（　　）用于配置 Leader 与 Follower 之间的初始通信时限。

A. tickTime　　B. initLimit　　C. syncLimit　　D. dataDir

二、多选题

1. 以下（　　）是 ZooKeeper 集群模式的优点。

A. 高可用性　　B. 数据一致性　　C. 可扩展性　　D. 负载均衡

2. 客户端使用 ls/zk 命令时，会触发 Watcher 的情况有（　　）。

A. 查看节点 /zk 的内容时　　B. 更新节点 /zk 的内容时

C. 在 /zk 节点下创建新节点时　　D. 删除 /zk 节点的子节点时

3. ZooKeeper 全局数据一致性的特性包括（　　）。

A. 每台服务器都保存相同的数据副本　　B. 客户端看到的数据是一致的

C. 数据更新是原子的　　D. 数据更新是实时的

4. 以下关于 ZooKeeper 数据模型的描述正确的是（　　）。

A. 每个节点都有一个唯一的路径　　B. 节点可以分为临时节点和持久节点

C. 节点可以存储数据　　D. 节点不可以存储数据

5. ZooKeeper 的分布式协调服务可以应用于（　　）场景。

A. 分布式锁　　B. 命名服务

C. 分布式队列　　D. 分布式通知 / 协调

项目 6

Hadoop 高可用集群

导读

在传统的 Hadoop 集群中，NameNode 和 ResourceManager 等关键组件存在单点故障的风险，一旦这些组件发生故障，整个集群可能会无法正常运行。Hadoop 高可用（High Availability，HA）集群是为了解决 Hadoop 单点故障问题而设计的一种架构。

学习目标

（1）理解 Hadoop HA 集群的概念和重要性；
（2）熟悉 Hadoop HA 集群的架构和关键技术；
（3）掌握 Hadoop HA 集群的部署和配置；
（4）熟悉 Hadoop HA 集群中的故障转移和恢复机制并能够快速响应和处理系统故障。

技能目标

（1）能够独立搭建和管理 Hadoop HA 集群；
（2）能够处理 Hadoop HA 集群常见问题和故障；
（3）能够监控 Hadoop HA 集群的性能，并根据实际需求进行性能调优。

职业素养目标

（1）培养学习者的职业道德和诚信意识，确保在 Hadoop HA 构建和使用过程中遵守法律法规，保护数据安全，激发学习者的民族自豪感和使命感；
（2）培养团队合作精神，培养与他人合作、共同解决问题的能力；
（3）培养社会责任感，引导学生利用所学知识为社会发展做出贡献；
（4）增强创新意识，鼓励学生探索更高效的集群构建和管理方式，提高集群的性能和稳定性，为企业创造更大的价值。

任务 6.1 认识 Hadoop 高可用

认识 Hadoop 高可用

■ 任务描述

通过学习本任务，读者能够对 Hadoop HA 的基本概念及特点、应用场景、体系架构等有一定了解，为进一步学习和应用 Hadoop HA 打下坚实的理论基础，提升读者在大数据处理领域的能力。

知识学习

1. Hadoop HA 概述

在 Hadoop 2.0 之前的版本中，HDFS 集群中的 NameNode 存在单点故障问题。如果 NameNode 所在的机器发生意外，如宕机或需要升级（包括软件和硬件升级），整个集群将无法使用，直到 NameNode 重新启动或在单独的计算机上启动为止。这种情况严重影响了 HDFS 集群的总体可用性。

随着大数据应用的不断发展，数据处理的稳定性和可靠性变得越来越重要。Hadoop 是大数据处理领域的重要工具，为了提高 Hadoop 集群的可用性和稳定性，人们引入了高可用集群的概念。Hadoop 高可用集群通过一系列技术手段实现了对硬件故障、网络问题等的容错能力。其中，最关键的是 NameNode 和 ResourceManager 的高可用。

Hadoop HA 实现包括 HDFS HA 和 Yarn HA 的实现，下面分别进行讲解。

2. HDFS HA 架构原理

在典型配置中，通过在同一集群中运行两个或多个冗余的 NameNode 来实现 HDFS 的高可用性，就可以解决 HDFS 中 NameNode 的单点故障问题。HDFS HA 架构原理如图 6-1 所示。

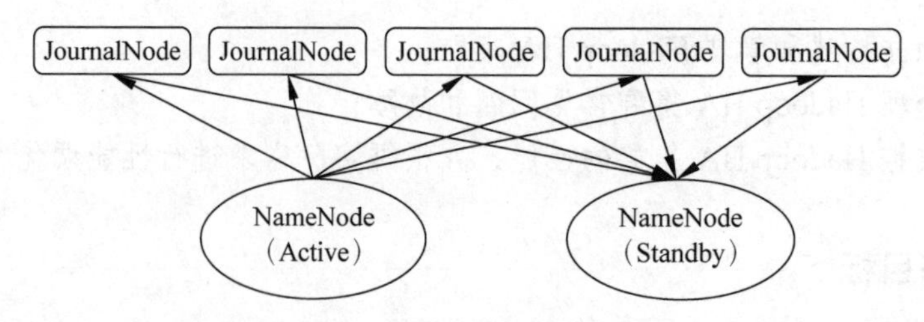

图 6-1　HDFS HA 架构原理

图 6-1 中的实现方式被称为 QJM（Quorum Journal Manager），其原理是使用 2N+1 台 JournalNode 存储元数据信息。当活动 NameNode 节点向 QJM 集群写入数据时，只要有多数（≥N+1）JournalNode 返回成功，即认为该次写入数据成功，以此保证数据的高可用性。以下是 HDFS HA 架构原理。

1）Active/Standby 模式

HDFS HA 中有一个 NameNode 处于 Active 状态，还有一个处于 Standby 状态，其中 Active NameNode 负责处理所有客户端请求，Standby NameNode 作为热备份，随时准备接管 Active NameNode 的工作。

2）JournalNodes

为了保持 Active NameNode 和 Standby NameNode 之间的元数据同步，HDFS HA 引入了一组守护进程，被称为 JournalNodes（JNs）。当 Active NameNode 执行任何命名空间修改操作时，这些修改都会被记录到 EditLog 中。这些 EditLog 条目同时会被发送到 JournalNodes，并持久化存储在它们的本地磁盘上。Standby NameNode 不断从 JournalNodes 读取 EditLog 条目，并应用到自己的命名空间，从而保持与 Active NameNode 的元数据同步。

3）QJM

QJM 是 HDFS HA 架构中的一个关键组件，用于提供高可用的编辑日志。在 HDFS HA 部署中，为了保持 Active NameNode 和 Standby NameNode 之间的元数据同步，需要一个机制来共享 EditLog，QJM 正是为了满足这一需求而设计的。

3. HDFS 自动故障转移原理

HDFS 的自动故障转移是 HDFS HA 架构中的一个关键特性，它能够在 Active NameNode 发生故障时自动将其切换到 Standby NameNode，以保证系统的高可用性。HDFS 结合 ZooKeeper 自动故障转移如图 6-2 所示。以下是 HDFS 自动故障转移的原理。

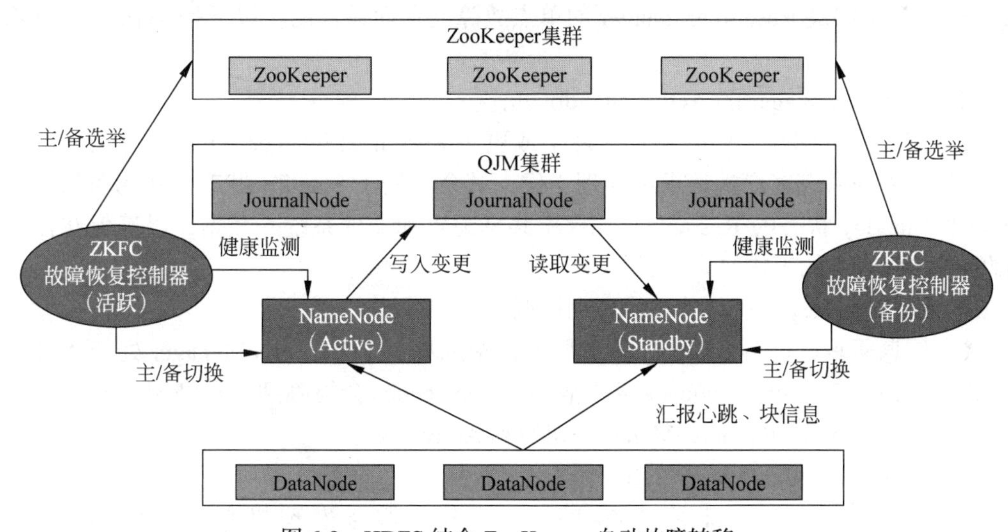

图 6-2　HDFS 结合 ZooKeeper 自动故障转移

1）使用 ZooKeeper 进行协调

HDFS 的自动故障转移依赖于 ZooKeeper 这一分布式协调服务。ZooKeeper 在 HDFS 集群中维护 NameNode 的状态信息，并通过其原子操作和隔离性保证来协调 NameNode 之间的状态切换。

2）NameNode 状态监控

每个 NameNode 节点都在 ZooKeeper 中维护一个持久会话，以表现其健康状况。如果

Active NameNode 节点宕机或与 ZooKeeper 的会话丢失，ZooKeeper 将检测到这种情况并通知 Standby NameNode 进行故障转移。

3）ZKFC

ZKFC（ZooKeeper Failover Controller）是一个独立的进程，与 NameNode 运行在同一台机器上。ZKFC 负责监控 NameNode 的健康状态，并利用 ZooKeeper 进行状态标识和切换。当需要进行状态切换时，ZKFC 会负责触发和执行切换流程。

4）故障转移流程

当 Active NameNode 发生故障时，其对应的 ZKFC 会检测到这种情况（如通过心跳检测机制）。ZKFC 会尝试在 ZooKeeper 中删除 Active NameNode 的锁节点，表示该节点不再处于 Active 状态。Standby NameNode 对应的 ZKFC 会监控 ZooKeeper 中的锁节点变化，并在检测到锁节点被删除后尝试获取该锁。一旦 Standby NameNode 的 ZKFC 成功获取到锁，将触发 Standby NameNode 转换为 Active 状态的流程。这个流程包括加载最新的文件系统元数据、开始监听客户端请求等。

5）客户端和 DataNode 的自动重定向

在故障转移完成后，新的 Active NameNode 将开始处理客户端请求。客户端和 DataNode 会自动重定向到新的 Active NameNode，因为它们在配置中通常使用 ZooKeeper 提供的 NameNode 服务地址。这个地址总是指向当前的 Active NameNode。

4. Yarn HA 故障转移原理

Yarn 是 Hadoop 技术生态系统中的一个关键组件，用于资源管理和任务调度。Yarn 的 HA 架构是为了解决 ResourceManager 的单点故障问题而设计的。以下是 Yarn 自动故障转移的原理。

1）ResourceManager 的 Active-Standby 配置

为了实现高可用性，Yarn 设置了两个或更多 ResourceManager，其中一个处于 Active 状态，负责处理所有客户端请求和管理工作，其余的处于 Standby 状态，作为备份。处于 Active 和 Standby 状态的 ResourceManager 共享配置和文件系统元数据，以确保在任何时候都能够接管对方的工作。

2）使用 ZooKeeper 进行状态管理和协调

状态信息通常通过 ZooKeeper 协调服务，跟踪哪一个 ResourceManager 处于 Active 状态。如果 Active ResourceManager 发生故障，ZooKeeper 会检测到这种情况，并通过选举机制选择一个 Standby ResourceManager 切换到 Active 状态。

3）客户端和 NodeManager 的重定向

客户端和 NodeManager 通过 ZooKeeper 或其他服务发现机制来获取当前 Active ResourceManager 的地址。当发生 ResourceManager 切换时，客户端和 NodeManager 会自动重定向到新的 Active ResourceManager。

4）元数据的同步

Standby ResourceManager 定期从共享存储系统中同步应用程序和资源的元数据，以确保在切换到 Active 状态时拥有最新的信息。元数据的同步机制保证了无论是哪个 ResourceManager 在运行，都能访问到一致的状态信息。

5）故障检测和恢复

Standby ResourceManager 持续监视 ZooKeeper 中 Active ResourceManager 的状态。当检测到 Active ResourceManager 的 ZooKeeper 会话丢失时，Standby ResourceManager 知道需要进行故障转移。为了避免脑裂情况（即两个 ResourceManager 都认为自己是 Active ResourceManager 的情况），ZooKeeper 通过锁机制和事务性更新来确保只有一个 ResourceManager 可以成为 Active ResourceManager。

5. Hadoop HA 典型应用

1）实时大数据处理

在实时大数据分析场景中，Hadoop 集群需要持续不断地处理大量数据。通过 Hadoop HA，可以确保在节点故障时，集群能够自动切换到备用节点，继续提供数据处理服务，保证数据的实时性和业务的连续性。

2）数据仓库和 ETL

Hadoop 常常被用作数据仓库和 ETL 工具的底层存储系统。在这些场景中，Hadoop 需要存储大量历史数据和业务数据，并通过 ETL 工具进行数据的抽取、转换和加载。Hadoop HA 可以确保数据仓库和 ETL 工具在节点出现故障时仍能保持数据的完整性和可用性。

3）日志分析

许多企业使用 Hadoop 分析日志数据，以便了解产品的使用情况、识别系统故障或发现安全问题。Hadoop HA 可以确保在日志分析过程中，即使某个节点失效，也能快速切换到备用节点，保证日志分析任务能够继续执行。

4）数据挖掘和机器学习

Hadoop 的 MapReduce 框架和机器学习库 Mahout 使分布式计算和数据挖掘变得简单和高效。Hadoop HA 可以确保在数据挖掘和机器学习过程中，即使某个节点失效，也能保证计算任务的顺利进行和数据的可靠性。

任务 6.2 部署 Hadoop HA 集群

部署 Hadoop HA 集群

■ 任务描述

通过学习本任务，读者能够独立完成 Hadoop HA 的安装和部署工作，确保在单点故障发生时，集群能够自动切换到备用节点，持续稳定地提供服务。同时，能够根据日志文件解决常见的安装和部署问题，从而为后续的学习和实践操作提供稳定的 Hadoop HA 环境。

知识学习

关于 Hadoop HA 安装和部署前需要了解的关键知识点。

1. Hadoop HA 配置文件

Hadoop HA 配置涉及一系列配置文件，这些文件共同定义了 Hadoop HA 集群中各个组件的行为和属性。以下是一些关键的 Hadoop HA 配置文件。

（1）core-site.xml：指定 HDFS 的 nameservice（为整个集群起一个别名，并在 ZooKeeper 上注册）、Hadoop 数据临时存放目录以及 ZooKeeper 的存放地址。

（2）hdfs-site.xml：指定 NameNode 的 HA 设置，包括两个 NameNode 的地址、JournalNode 的地址和数量（通常为奇数个）、自动故障转移的设置等。

（3）yarn-site.xml：指定 ResourceManager 的地址和故障转移设置。

（4）mapred-site.xml（或 mapred-default.xml）：指定 MapReduce 作业的配置，如作业调度器、任务槽数量等。

2. Hadoop HA 日志和故障排除

（1）Hadoop HA 的日志通常分布在集群中的多个节点上，默认情况下，日志文件通常位于 Hadoop 安装目录的 logs 文件夹中。

（2）查看 Hadoop 集群中相关的日志文件，以获取有关故障的详细信息，特别注意与 NameNode、ResourceManager 和其他关键组件相关的日志文件。

（3）可以通过浏览器访问 Hadoop 集群的 ResourceManager 或 NameNode 节点的 URL，然后导航到相应的页面，查看日志。

（4）检查 Hadoop 集群中的节点之间的通信。

通过以上知识的学习，读者将能够更顺利地进行 Hadoop HA 的安装和部署工作，并能够解决一些常见的问题。

任务实施

Hadoop HA 集群部署任务实施可以按照以下步骤进行。

步骤 1　Hadoop HA 集群部署规划

采用已经安装好 Java 和 ZooKeeper 的三台虚拟机，计划在 3 个节点上搭建 Hadoop HA 集群，具体规划如表 6-1 所示。

表 6-1　Hadoop HA 集群部署规划

虚　拟　机	IP 地址	运 行 进 程
master（主节点）	192.168.10.129	NameNode、DataNode、ResourceManager、ZKFC NodeManager、JournalNode、QuorumPeerMain
slave1（从节点）	192.168.10.130	NameNode、DataNode、ResourceManager、ZKFC NodeManager、JournalNode、QuorumPeerMain
slave2（从节点）	192.168.10.131	DataNode、NodeManager、JournalNode、QuorumPeerMain

步骤 2　重新安装 Hadoop

重命名前面部署完全分布式集群的 Hadoop 文件及其配置，重新解压安装 Hadoop，命令如下：

```
[root@master ~]# mv /opt/modules/hadoop/  /opt/modules/hadoop-cluster
[root@master ~]# tar -zxvf /opt/software/hadoop-2.7.7.tar.gz -C /opt/modules/
[root@master ~]# cd  /opt/modules/
[root@master modules]# mv  hadoop-2.7.7  hadoop
```

步骤 3　搭建 Hadoop HA 集群

1. 配置 Hadoop HA

1）配置 hadoop-env.sh 文件

hadoop-env.sh 是 Hadoop 分布式系统中的一个重要脚本文件，用于设置 Hadoop 运行所需的环境变量。该文件通常位于 Hadoop 安装目录的 etc/hadoop/ 子目录下：

```
[root@master ~]# cd /opt/modules/hadoop/etc/hadoop
[root@master hadoop]# vim hadoop-env.sh
```

在上述代码的下面添加以下配置：

```
export JAVA_HOME=/opt/modules/java
```

2）配置 core-site.xml 文件

启用 HDFS 的 NameNode 高可用时，需要指定一个 nameservice ID。这个 ID 用来标识由两个 NameNode 组成的 HDFS。

修改 fs.defaultFS 的属性值为 hdfs://mycluster，其中 mycluster 为 hdfs-site.xml 中定义的 nameservice ID 的值，Hadoop 启动时会根据该值找到对应的两个 NameNode。core-site.xml 的完整配置内容如下：

```
[root@master hadoop]# vim core-site.xml
<configuration>
  <!--1. 指定 Hadoop 客户端默认的访问路径 -->
  <property>
    <name>fs.defaultFS</name>
    <value>hdfs://mycluster</value>
  </property>
  <!--2. 指定 Hadoop 临时目录 -->
  <property>
    <name>hadoop.tmp.dir</name>
    <value>/opt/modules/hadoop/tmp</value>
  </property>
  <!--3. 指定客户端连接 ZooKeeper 服务器的端口（实现自动故障转移）-->
  <property>
    <name>ha.zookeeper.quorum</name>
    <value>master:2181,slave1:2181,slave2:2181</value>
  </property>
</configuration>
```

3）配置 hdfs-site.xml 文件

修改 hdfs-site.xml 文件，配置两台 NameNode 的端口地址和通信方式，并指定 NameNode 元数据的存放位置，开启 NameNode 自动故障转移功能以及配置 sshfence。

hdfs-site.xml 的完整配置内容如下：

```
[root@master hadoop]# vim hdfs-site.xml
<configuration>
    <!--1.指定 hdfs的 nameservice ID 为 mycluster -->
    <property>
      <name>dfs.nameservices</name>
        <value>mycluster</value>
     </property>
     <!-- 2.指定两个 NameNode 标识符nn1，nn2 -->
     <property>
       <name>dfs.ha.namenodes.mycluster</name>
       <value>nn1,nn2</value>
     </property>
     <!--3.配置两个NameNode所在节点与访问端口-->
     <property>
       <name>dfs.namenode.rpc-address.mycluster.nn1</name>
       <value>master:8020</value>
     </property>
     <property>
       <name>dfs.namenode.rpc-address.mycluster.nn2</name>
       <value>slave1:8020</value>
     </property>
     <!--4.配置两个NameNode的Web页面访问地址-->
     <property>
       <name>dfs.namenode.http-address.mycluster.nn1</name>
       <value>master:50070</value>
     </property>
     <property>
       <name>dfs.namenode.http-address.mycluster.nn2</name>
       <value>slave1:50070</value>
     </property>
       <!--5.活动NameNode将元数据写入journalnode-->
     <property>
       <name>dfs.namenode.shared.edits.dir</name>
       <value>
         qjournal://master:8485;slave1:8485;slave2:8485/mycluster
       </value>
     </property>
       <!--6.指定journalnode用于存放元数据和状态信息的目录-->
     <property>
       <name>dfs.journalnode.edits.dir</name>
       <value>/opt/modules/hadoop/tmp/dfs/jn</value>
```

```
    </property>
    <!--7.客户端与 NameNode 通信的 Java 实现类 -->
    <property>
      <name>dfs.client.failover.proxy.provider.mycluster</name>
      <value>
        org.apache.hadoop.hdfs.server.namenode.ha.ConfiguredFailoverProxyProvider
      </value>
    </property>
    <!--8.配置隔离机制，主备切换时，杀死活动的 NameNode-->
    <property>
       <name>dfs.ha.fencing.methods</name>
       <value>sshfence</value>
    </property>
    <!--9.使用 sshfence 隔离机制，需要 SSH 免密登录 -->
    <property>
       <name>dfs.ha.fencing.ssh.private-key-files</name>
       <value>/root/.ssh/id_rsa</value>
    </property>
    <!--10.配置 NameNode 节点数据的存放位置 -->
    <property>
       <name>dfs.namenode.name.dir</name>
       <value>/opt/modules/hadoop/tmp/dfs/nn</value>
    </property>
    <!--11.配置 DataNode 节点数据的存放位置 -->
    <property>
       <name>dfs.datanode.data.dir</name>
       <value>/opt/modules/hadoop/tmp/dfs/dn</value>
    </property>
    <!--12.开启 NameNode 自动故障转移功能 -->
    <property>
       <name>dfs.ha.automatic-failover.enabled</name>
       <value>true</value>
    </property>
</configuration>
```

4）配置 mapred-site.xml 文件

mapred-site.xml 是 Hadoop MapReduce 的配置文件。在 Hadoop 中，MapReduce 是一个用于大规模数据处理的编程模型，而 mapred-site.xml 文件则包含了 MapReduce 作业执行所需的各种配置参数。mapred-site.xml 文件的完整配置内容如下：

```
[root@master hadoop]# vim mapred-site.xml
<configuration>
 <!--1.指定 MapReduce 任务执行框架为 Yarn-->
   <property>
     <name>mapreduce.framework.name</name>
     <value>yarn</value>
   </property>
```

```
    <!--2.指定 MapReduce jobhistory 地址 -->
    <property>
      <name>mapreduce.jobhistory.address</name>
      <value>master:10020</value>
    </property>
    <!-- 3.任务历史服务器的 Web 地址 -->
    <property>
      <name>mapreduce.jobhistory.web.address</name>
      <value>master:19888</value>
    </property>
</configuration>
```

5）配置 yarn-site.xml 文件

yarn-site.xml 用于定义和配置 Yarn 集群的各种参数和属性。yarn-site.xml 的完整配置内容如下：

```
[root@master hadoop]# vim yarn-site.xml
<configuration>
<!--1.指定可以在 Yarn 上运行 mapreduce 程序 -->
  <property>
    <name>yarn.nodemanager.aux-services</name>
    <value>mapreduce_shuffle</value>
  </property>
  <!--2.开启 ResourceManager HA 功能 -->
  <property>
    <name>yarn.resourcemanager.ha.enabled</name>
    <value>true</value>
  </property>
  <!--3.标识 ResourceManager -->
  <property>
    <name>yarn.resourcemanager.cluster-id</name>
    <value>yrc</value>
  </property>
  <!--4.集群中 ResourceManager 的 id 列表 -->
  <property>
    <name>yarn.resourcemanager.ha.rm-ids</name>
    <value>rm1,rm2</value>
  </property>
  <!--5.ResourceManager 所在的节点主机名 -->
  <property>
    <name>yarn.resourcemanager.hostname.rm1</name>
    <value>master</value>
  </property>
  <property>
    <name>yarn.resourcemanager.hostname.rm2</name>
    <value>slave1</value>
  </property>
```

```
    <!--6.ResourceManager 的 Web 页面访问地址 -->
    <property>
      <name>yarn.resourcemanager.webapp.address.rm1</name>
      <value>master:8088</value>
    </property>
    <property>
      <name>yarn.resourcemanager.webapp.address.rm2</name>
      <value>slave1:8088</value>
    </property>
    <!--7. 指定 ZooKeeper 集群列表 -->
    <property>
      <name>yarn.resourcemanager.zk-address</name>
      <value>master:2181,slave1:2181,slave2:2181</value>
    </property>
    <!--8. 启用 ResourceManager 重启功能 -->
    <property>
      <name>yarn.resourcemanager.recovery.enabled</name>
      <value>true</value>
    </property>
    <!--9. 用于存储 ResourceManager 状态的类 -->
    <property>
      <name>yarn.resourcemanager.store.class</name>
      <value>
         org.apache.hadoop.yarn.server.resourcemanager.recovery.ZKRMStateStore
      </value>
    </property>
</configuration>
```

6）配置 slaves 文件

在 Hadoop 中，slaves 文件是一个重要的配置文件，用于指定集群中的 DataNode 节点。这个文件通常位于 Hadoop 配置目录下，并且需要在所有节点上进行配置，以确保 Hadoop 集群的正常运行。

```
[root@master hadoop]# vim slaves
```

删除原内容，加入以下内容：

```
master
slave1
slave2
```

2. 分发安装文件

执行以下命令，将 master 节点配置好的 Hadoop HA 安装文件复制到其余两个节点：

```
[root@master hadoop]# scp -r /opt/modules/hadoop root@slave1:/opt/modules/
[root@master hadoop]# scp -r /opt/modules/hadoop root@slave2:/opt/modules/
```

步骤 4 启动 Hadoop HA 集群

1. 启动 ZooKeeper 集群

在 master 节点上，使用前面编写的脚本文件 zkServer.sh 启动 ZooKeeper 集群，使用脚本文件 all.sh 查看 3 台服务器的进程，命令如下：

```
[root@master ~]# zkServer.sh start
[root@master ~]# all.sh
```

运行结果如下：

```
=====================jps: master ========================
11298 Jps
11242 QuorumPeerMain
=====================jps: slave1 ========================
4362 QuorumPeerMain
4395 Jps
=====================jps: slave2 ========================
111216 QuorumPeerMain
111271 Jps
```

2. 启动 journalnode

在 master 节点上执行以下命令，启动 3 个节点的 journalnode 进程，使用脚本文件 all.sh 查看 3 台服务器的进程，命令如下：

```
[root@master ~]# hadoop-daemons.sh start journalnode
[root@master ~]# all.sh
```

运行结果如下：

```
=====================jps: master ========================
11298 Jps
11077 JournalNode
11242 QuorumPeerMain
=====================jps: slave1 ========================
4216 JournalNode
4362 QuorumPeerMain
4395 Jps
=====================jps: slave2 ========================
111216 QuorumPeerMain
111271 Jps
111070 JournalNode
```

3. 格式化 NameNode

在 master 节点上执行以下命令，格式化 NameNode。如果没有启动 journalnode，格式化将会失败。

```
[root@master ~]# hadoop namenode -format
```

输出以下信息代表格式化成功：

```
23/10/19 22:00:08 INFO namenode.FSImage:Allocated new BlockPoolId:
BP-1837253042-192.168.10.129-1695132018854
23/09/19 22:00:18 INFO common.Storage: Storage directory /usr/localsrc/
hadoop/tmp/dfs/name has been successfLy formatted.
23/09/19 22:00:19 INFO namenode.NNStorageRetentionManager: Going to retain
1 images with txid >= 0
23/09/19 22:00:19 INFO util.Exitutil: Exitingwith status 0
23/09/19 22:00:19 INFO namenode.NameNode: SHUTDOWN MSG:
************************************************************
SHUTDOWN_MsG: Shutting down NameNode at master/192.168.10.129
************************************************************
```

4. 格式化 ZKFC

在 master 节点上执行以下命令，在 ZooKeeper 中创建一个 Znode 节点，用于存储自动故障转移系统的数据：

```
[root@master ~]# hdfs zkfc -formatZK
```

输出以下信息代表格式化成功：

```
23/09/19 22:05:58 INFO ha.ActivestandbyElector: Successfully created
/hadoop-ha/mycluster in ZK.
```

5. 启动 HDFS 集群

在 master 节点上执行以下命令，启动 HDFS 集群，使用脚本文件 all.sh 查看 3 台服务器的进程：

```
[root@master ~]# start-dfs.sh
[root@master ~]# all.sh
```

运行结果如下：

```
=====================jps: master ========================
11810 NameNode
11077 JournalNode
11242 QuorumPeerMain
11963 DataNode
12382 Jps
12255 DFSZKFailoverController
=====================jps: slave1 ========================
4675 DataNode
4791 DFSZKFailoverController
4216 JournalNode
```

```
4362 QuorumPeerMain
4890 Jps
=====================jps: slave2 ========================
111216 QuorumPeerMain
111475 DataNode
111070 JournalNode
111614 Jps
```

6. 启动 Yarn 集群

在 master 节点上执行以下命令，启动 Yarn 集群，使用脚本文件 all.sh 查看 3 台服务器的进程，命令如下：

```
[root@master ~]# start-yarn.sh
[root@master ~]# all.sh
```

运行结果如下：

```
=====================jps: master ========================
11810 NameNode
11077 JournalNode
11242 QuorumPeerMain
12474 ResourceManager
11963 DataNode
12892 Jps
12589 NodeManager
12255 DFSZKFailoverController
=====================jps: slave1 ========================
4675 DataNode
4964 NodeManager
5078 Jps
4791 DFSZKFailoverController
4216 JournalNode
4362 QuorumPeerMain
=====================jps: slave2 ========================
111216 QuorumPeerMain
111475 DataNode
111688 NodeManager
111802 Jps
111070 JournalNode
```

7. 复制 NameNode 元数据

执行以下命令，将 master 节点上的 NameNode 元数据复制到 slave1 节点：

```
[root@slave1 ~]# hdfs namenode -bootstrapStandby
```

输出以下信息代表复制成功：

```
24/04/18 17:28:05 INFO common.Storage:Storage
directory/opt/modules/
hadoop-2.7.7/tmp/dfs/name has been successfully formatted
```

8. 启动备用 NameNode 和 ResourceManager

执行以下命令，在 slave1 节点上启动 NameNode 和 ResourceManager 进程：

```
[root@slave1 ~]# yarn-daemon.sh start resourcemanager
[root@slave1 ~]# hadoop-daemon.sh start namenode
```

9. 启动 MapReduce 任务历史服务器

执行以下命令，在 master 节点上启动 MapReduce 任务历史服务器，启动成功后，通过访问 http://master:19888 查看 Hadoop 历史服务器的 Web 界面。在这个界面上，可以查看和分析 MapReduce 作业的历史信息。

```
[root@master ~]# yarn-daemon.sh start proxyserver
[root@master ~]# mr-jobhistory-daemon.sh start historyserver
```

10. 查看进程

执行以下命令，查看进程：

```
[root@master ~]# all.sh
```

运行结果如下：

```
=====================jps: master ========================
11810 NameNode
13346 JobHistoryServer
11077 JournalNode
13397 Jps
11242 QuorumPeerMain
12474 ResourceManager
11963 DataNode
12589 NodeManager
12255 DFSZKFailoverController
=====================jps: slave1 ========================
5200 NameNode
4675 DataNode
4964 NodeManager
4791 DFSZKFailoverController
5335 ResourceManager
4216 JournalNode
4362 QuorumPeerMain
5691 Jps
=====================jps: slave2 ========================
111216 QuorumPeerMain
```

```
111475 DataNode
111688 NodeManager
112077 Jps
111070 JournalNode
```

步骤 5　浏览器查看

（1）在浏览器中输入地址 http://master:50070，可以看到 master 节点的状态为 active，如图 6-3 所示。

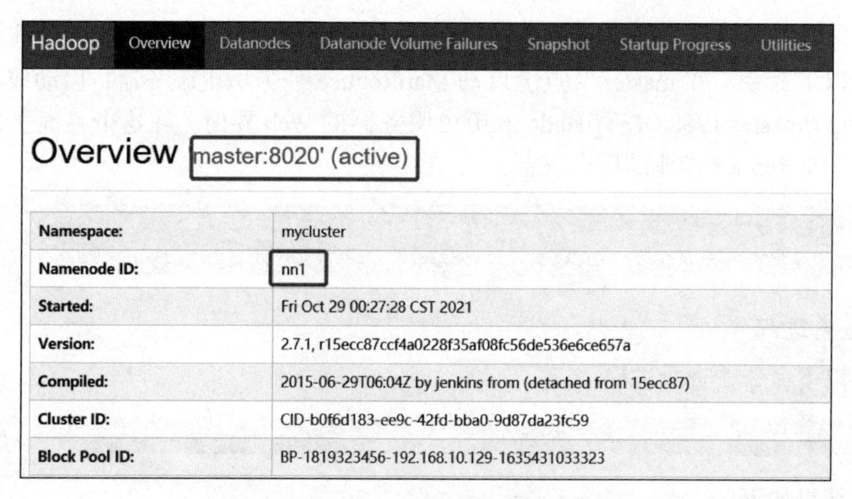

图 6-3　active 节点的 HDFS Web 主界面

（2）在浏览器中输入地址 http://slave1:50070，可以看到 slave1 节点的状态为 standby，如图 6-4 所示。

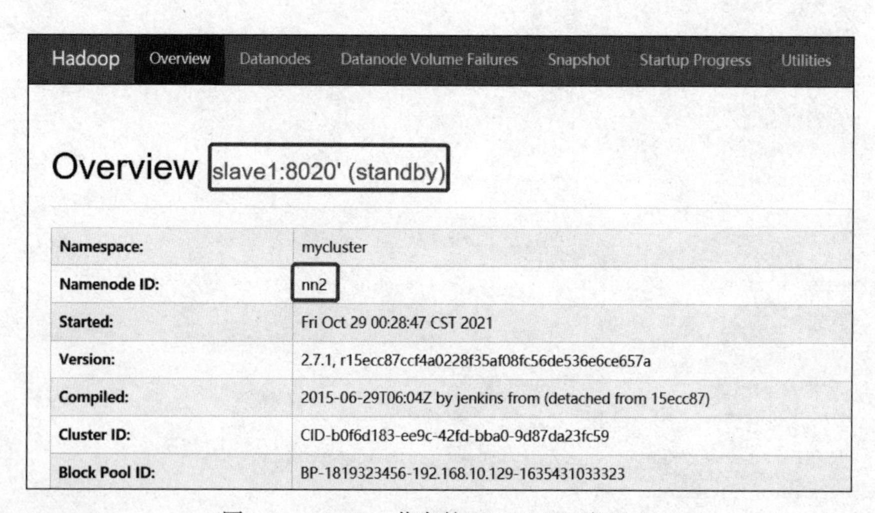

图 6-4　standbye 节点的 HDFS Web 主界面

（3）在浏览器中输入地址 http://master:8088，访问处于 active 状态的 ResourceManager，查看 Yarn 的启动状态，如图 6-5 所示。

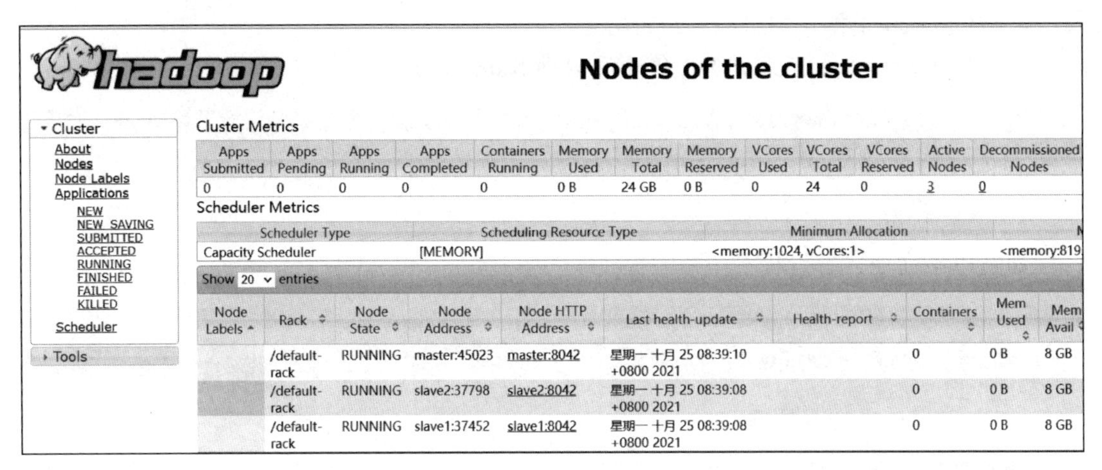

图 6-5　活动 ResourceManager Web 界面

如果访问备用 ResourceManager 的地址 http://slave1:8088，发现自动跳转到了处于 active 状态的 ResourceManager 的地址 http://master:8088。这是因为此时处于 active 状态的 ResourceManager 在 master 节点上。

步骤 6　自动故障转移测试

1. HDFS 自动故障转移测试

1）查看节点状态

执行以下命令，查看节点状态：

```
[root@master ~]# hdfs haadmin -getServiceState nn1
[root@master ~]# hdfs haadmin -getServiceState nn2
```

读者会发现，master 节点处于 active 状态，slave1 节点处于 standby 状态。下面测试自动故障转移的实现。

2）创建一个测试文件

执行以下命令，创建测试文件：

```
[root@master ~]# vim a.txt
```

内容如下：

```
Hello World
Hello Hadoop
```

3）上传文件到 HDFS

执行以下命令，上传文件到 HDFS：

```
[root@master ~]# hadoop fs -mkdir /input
[root@master ~]# hadoop fs -put ~/a.txt /input
```

4）在 master 上停止并启动 NameNode

执行以下命令，在 master 上先停止再启动 NameNode：

```
[root@master ~]# hadoop-daemon.sh stop namenode
[root@master ~]# hadoop-daemon.sh start namenode
```

5）查看状态

执行以下命令，查看状态：

```
[root@master ~]# hdfs haadmin -getServiceState nn1
[root@master ~]# hdfs haadmin -getServiceState nn2
```

6）在 slave1 上查看数据

```
[root@slave1 ~]# hadoop fs -cat /input/*
```

能读取文件内容，表明自动故障转移配置成功。

2. Yarn 自动故障转移测试

1）进入 jar 包测试文件目录

具体命令如下：

```
[root@slave1 ~]# cd /opt/modules/hadoop/share/hadoop/mapreduce/
```

2）测试

执行 MapReduce 默认的 WordCount 程序，当正在执行 Map 任务时，新开一个 SSH Shell 窗口，杀死 master 的 ResourceManager 进程，然后观察。

```
[root@slave1 ~]# cd /opt/modules/hadoop/share/hadoop/mapreduce/
[root@slave1 mapreduce]# hadoop jar hadoop-mapreduce-examples-2.7.7.jar
wordcount /input/a.txt /output
```

3）杀死 ResourceManager 进程

具体命令如下：

```
[root@slave1 ~]# yarn-daemon.sh stop resourcemanager
```

4）查看 HDFS 上的传输结果

具体命令如下：

```
[root@master mapreduce]# hadoop fs -ls /output
```

5）查看文件测试的结果

具体命令如下：

```
[root@master mapreduce]# hadoop fs -cat /output/part-r-00000
```

slave1 的 ResourceManager 发生故障后，自动切换到 master 上继续执行。

课后练习

一、单选题

1. 在 Hadoop HA 中，如果 Standby NameNode 长时间未同步数据，将会发生（　　）。
   A. Standby NameNode 将自动变为 Active 状态
   B. Standby NameNode 将被视为故障节点
   C. Standby NameNode 将停止服务
   D. Standby NameNode 将尝试重新同步数据
2. 在 Hadoop HA 中，（　　）组件用于管理故障转移。
   A. ZooKeeper　　B. HDFS　　C. Yarn　　D. MapReduce
3. 在 Hadoop 2.x 中，HDFS 的 HA 配置通常包括（　　）个 NameNode。
   A. 1　　B. 2　　C. 3　　D. 4
4. 在 Hadoop HA 配置中，NameNode 之间通过（　　）进行数据同步。
   A. SecondaryNameNode　　B. ZooKeeper
   C. JournalNode　　D. DataNode
5. Active NameNode 出现故障时，（　　）组件将自动变为 Active 状态。
   A. Standby NameNode　　B. DataNode
   C. SecondaryNameNode　　D. ResourceManager
6. 在 Hadoop HA 配置中，需要为 NameNode 配置（　　）端口。
   A. 8020 和 50070　　B. 8020 和 8080
   C. 9000 和 50070　　D. 9000 和 8080
7. 如果 Active NameNode 出现故障，客户端的读 / 写操作会（　　）。
   A. 中断并报错　　B. 自动切换到 Standby NameNode
   C. 等待 Active NameNode 恢复　　D. 客户端需要手动重新连接
8. 在 Hadoop HA 环境中，NameNode 的元数据保存在（　　）。
   A. DataNode　　B. SecondaryNameNode
   C. JournalNode　　D. ZooKeeper
9. 在 Hadoop HA 中，客户端（　　）访问 HDFS。
   A. 直接连接到 Active NameNode　　B. 通过 ZooKeeper 代理连接到 NameNode
   C. 连接到任何一个 NameNode　　D. 通过 ResourceManager 连接到 NameNode
10. 在 Hadoop HA 中，NameNode 的故障检测通常由（　　）组件负责。
    A. DataNode　　B. ResourceManager
    C. ZooKeeper　　D. NameNode 自身

二、多选题

1. Hadoop HA 主要解决了（　　）组件的单点故障问题。
   A. DataNode　　B. NameNode
   C. ResourceManager　　D. NodeManager

2. 在 Hadoop HA 集群中，NameNode 的高可用性通常通过（　　）技术实现。

A. Standby NameNode　　B. JournalNode

C. ZooKeeper　　D. SecondaryNameNode

3. 在 Hadoop HA 集群中，DataNode 的作用包括（　　）。

A. 存储 HDFS 的数据块　　B. 负责数据的读写操作

C. 与 NameNode 通信以获取元数据　　D. 监控其他 DataNode 的健康状态

4. 在 Hadoop HA 集群中，ZooKeeper 的作用包括（　　）。

A. 管理 NameNode 的元数据　　B. 监控 NameNode 的健康状态

C. 实现 NameNode 之间的状态切换　　D. 协调 Hadoop 集群的节点

5. 关于 Hadoop HA 集群中的 JournalNode，以下说法正确的是（　　）。

A. JournalNode 是 Hadoop HA 集群所必需的组件

B. JournalNode 用于同步 Active NameNode 和 Standby NameNode 之间的元数据

C. JournalNode 的数量必须是奇数，以确保集群的可用性

D. JournalNode 可以部署在 NameNode 所在的机器上

分布式存储数据库 HBase

导读

Apache HBase 是一个开源、分布式、非关系型的列式数据库。正如 Bigtable 利用了 Google 文件系统提供的分布式存储一样，HBase 在 Hadoop 的 HDFS 之上提供了类似于 Bigtable 的功能，可用于各种应用，包括但不限于实时分析、流数据处理、时间序列数据分析等。HBase 是 Hadoop 技术生态系统中重要的组件。

学习目标

（1）了解 HBase 特点；
（2）掌握 HBase 基本概念；
（3）掌握 HBase 集群架构和部署；
（4）掌握 HBase Shell 操作方法。

技能目标

（1）掌握分布式数据库部署能力；
（2）具备分布式数据库基础运维能力。

职业素养目标

（1）增强文化自信和民族自豪感，引导学生了解我国自主创新的分布式数据库；
（2）增强创新意识，鼓励学生在学习和使用 HBase 的过程中，不断探索新的应用场景；
（3）培养团队合作精神，培养与他人合作、共同解决问题的能力；
（4）提升职业道德意识，注重数据的安全性和隐私保护，遵守相关法律法规。

初识 HBase

任务 7.1 初识 HBase

■ 任务描述

通过学习本任务，读者能够对 HBase 的基本概念及特点、基本数据模型及 HBase 架构有一定了解，为进一步学习和应用 HBase 打下坚实的理论基础。

知识学习

1. HBase 简介

HBase 是一个分布式 NoSQL 数据库，适用于随机访问、实时读写大数据等操作，以 Google 发表的 Bigtable 相关论文演变而来，主要解决非关系型数据（非结构化和半结构化数据）存储问题。

图 7-1 描述了在 Hadoop 技术生态系统中，HBase 与其他组件的关系。

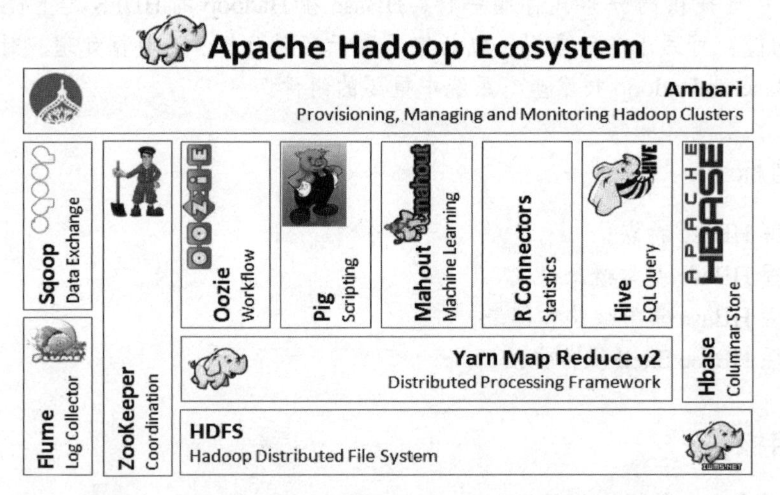

图 7-1　Hadoop 技术生态体系中 HBase 与其他组件的关系

（1）HBase 利用 MapReduce 处理 HBase 中的海量数据，实现高性能计算。

（2）利用 ZooKeeper 作为协同服务实现稳定服务和失败恢复。

（3）HBase 使用 HDFS 数据存储，用廉价集群提供海量数据存储能力。

（4）Sqoop 为 HBase 提供了高效、便捷的数据导入功能。

（5）Pig 和 Hive 为 HBase 提供了高层语言支持。

HBase 与传统关系型数据库的区别主要体现在以下的几个方面。

1）数据类型

关系型数据采用关系模型，具有丰富的数据类型和存储方式。HBase 把数据存储为字符串，用户可以把不同格式的结构化数据和非结构化数据都序列化成字符串，保存到

 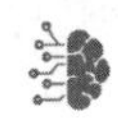

HBase 中。

2）数据操作

关系型数据中包含了丰富的操作，如插入、删除、更新、查询等，其中会涉及复杂的多表连接。HBase 操作则不涉及复杂的表与表之同的关系，只有简单的插入、查询、删除、清空等，它无法实现表与表之间的关系。

3）存储模式

关系型数据是基于行模式存储的，HBase 是基于列存储的，每个列族都由几个文件保存，不同列族的文件是分离的。

4）数据索引

关系型数据通常可以针对不同列构建复杂的多个索引，以提高数据访问性能。HBase 通过行键访问数据，由于 HBase 位于 Hadoop 框架之上，因此可以使用 MapReduce 来快速、高效地生成索引表。

5）数据维护

在关系型数据中，更新操作会用最新的当前值去替换记录中原来的旧值，旧值被覆盖后就不存在了。而在 HBase 中执行更新操作时，生成新的版本，但是旧版本仍然保留。

6）可伸缩性

关系型数据很难实现横向扩展，纵向扩展的空间也比较有限。相反，HBase 能够轻易地通过在集群中增加或者减少硬件数量来实现性能的伸缩。

2. HBase 基本结构

逻辑上，HBase 以表的形式呈现给最终用户；物理上，HBase 以文件的形式存储在 HDFS 中。同时，HBase 设计了元数据表来提高数据存储效率。

HBase 以表的形式存储数据，每个表由行和列组成，表中的行和列确定的存储单元被称为一个元素（Cell），HBase 相关概念如表 7-1 所示。

表 7-1 HBase 相关概念

术　语	说　明
表（Table）	在 HBase 中，数据存储在表中，表名是一个字符串，由行和列组成，按行字典顺序排序。与关系型数据库不同，HBase 表是多维映射的
行键（Row Key）	行键是每一行数据的唯一标识。行键可以使用任意字符串表示，其最大长度为 64KB，在实际应用中，行键长度一般为 10~1000B。在 HBase 内部，行键保存为字节数组
列族（Column Family）	列族是列的集合，在创建表时必须声明列族。一个列族的所有列使用相同的前缀（列族名称）。HBase 所谓的列式存储就是指数据按列族进行存储，这种设计便于进行数据分析
列限定符（Column Qualifier）	表中具体一个列的名字，列族里的数据通过列限定符来定位，列限定符不用提前定义，也不需要在不同行之间保持一致。列限定符采用字节数组 byte[] 格式。列名以列族作为前缀，形式为列族：列限定符
单元格（Cell）	每一个行键、列族和列标识符共同确定一个单元，存储在单元格里的数据被称为单元格数据，值没有数据类型，以字节数组 byte[] 的形式存储
时间戳（Time Stamp）	时间戳代表数据值的版本，类型为 long。每个单元格都按时间保存着同一份数据的多个版本，且降序排列，即最新的数据排在前面，这样有利于快速查找最新数据。对单元格中的数据进行访问时，默认读取最新的值

3. HBase 数据模型

图 7-2 展示了传统关系型数据库和分布式数据库 HBase 数据模型的不同。由于 HBase 表是多维映射的，因此行和列的排列与传统关系型数据库不同。在传统关系型数据库中，不存在的值必须用 NULL 表示，而在 HBase 中，不存在的值可以省略，且不占存储空间。此外，HBase 在新建表时必须指定表名和列族，不需要指定列，所有列在后续添加数据时动态添加，而 RDBMS 指定好列以后，不可以进行修改和动态添加。

id	name	age	score	address
1000	张三	18	null	北京
1001	李四	null	80	上海
1002	王五	20	90	null

rowkey	family1	family2
1000	family1: name=张三 family1: age=18	family2: address=北京
1001	family1: name=李四	family2: score family2: address=上海
1002	family1: name=张三 family1: age=20	family2: score=90

图 7-2　RDBMS 和 HBase 的数据模型

HBase 客户端通过 RPC 方式与 HMaster 节点和 HRegionServer 节点通信，HMaster 节点连接 ZooKeeper，获得 HRegionServer 节点的状态并对其进行管理。HBase 系统架构如图 7-3 所示。HBase 将底层数据存储在 HDFS 中，因此也涉及 NameNode 节点和 DataNode 节点等。HRegionServer 经常与 HDFS 的 DataNode 在同一节点上，有利于数据的本地化访问，节省网络传输的时间。

由 HBase 架构图可知，HBase 主要涉及 4 个模块：Client（客户端）、ZooKeeper、HMaster（主服务器）和 HRegionServer（区域服务器）。其中，HRegionServer 模块包括 HRegion、Store、MemStore、StoreFile、HFile、HLog 等组件。下面对 HBase 涉及的模块和组件进行讲解。

1）Client

Client 通过 RPC 机制与 HBase 的 HMaster 和 HRegionServer 进行通信。Client 与 HMaster 进行管理类通信，与 HRegionServer 进行数据读写类通信。

2）ZooKeeper

ZooKeeper 在 HBase 中主要有以下两个方面的作用。

（1）HRegionServer 主动向 ZooKeeper 集群注册，使 HMaster 可以随时感知各个 HRegionServer 的运行状态（是否在线），避免 HMaster 出现单点故障问题。

（2）HMaster 启动时会将 HBase 系统表加载到 ZooKeeper 集群，通过 ZooKeeper 集群可以获政当前系统表 hbase：meta 的存储所对应的 HRegionServer 信息。

3）HMaster

HMaster 负责维护表和 HRegion 的元数据信息，表的元数据信息保存在 ZooKeeper 上，HMaster 负载较小。HBase 一般有多个 HMaster，以便实现自动故障转移。HMaster 主要有以下几个方面的作用。

（1）管理用户对表的增、删、改、查操作。

（2）为 HRegionServer 分配 HRegion，负责 HRegionServer 的负载均衡。

（3）发现离线的 HRegionServer，并为其重新分配 HRegion。

（4）负责 HDFS 上的垃圾文件回收。

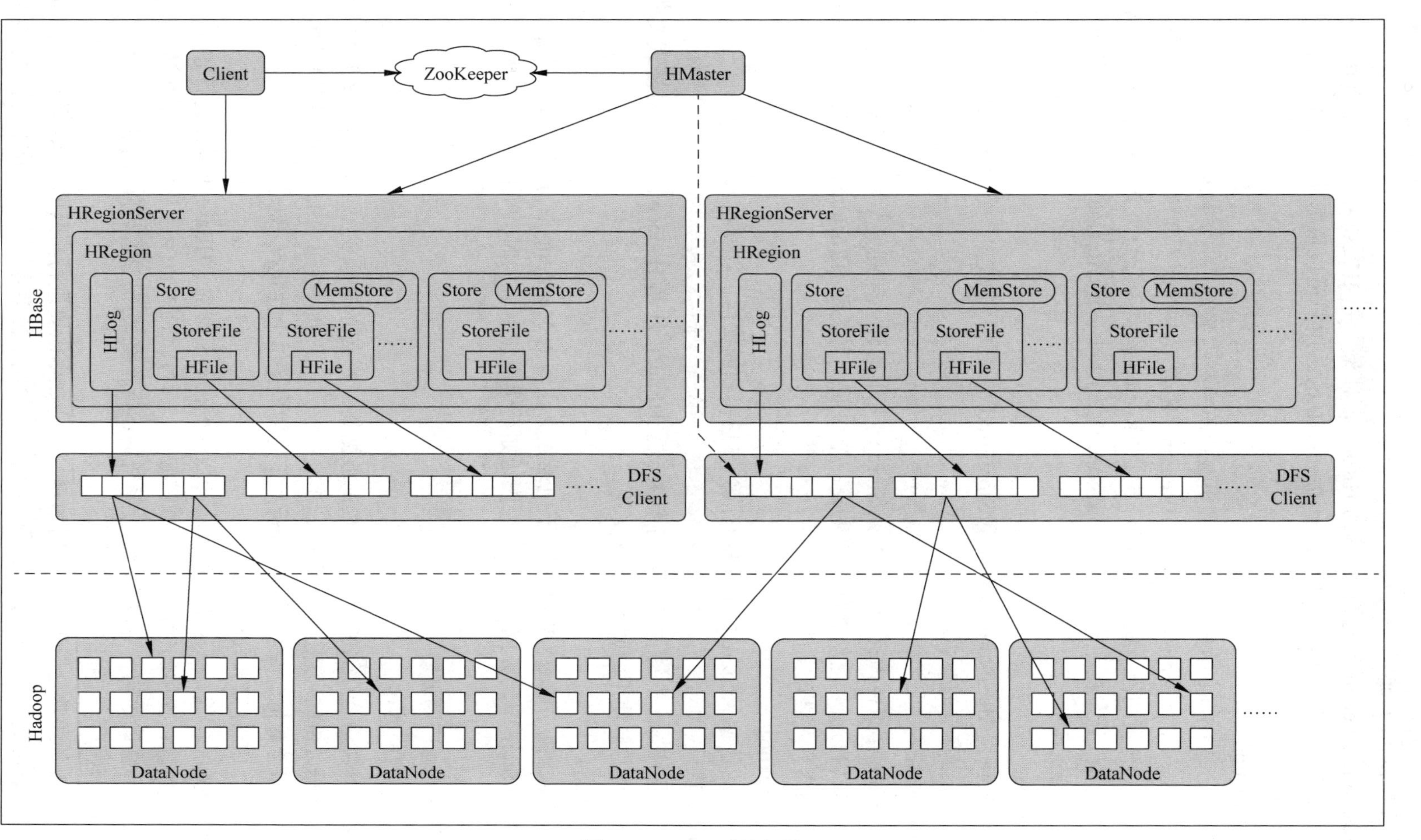

图 7-3 HBase 系统架构

4）HRegionServer

HRegionServer 负责管理一系列 HRegion 对象，是 HBase 中的核心模块。一个 HRegionServer 一般会有多个 HRegion 和一个 HLog，用户可以根据实际需要添加或删除 HRegionServer。

5）HRegion

HRegion 是 HBase 中分布式存储和负载均衡的最小单元。一个 HRegion 由一个或者多个 Store 组成。每个表起初只有一个 HRegion，随着表中数据不断增多，HRegion 会不断增大，增大到一定阈值（默认 256MB）时，HRegion 就会等分为两个新的 HRegion。不同的 HRegion 可以分布在不同的 HRegionServer 上，但同一个 HRegion 拆分后也会分布在相同的 HRegionServer 上。

6）Store

一个 Store 由 MemStore（1 个）和 StoreFile（0~n 个）组成。一个 Store 保存一个列簇。Store 是 HBase 存储的核心。

7）MemStore

MemStore 存储在内存中。当 MemStore 的大小达到一定阈值（默认 128MB）时，会被刷新写入（Flush）磁盘文件，即生成一个快照。当关闭 HRegionServer 时，MemStore 会被强制刷新写入磁盘文件。

8）StoreFile

StoreFile 是 MemStore 中的数据写入磁盘后得到的文件，存储在 HDFS 上。

9）HFile

HFile 是 HBase 中键值数据的存储格式。HFile 文件是 Hadoop 的二进制格式文件，StoreFile 底层存储使用的就是 HFile 文件。

10）HLog

在 HBase 中，HLog（WAL）用于记录数据在写入 MemStore 之前的信息。这是为了确保在 MemStore 中的数据由于某种原因（如系统崩溃）丢失时，可以从 WAL 中恢复这些数据。

4. HBase 应用场景

1）实时数据分析

HBase 非常适合存储和分析大规模的数据集，并支持快速的数据读写操作。这使它成为实时大数据分析的理想选择。例如，在电商平台上，可以通过 HBase 存储用户的浏览记录、购买记录等数据，并利用实时分析系统为用户提供个性化推荐服务。

2）实时日志存储和分析

随着业务的增长，日志文件的大小和数量也在不断增加。HBase 可以作为日志存储和分析的后端系统，提供高性能写入和查询服务。通过将日志文件写入 HBase，并结合适当的分析工具和查询语句，可以实时监控系统的运行状态，并发现潜在的问题。

3）联网数据存储和分析

物联网设备通常会产生大量实时数据，这些数据需要进行高效的存储和分析。HBase 可以作为物联网数据存储和分析的后端系统，提供高性能数据写入和查询服务。通过将物

联网数据写入 HBase，并结合适当的分析工具和查询语句，可以实时监测设备状态、分析设备行为、预测设备故障等。

4）在线广告系统

在线广告系统需要实时处理大量用户点击数据和展示数据，以便进行广告效果评估和优化。HBase 可以作为在线广告系统的数据存储后端，提供高性能的数据写入和查询服务。通过将用户点击和展示数据写入 HBase，并结合实时计算系统（如 Apache Flink 或 Apache Spark Streaming），可以实时计算广告效果指标，并为广告主提供实时反馈和优化建议。

任务 7.2 部署 HBase 集群

部署 HBase 集群

■ 任务描述

通过学习本任务，读者需要独立完成 HBase 的安装和部署工作，确保 HBase 服务能够正常运行，能够根据日志文件解决常见的安装和部署问题，从而为后续学习和实践操作提供稳定的 HBase 环境。

知识学习

关于 HBase 安装和部署前需要了解的关键知识点。

1. HBase 部署模式

HBase 部署模式主要有三种，分别是单机模式（Standalone Mode）、伪分布模式（Pseudo-Distributed Mode）和集群模式（Cluste Mode）。

1）单机模式

HBase 的所有进程都运行在同一个 JVM（Java 虚拟机）上，数据存储采用本地文件系统，而不是分布式文件系统（如 HDFS），该模式主要用于开发或测试环境。

2）伪分布模式

HBase 运行在一台计算机上，但所有进程（Master、RegionServer 和 ZooKeeper）在不同的 JVM 中运行，存储机制采用分布式文件系统（HDFS），该模式主要用于开发或测试环境。

3）集群模式

HBase 的守护进程（如 Master 和 RegionServer）运行在多个节点上，形成了一个真正意义上的集群，存储机制采用分布式文件系统（HDFS）。该模式用于生产环境，可以处理大规模数据集和高并发的读写请求。

2. HBase 日志和故障排除

（1）默认情况下，HBase 日志位于其安装目录的 logs 目录下。

（2）排除 HBase 故障时，要检查 HBase 日志文件、HBase 配置文件、HBase 数据存储、

Hadoop 集群和 ZooKeeper 集群等。

完成本任务，读者能够更顺利地进行 HBase 的安装和部署工作，并能够解决一些常见问题。记住，在实际操作前要仔细阅读官方文档和相关资料，以获得更详细的指导和帮助。

任务实施

步骤 1　HBase 集群部署规划

HBase 集群建立在 Hadoop 集群的基础上，而且依赖于 ZooKeeper，因此搭建 HBase 集群之前，需要将 Hadoop 集群和 ZooKeeper 集群搭建好。

HBase 采用 master/slave 架构搭建集群，由三种类型的节点组成：HMaster 节点（集群主节点）、HRegionServer 节点（集群从节点）和 ZooKeeper 集群。HMaster 节点连接 ZooKeeper，获得 HRegionServer 节点状态并对其进行管理。HBase 通过 HRegionServer 将数据存储到 HDFS 中。HBase 集群部署架构如图 7-4 所示。

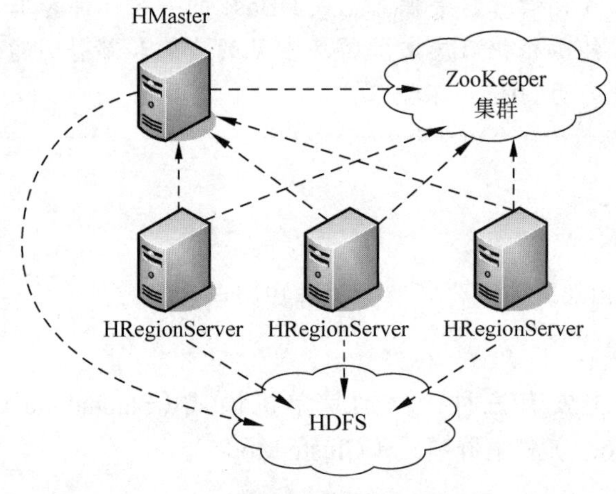

图 7-4　HBase 集群部署架构

本任务采用已经安装好 Hadoop 和 ZooKeeper 的三台虚拟机，计划在 3 个节点上搭建部署 HBase 集群，具体规划如表 7-2 所示。

表 7-2　HBase 集群部署规划

虚　拟　机	IP 地址	运 行 进 程
master（主节点）	192.168.10.129	HMaster
slave1（从节点）	192.168.10.130	HRegionServer
slave2（从节点）	192.168.10.131	HRegionServer

步骤 2　搭建 HBase 集群

1. 下载安装包

到 HBase 官网下载 hbase-1.2.1-bin.tar.gz。

2. 上传安装包

在 master 节点中，执行以下命令，上传安装文件到操作系统的 /opt/software/ 目录中：

```
[root@master ~]# cd /opt/software/
[root@master software]# rz
```

输入 rz 命令后，选择上传 hbase-1.2.1-bin.tar.gz 文件，然后使用以下命令查看：

```
[root@master software]# ll
```

运行结果如下：

```
总用量 421328
-rw-r--r--. 1 root root 218720521  9月 28 2022  hadoop-2.7.7.tar.gz
-rw-r--r--. 1 root root 195013152 10月  1 2022  jdk-8u212-linux-x64.tar.gz
-rw-r--r--. 1 root root  17699306  9月 28 2022  zookeeper-3.4.6.tar.gz
-rw-r--r--. 1 root root  160      12月 28 05:21 hbase-1.2.1-bin.tar.gz
```

3. 解压并重命名

在 master 节点中，执行以下命令，将 HBase 安装包解压到 /opt/modules/ 目录中，修改解压后的文件名为 hbase，然后使用以下命令查看：

```
[root@master ~]# cd /opt/software/
[root@master software]# tar -zxvf hbase-1.2.1-bin.tar.gz -C /opt/modules/
[root@master software]# cd /opt/modules/
[root@master modules]# mv hbase-1.2.1  hbase
[root@master modules]# ll
```

运行结果如下：

```
总用量 4
drwxr-xr-x. 11 root root 173 12月 27 21:27 hadoop
drwxr-xr-x. 7 root root 160 12月 28 05:21 hbase
drwxr-xr-x. 7 root root 245 4月 2 2019 java
drwxr-xr-x.12 root root 4096 12月 27 21:36 zookeeper
```

4. 配置环境变量

为了后续操作方便，可以对 HBase 的环境变量进行配置，命令如下：

```
[root@master ~]# vim /etc/profile
```

在文件的末尾加入以下内容：

```
export HBASE_HOME=/opt/modules/hbase
export PATH=$HBASE_HOME/bin:$PATH
```

执行以下命令，刷新 profile 文件，使修改生效：

```
[root@master ~]# source /etc/profile
```

5. 配置 HBase

1）配置 hbase-env.sh 文件

HBase 的配置文件主要位于 HBase 安装目录下的 conf 文件夹中。这些配置文件包含了 HBase 运行所需的各种设置和参数。

hbase-env.sh 用于设置 HBase 的工作环境，即设置 JDK 路径。此外，不使用 HBase 自带的 ZooKeeper，而是使用安装的 ZooKeeper，所以设置 HBASE_MANAGES_ZK 的值为 false，具体命令如下：

```
[root@master ~]# cd /opt/modules/hbase/conf
[root@master conf]# vim hbase-env.sh
```

在最下面添加以下内容：

```
export JAVA_HOME=/opt/modules/java
export HBASE_MANAGES_ZK=false
```

2）配置 hbase-site.xml 文件

hbase-site.xml 是 HBase 的主要配置文件，包含了 HBase 的所有配置项，可以在这里设置数据存储位置、数据备份大小、处理任务的最大失败次数、主服务器的 HTTP 端口等参数。

修改 HBase 安装目录下的 conf/hbase-site.xml，完整配置内容如下：

```
[root@master conf]# vim hbase-site.xml
<configuration>
  <property>
  <!--1. 指定 HBase 在 HDFS 中的存储目录 -->
    <name>hbase.rootdir</name>
    <value>hdfs://master:9000/hbase</value>
  </property>
  <property>
  <!--2. 开启 HBase 分布式 -->
    <name>hbase.cluster.distributed</name>
    <value>true</value>
  </property>
  <property>
  <!--3. 指定 HBase 连接的 ZooKeeper 集群 -->
    <name>hbase.zookeeper.quorum</name>
    <value>master,slave1,slave2</value>
  </property>
</configuration>
```

上述代码中各个参数的含义如下：

- hbase.rootdir：HBase 的数据存储目录，由于 HBase 数据存储在 HDFS 上，所以要写入 HDFS 的目录，注意路径端口要和 Hadoop 的 fs.defaultFS 端口一致。配置好后，

HBase 数据就会写入这个目录，且目录不需要手动创建，HBase 启动时会自动创建；
- hbase.cluster.distributed：设置为 true，代表开启分布式；
- hbase.zookeeper.quorum：设置依赖的 ZooKeeper 节点，此处加入所有 ZooKeeper 集群即可。

此外，还有一个参数 hbase.tmp.dir，用于设置 HBase 临时文件存储目录，不设置的话，默认存放在 /tmp 目录中，该目录在重启时内容就会被清空。

3）配置 regionservers 文件

regionservers 文件中的每一行指定一台服务器，HBase 在启动时会读取该文件，启动 HRegionServer 进程，当 HBase 停止时，也会同时停止它们。

修改 HBase 安装目录下的 /conf/regionservers 文件，将 slave1 和 slave2 节点作为运行 HRegionServer 的服务器，命令如下：

```
[root@master conf]# vim regionservers
```

删除 localhost，添加以下内容：

```
slave1
slave2
```

4）读取 Hadoop 配置

为了让 HBase 读取到 Hadoop 的配置，将 core-site.xml 和 hdfs-site.xml 两个文件复制到 $HBASE_HOME/conf/ 目录下，命令如下：

```
[root@master ~]# cd /opt/modules/hadoop/etc/hadoop
[root@master hadoop]# cp core-site.xml /opt/modules/hbase/conf
[root@master hadoop]# cp hdfs-site.xml /opt/modules/hbase/conf
```

6. 分发安装文件

执行以下命令，将 master 节点配置好的 HBase 安装文件复制到其余两个节点：

```
[root@master ~]# scp -r /opt/modules/hbase slave1:/opt/modules/
[root@master ~]# scp -r /opt/modules/hbase slave2:/opt/modules/
```

7. 分发环境变量

执行以下命令，将 master 节点配置好的环境变量文件 profile 复制到其余两个节点，刷新此文件，使修改生效：

```
[root@master ~]# scp /etc/profile   slave1:/etc
[root@master ~]# scp /etc/profile   slave2:/etc
[root@slave1 ~]# source /etc/profile
[root@slave2 ~]# source /etc/profile
```

步骤 3　启动与测试 HBase 集群

启动 HBase 集群之前，需要先启动 Hadoop 集群，同时启动 ZooKeeper 集群。

1. 启动 HBase 集群

首先，执行以下脚本文件，启动 ZooKeeper 集群：

```
[root@master ~]# zk.sh start
```

其次，执行以下命令，启动 Hadoop 集群：

```
[root@master ~]# start-dfs.sh
[root@slave1 ~]# start-yarn.sh
```

最后，执行以下命令，启动 HBase 集群：

```
[root@master ~]# start-hbase.sh
```

2. 查看进程

HBase 启动完成后，查看各节点的 Java 进程，命令如下：

```
[root@master ~]# all.sh
=====================jps: master ========================
5780 HMaster
2126 NameNode
1742 NodeManager
2025 Jps
1752 DataNode
2908 QuorumPeerMain
=====================jps: slave1 ========================
1888 NodeManager
2025 Jps
1770 DataNode
2488 ResourceManager
2152 QuorumPeerMain
3588 HRegionServer
=====================jps: slave2 ========================
1891 NodeManager
2028 Jps
1773 DataNode
2329 SecondaryNameNode
2153 QuorumPeerMain
3581 HRegionServer
```

从上述结果中可以看出，master 节点上出现了 HMaster，slave1 和 slave2 节点上出现了 HRegionServer 进程，说明集群启动成功。

3. 浏览器查看

HBase 提供 Web 端 UI 界面，在浏览器中输入地址 http://master:16010，可以看到 HBase 集群的运行状态，如图 7-5 所示。

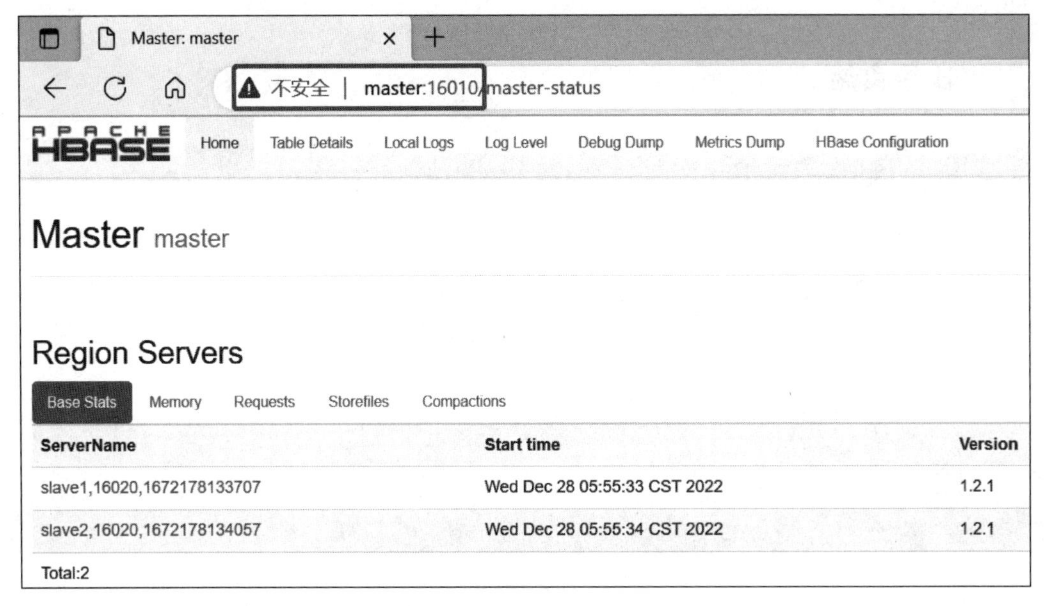

图 7-5　HBase Web 界面

4. 停止 HBase 集群

执行以下命令，停止 HBase 集群：

```
[root@master ~]# stop-hbase.sh
```

任务 7.3　HBase Shell 操作

HBase Shell 操作

■ 任务描述

HBase Shell 是 HBase 提供的一个交互式命令行工具，用于与 HBase 数据库进行交互。本任务需要读者了解 HBase Shell 常用命令，独立完成 HBase Shell 常用命令的操作。

知识学习

（1）用户通过 HBase Shell 可以创建和删除表，还可以对表执行添加、修改、删除数据的操作，也可以使用 HQL 语句进行数据的查询。

（2）HBase 集群启动后，执行以下命令，就可以进入 HBase Shell：

```
[root@master ~]# HBase shell
HBase(main):001:0>
```

任务实施

步骤 1 HBase 表操作

1. 创建表

HBase 在新建表的时候必须指定表名和列族，表名和列族都需用单引号括起来，用逗号分隔，不能指定列名，所有列在后续添加数据的时候动态添加。执行如下命令，建立包含两个列族 name 和 num 的 student 表：

```
HBase(main):001:0> create 'student','name','num'
0 row(s) in 3.1120 seconds
=>HBase::Table - student
HBase(main):002:0>
```

2. 列举所有表

使用 list 命令可以查看当前 HBase 数据库中的所有表，具体操作如下：

```
HBase(main):002:0> list
List TABLE
student
1 row(s) in 0.0310seconds
["student"]
HBase(main):003:0>
```

可以看到当前数据库中已经存在 scores 表。

3. 查看表信息

如果要查看该表所有列族的详细描述信息，可使用 describe 命令，具体如下：

```
HBase(main):003:0> desc 'student'
HBase(main):004:0> describe 'student'
Table student is ENABLED
student
COLUMN FAMILIES DESCRIPTION
{NAME =>'name'.BLOOMETLTER =>'ROW', VERSIONS => '1'.IN MEMORY => 'false',
KEEP DELETED CELLS => 'FALSE', DATA BLOCK ENCOD ING=> 'NONE', TTL=>
'FOREVER', COMPRESSION => 'NONE', MIN VERSIONS=> 0', BLOCKCACHE =>
'true', BLOCKSIZE => 65536', REPL ICATION_SCOPE => '0'}
{NAME 'num', BLOOMFILTER =>'ROW', VERSIONS=>'1', IN MEMORY => 'false',
KEEP_DELETED CELLS => 'FALSE', DATA_BLOCK_ENCODI NG => 'NONE', TTL =>
'FOREVER' COMPRESSIDN "NONE', MIN VERSIONS=> '0', BLOCKCACHE => 'true',
BLOCKSIZE = '65536', REPLI CATION: SCOPE=>'0'}
```

其中关于列族描述信息的具体含义如表 7-3 所示。

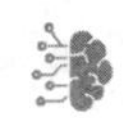

表 7-3 HBase 表列族信息

列族参数	取　值	说　明
NAME	可打印的字符串	列族名称，参考 ASCII 表中可打印字符
DATA BLOCK_ENCODING	默认为 NONE	数据块编码
BLOOMFILTER	默认为 NONE	提高随机读取性能
REPLICATION_SCOPE	默认为 0	开启复制功能
VERSIONS	数字	列族中单元时间版本最大数量
COMPRESSION	默认为 NONE	压缩编码
MIN VERSIONS	数字	列族中单元时间版本最小数量
KEEP DELETED CELLS	TRUE|FALSE（默认）	启用后避免被标记为删除的单元从 HBase 中移除
BLOCKSIZE	默认为 65536 字节	数据块大小。数据块越小，索引越大
IN_MEMORY	默认为 FALSE	使列族在缓存中拥有更高优先级
BLOCKCACHE	默认为 TRUE	是否将数据放入读缓存

4. 修改表的列族

1）增加列族

使用 alter 命令添加列族 tel，具体操作如下：

```
HBase(main):005:0> alter 'student', 'tel'
HBase(main):006:0> disc 'student'
...................................................................
{NAME 'tel', BLOOMFILTER => 'ROW', VERSIONS=> '1', IN_MEMORY => 'false',
KEEP DELETED CELLS => 'FALSE', DATA_BLOCK_ENCODI NG => 'NONE',  TTL=>
'FOREVER', COMPRESSION => "NONE', MIN_VERSIONS =. '0',
BLOCKCACHE =>'true', BLOCKSIZE =2 '65536', REPLI CATTON SCOPE =>'0'}
```

2）修改列族属性

使用 alter 命令修改列族的 VERSIONS 属性，具体操作如下：

```
HBase(main):007:0> alter 'student', {'NAME'=>'name', VERSIONS=> '5'},
{'NAME'=>'num', VERSIONS=>'2'}
HBase(main):008:0> disc 'student'
...................................................................
{NAME => 'name', BLOOMFILTER => 'ROW' VERSIONS= '5' IN MEMORY=>'false',
KEEP_DELETED_CELLS => 'FALSE', DATA_BLOCK_ENCODING=>'NONE', TTL =>
'FOREVER', COMPRESSION => 'NONE', MIN_VERSIONS => 'O', BLOCK CACHE =>
'true', BLOCKSIZE => '65536',  REPLICATION_SCOPE => '0'}
{NAME=> 'num', BLOOMFILTER=> 'ROW',  VERSIONS => '2, IN_MEMORY => 'false',
KEEP_DELETED_CELLS=>'FALSE', DATA BLOCK ENCODING=> 'NONE', TTL=>'FOREVER',
COMPRESSION=>'NONE', MIN_VERSIONS=>'0', BLOCKCA CHE =>'true', BLOCKSIZE =>
'65536', REPLICATION_SCOPE => '0'}
```

name 列族保存 5 个版本，即该列族下的每个列最多可以同时保存 5 个值，按照时间顺序倒序排列，取值时默认取的是最近的一个值；如果不设置版本数，默认保存的版本号为 1。num 列族保存 2 个版本。

3）删除列族

使用 alter 命令删除列族 tel，具体操作如下：

```
HBase(main):009:0> alter 'student', NAME=>'tel', METHOD=>'delete'
HBase(main):010:0> disc 'student'
Table student is ENABLED
student
COLUMN FAMILIESDESCRIPTION
{NAME => 'name', BLOOMFILTER => 'ROW', VERSIONS => '5', IN_MEMORY => 'false',
KEEP_DELETED_CELLS => 'FALSE', DATA_BLOCK_ENCODING => 'NONE', TTL =>
'FOREVER', COMPRESSION => 'NONE', MIN_VERSIONS => '0', BLOCKCACHE =>
'true', BLOCKSIZE => '65536', REPLICATION_SCOPE => '0'}
{NAME => 'num', BLOOMFILTER => 'ROW', VERSIONS => '2', IN_MEMORY =>
'false', KEEP_DELETED_CELLS => 'FALSE', DATA_BLOCK_ENCODING => 'NONE',
TTL => 'FOREVER', COMPRESSION => 'NONE', MIN_VERSIONS => '0', BLOCKCACHE =>
'true', BLOCKSIZE => '65536', REPLICATION_SCOPE => '0'}
```

5. 删除表

HBase 表分为两种状态：ENABLED 和 DISABLED，分别表示是否可用。当表为 ENABLED 状态时，会被禁止删除，所以必须先将表置为 DISABLED 状态才能将其删除，操作如下：

```
HBase(main):011:0> disable 'student'
HBase(main):012:0> drop 'student'
HBase(main):013:0> status
```

步骤 2 HBase 表数据操作

1. 新建表 student

执行以下命令，新建表：

```
HBase(main):001:0> create 'student', 'info', 'score'
```

2. 插入数据

执行以下命令，插入数据：

```
HBase(main):002:0> put 'student', '001', 'info:name', 'zs'
HBase(main):003:0> put 'student', '001', 'info:age', '20'
HBase(main):004:0> put 'student', '001', 'score:chinese', '90'
HBase(main):006:0> put 'student', '002', 'info:name', 'ls'
HBase(main):007:0> put 'student', '002', 'info:age', '21'
HBase(main):008:0> put 'student', '002', 'score:chinese', '80'
HBase(main):009:0> put 'student', '002', 'score:english', '70'
```

```
HBase(main):010:0> put 'student', '002', 'score:maths', '80'
HBase(main):011:0> put 'student', '003', 'info:name', 'ww'
HBase(main):012:0> put 'student', '003', 'info:age', '22'
HBase(main):013:0> put 'student', '003', 'info:sex', 'male'
HBase(main):014:0> put 'student', '003', 'score:chinese', '100'
HBase(main):015:0> put 'student', '003', 'score:english', '60'
HBase(main):016:0> count  'student'
```

其中，student 为表名；001 为行键；info:name 为 info 列族中的 name 列；zs 为该列的值。info:age 为 info 列族中的 age 列，20 为该列的值；score:chinese 为 info 列族中的 chinese 列，90 为该列的值。

3. 查询数据

1）查询表中全部数据

使用 scan 命令查询表的全部数据，具体操作如下：

```
HBase(main):017:0> scan  'student'
ROW COLUMN+CELL
001 coLumn=info:age, timestamp=1665745713518, value=20
001 column=info:name, timestamp=1665745457447, value=zs
001 column=score:chinese, timestamp=1665746007771, value=90
002 coLumn=info:age, timestamp=1665746246671, value=21
002 column=info:name, timestamp-1665746224770, value=Ls
002 column=score:chinese, timestamp=1665746262669, value=80
002 column=score:english, timestamp=1665746284882, value=70
002 column=score:maths, timestamp=1665746299367, value=80
003 column=info:age, timestamp=1665746339112, value=22
003 column=info:name, timestamp=1665746328137, value=ww
003 column=info:sex, timestamp=1665746366426, value=male
003 column=score:chinese, timestamp=1665746407038, value=100
003 column=score:english, timestamp=1665746430425, value=60
3row(s)in 0.1080 seconds
```

2）查询列族数据

执行 scan 命令的结果中，将行键相同的所有单元视为一行。可以指定只查询某个列族，具体操作如下：

```
HBase(main):018:0> scan 'student', {COLUMNS=>'info'}
ROW COLUMN+CELL
001 column=info:age, timestamp=1665745713518, value=20
001 column=info:name, timestamp=1665745457447, value=zs
002 column=info:age, timestamp=1665746246671, value=21
002 column=info:name, timestamp=1665746224770, value=Ls
003 column=info:age, timestamp=1665746339112, value=22
003 coLumn=info:name, timestamp=1665746328137, value=ww
003 column=info:sex, timestamp=1665746366426, value=male
3 row(s)in 0.0470 seconds
```

3）查询列数据

可以指定只查询某个列的数据，具体操作如下：

```
HBase(main):019:0> scan 'student', {COLUMNS=>'info:name'}
ROW COLUMN+CELL
001 column=info:name, timestamp=1665745457447, value=zs
002 column=info:name, timestamp=1665746224770, value=Ls
003 column=info:name, timestamp=1665746328137, vaLue=ww
3 row(s)in0.1320 seconds
```

4）按照行键的范围查找数据

查找行键在［001，003）范围内的数据，具体操作如下：

```
HBase(main):020:0> scan 'student', {STARTROW=>'001', STOPROW=>'003'}
ROW COLUMN+CELL
001 column=info:age, timestamp=1665745713518, value=20
001 column=info:name, timestamp=1665745457447, value=zs
001 column=score:chinese, timestamp=1665746007771, value=90
002 column=info:age, timestamp=1665746246671, value=21
002 column=info:name, timestamp=1665746224770, value=Ls
002 column=score:chinese, timestamp=1665746262669, value=80
002 column=score:english, timestamp=1665746284882, value=70
002 column=score:maths, timestamp=1665746299367, value=80
2 row(s) in 0.0670 seconds
```

4. 获取数据

使用 get 命令获取行的所有单元或者某个指定的单元数据，与 scan 命令相比，多一个行键参数。scan 命令查找的目标是全表的某个列族、列键，而 get 命令查找的目标是某行的某个列族、列键。

1）获取行数据

执行以下命令，获取行数据：

```
HBase(main):021:0> get 'student', '001'
COLUMN CELL
info:age timestamp=1665745713518, value=20
info:name timestamp=1665745457447, value=zs
score: chinese timestamp=1665746007771, value=90
3 row(s) in 0.0590seconds
```

2）获取列族数据

执行以下命令，获取列族数据：

```
HBase(main):022:0> get 'student', '001', 'info'
COLUMN CELL
info:age timestamp=1665745713518, value=20
info:name timestamp=1665745457447, value=zs
2 row(s) in 0.0230 seconds
```

3）获取列数据

执行以下命令，获取列数据：

```
HBase(main):023:0> get 'student', '001', 'info:name'
COLUMN CELL
info:name timestamp=1665745457447, value=zs
1 row(s) in 0.0150seconds
```

5. 删除数据

delete 命令只能删除一个单元的数据，而 deleteall 命令能删除一行数据。下面的示例表示删除 student 表中行键为 001，列键为 score:chinese 的单元。

1）删除列数据

使用 delete 命令删除一个单元，具体操作如下：

```
HBase(main):024:0> delete 'student', '001', 'score:chinese'
HBase(main):025:0> get 'student', '001'
COLUMN CELL
info:age timestamp=1665745713518, value=20
info:name timestamp=1665745457447, value=zs
2 row(s) in 0.0210 seconds
```

2）删除整行数据

使用 deleteall 命令删除一行数据，具体操作如下：

```
HBase(main):026:0> deleteall 'student', '001'
HBase(main):027:0> scan 'student'
ROW COLUMN+CELL
002 column=info:age, timestamp-1665746246671, value-21
002 column=info:name, timestamp=1665746224770, value=ls
002 column=score:chinese, timestamp=1665746262669, vaLue=80
002 column=score:engLish, timestamp=1665746284882, value=70
002 coLumn=score:maths, timestamp=1665746299367, value=80
003 column=info:age, timestamp=1665746339112, value=22
003 column=info:name, timestamp=1665746328137, value=ww
003 coLumn=info:sex, timestamp=1665746366426, value=male
003 column=score:chinese, timestamp=1665746407038, vaLue=100
003 column=score:engLish, timestamp=1665746430425, vaLue=60
2 row(s) in 0.0780 seconds
```

6. 清空表

使用 truncate 命令删除表中的所有数据但保留表结构，具体操作如下：

```
HBase(main):030:0> truncate 'student'
Truncating'student' table (it may take a while): DisabLing table...
Truncating table...
0 row(s) in 3.8910 seconds
HBase(main):031:0> scan 'student'
```

```
ROW COLUMN+CELL
0 row(s) in 0.3470seconds
HBase(main):032:0> List 'student'
TABLE
student
1 row(s) in 0.0370seconds
```

上面就是 HBase 的基本 Shell 操作。可以看出，HBase 的 Shell 还是比较简单易用的，也可以看出 HBase Shell 缺少传统 SQL 中一些类似于 like 的相关操作。当然，HBase 是 Bigtable 的一个开源实现，而 Bigtable 是 Google 业务的支持模型，因此很多 SQL 语句中的一些东西可能并不需要。

课后练习

一、单选题

1. HBase 是（　　）数据库。

   A. 关系型　　B. 面向对象　　C. 列式存储　　D. NoSQL

2. HBase 依靠（　　）存储底层数据。

   A. HDFS　　B. Hadoop　　C. Memory　　D. MapReduce

3. HBase 依赖（　　）提供消息通信机制。

   A. ZooKeeper　　B. Chubby　　C. RPC　　D. Socket

4. Base 中的数据是按照（　　）进行存储的。

   A. 行　　B. 列　　C. 列族　　D. 单元格

5. HBase 中的列族可以包含（　　）个列。

   A. 只能包含一个列　　B. 可以包含有限数量的列

   C. 可以包含任意数量的列　　D. 列族不包含任何列

6. HBase 中的 ZooKeeper 主要用于（　　）。

   A. 存储数据　　B. 提供消息通信机制

   C. 进行数据计算　　D. 协调和管理 HBase 集群

7. HBase 中的 Region 是（　　）。

   A. 一个独立的服务器节点　　B. HBase 中的一张表

   C. HBase 中分布式存储的最小单元　　D. 一种数据备份机制

8. HBase 中的 RegionServer 负责（　　）。

   A. 管理 Region 的服务器节点　　B. 存储数据的服务器节点

   C. 计算数据的服务器节点　　D. 监控 HBase 集群的节点

9. HBase 中的 Master 节点主要负责（　　）。

   A. 存储数据

   B. 处理数据读写请求

   C. 管理 RegionServer 和 Region 的分配与负载均衡

   D. 提供数据查询服务

10. HBase 不适用于（　　）场景。

A. 日志存储与分析　　B. 实时数据处理

C. 大规模数据处理　　D. 在线事务处理系统

二、多选题

1. HBase 的特点包括（　　）。

A. 面向列存储　　B. 支持非结构化数据存储

C. 高可扩展性　　D. 支持复杂的事务处理

2. HBase 与关系型数据库的区别有（　　）。

A. 数据模型不同　　B. 存储方式不同

C. 查询方式不同　　D. 数据一致性保证不同

3. 在 HBase 中，（　　）属于 HBase 的三层结构。

A. ZooKeeper 文件　　B. -ROOT- 表

C. .META. 表　　D. Region

4. HBase 依靠（　　）外部组件支持其功能。

A. HDFS　　B. ZooKeeper

C. MapReduce　　D. HBase Shell

5. HBase 适合存储（　　）类型的数据。

A. 结构化数据　　B. 半结构化数据

C. 非结构化数据　　D. 文本数据

数据仓库 Hive

导读

Hive 是一个开源、分布式、适合处理大规模离线数据的数据仓库系统。Hive 的数据存储在 HDFS 上，将结构化的数据文件映射为一张数据表。HiveQL 执行时会将查询命令翻译为 MapReduce 并行指令，这样 Hive 就能充分利用 HDFS 的分布式存储能力和 MapReduce 的并行计算能力。

学习目标

（1）了解 Hive 的相关功能和特点；
（2）熟悉 Hive 的安装部署；
（3）掌握 HiveQL 的相关操作方法。

技能目标

（1）能够独立部署 Hive 组件；
（2）能够处理 Hive 常见问题和故障；
（3）能够使用 HiveQL 进行数据分析。

职业素养目标

（1）增强文化自信和民族自豪感，引导学生了解我国自主创新的分析技术；
（2）增强创新意识，鼓励学生在学习和使用 Hive 的过程中，不断探索新的应用场景；
（3）培养团队合作精神，培养与他人合作、共同解决问题的能力；
（4）提升职业道德意识，注重数据的安全性和隐私保护，遵守相关法律法规。

Hive 简介

任务 8.1 Hive 简介

■ 任务描述

通过学习本任务，读者能够对 Hive 的基本概念及特点、架构体系和工作原理有一定了解，为进一步学习和应用 Hive 打下坚实的理论基础。

知识学习

1. Hive 概述

Apache Hive（以下简称 Hive）是一个由 Apache 软件基金会维护的开源项目，由 Facebook 公司贡献。其前身是 Apache Hadoop 中的一个子项目，现已成为 Apache 顶级项目。

Hive 是一个基于 Hadoop 的数据仓库工具，可以将结构化数据文件映射为一张数据库表，并提供 SQL 查询功能，同时可以将 SQL 语句转化为 MapReduce 作业运行。Hive 具有一系列功能，可以进行数据提取、转化和加载，是一种可以查询和分析存储在 Hadoop 中的大规模数据的工具。总之，Hive 被设计成能够非常方便地进行大数据汇总、即席查询与分析的工具。

2. Hive 的特点

Hive 提供了一种比 MapRedace 更简单、更高效的数据开发方式，使越来越多的人开始使用 Hive，甚至有很多 Hadoop 用户首选的大数据工具便是 Hive。Hive 具有以下特点。

1）数据存储与管理

Hive 能够将结构化数据存储在 Hadoop 分布式文件系统中，并提供表、分区、桶等抽象概念，方便管理和组织数据。这使 Hive 成为存储大规模数据集的理想选择。

2）数据转换与集成

Hive 支持 ETL 操作，可以对原始数据进行清洗、转换和集成，以适应特定的分析需求。这为用户提供了强大的数据处理能力，以便从原始数据中提取有价值的信息。

3）查询与分析

Hive 通过 HiveQL 查询语言，允许用户使用类似于 SQL 的语法来执行复杂的查询操作，包括筛选、聚合、连接等。这使用户能够轻松地探索和分析存储在 Hadoop 中的大规模数据集。

4）可扩展性

由于 Hive 是基于 Hadoop 生态系统构建的，因此具有良好的可扩展性。Hive 可以处理大规模数据集，并支持并行计算，以满足不断增长的数据处理需求。

总之，使用 Hive 时，操作接口采用类 SQL 语法，提高了快速开发的效率，避免了编写复杂的 MapReduce 任务，减少了开发人员的学习成本，而且方便扩展。

3. Hive 与传统数据库比较

Hive 定义了简单的类 SQL 查询语言 HiveQL（简称 HQL），HiveQL 可以将结构化数据文件映射为一张数据表，允许熟悉 SQL 的用户查询数据，也允许熟悉 MapReduce 的开发者开发自定义 mapper 和 reducer 来处理复杂的分析工作。相比于用 Java 代码编写的 MapReduce，Hive 的优势更加明显。

由于 Hive 采用类 SQL 查询语言 HQL，因此很容易将 Hive 理解为数据库。其实从结构上来看，Hive 和数据库除了拥有类似的查询语言，再无类似之处。接下来，以 Hive 和传统数据库 MySQL 的对比为例。帮助读者理解 Hive 的特性，具体如表 8-1 所示。

表 8-1　Hive 与传统数据库 MySQL 对比

对 比 项	Hive	MySQL
查询语言	HiveQL	SQL
数据存储位置	HDFS	块设备、本地文件系统
数据格式	用户定义	系统决定
数据更新	不支持	支持
事务	不支持	支持
执行延迟	高	低
可扩展性	高	低
数据规模	大	小
多表插入	支持	不支持

4. Hive 体系架构

Hive 通过为用户提供的一系列交互接口，接收到用户提交的 Hive 的 HiveQL 语句后，使用自身的驱动器 Driver，结合元数据 MetaStore，将这些语句翻译成 MapReduce，并提交到 Hadoop 集群中执行，最终将 Hive 的数据存储在 HDFS 上。Hive 体系架构如图 8-1 所示。

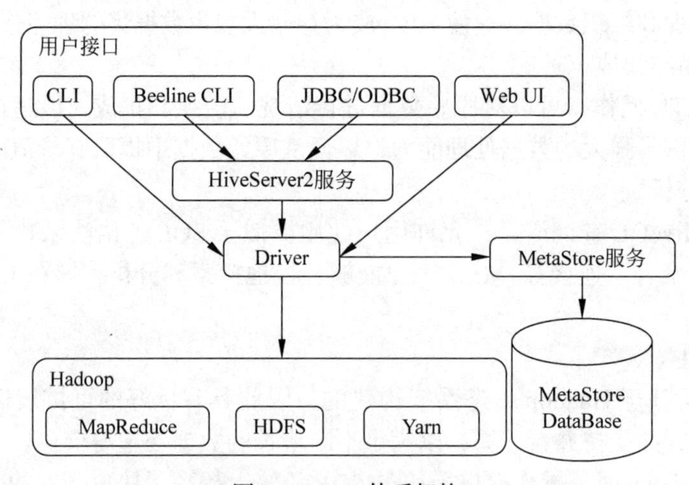

图 8-1　Hive 体系架构

由图 8-1 可知，Hive 体系架构主要包括 CLI、Beeline CLI、JDBC/ODBC、Web UI 等组件。

1）用户接口

用户接口是系统的重要入口，允许用户通过 Shell 命令框或 Beeline 远程访问，以及通过 Web UI 进行直观的操作。这种灵活多样的接入方式，为不同用户提供了便捷的数据交互手段。

（1）CLI。CLI（Command Line Interface）是 Hive 命令行接口，也是最常用的一种用户接口。CLI 启动时会同时启动一个 Hive 副本。CLI 是和 Hive 交互的最简单也是最常用方式，只需要在一个具备完整 Hive 环境下的 Shell 终端中输入 hive，即可启动服务。用户可以在 CLI 上输入 HiveQL 执行创建表、更改属性以及查询等操作。

（2）Beeline CLI。Beeline CLI 又称 HiveServer2 客户端，是一个基于 HiveServer2 服务和 SQLLine 开源项目的 JDBC 交互式命令行客户端。使用 Beeline CLI 需要指定连接的 HiveServer2 服务的地址，以便通过本地或远程以 JDBC 的方式访问。

（3）JDBC/ODBC。JDBC 定义了一系列 Java 访问各类数据库的接口，ODBC 是一组对数据库进行访问的标准 API，它的底层实现源码是采用 C/C++ 编写的。JDBC/ODBC 都是通过 Hive 客户端与 Hive Server 保持通信的，借助 Thrift RPC 协议实现交互。

（4）Web UI。Web UI 是 Hive 的 Web 访问接口，可以通过浏览器来访问 Hive 的服务。

2）HiveServer2 服务

HiveServer2 是一种为远程客户端（比如 Beeline、JDBC 等）提供的可以执行 Hive 查询的服务。HiveServer2 的核心是一个基于 Thift 的 Hive 服务，它与 HDFS 紧密结合，可以高效地处理海量数据。此外，HiveServer2 还支持多种数据格式和查询语言，使数据处理更加灵活多样。

3）Driver

Driver 是一个可配置的中间件，它在系统中扮演着重要的角色，负责将 HiveQL 解析（编译、优化、执行）为一个 MapReduce 任务，并提交到 Hadoop 集群，最终将 Hive 的数据存储在 HDFS 上。同时，它还负责调用编译器和优化器，对查询语句进行优化，以提高数据处理效率。

4）MetaStore Server

MetaStore Server 是 Hive 中的一个元数据服务。元数据（MetaData）是指数据的各项属性，例如数据的类型、结构、数据库、表信息等。

MetaStore 是 Hive 中的一个元数据服务，用于管理 Hive 的元数据，包括表名、表所属的数据库（默认为 default）、表的拥有者、列 / 分区字段、表的类型（是否为外部表）、表的数据所在目录等。

Hive 元数据默认存储在自带的 Derby 数据库中，但一般推荐使用 MySQL 存储 MetaStore。所有客户端都要通过 MetaStore Server 来访问存储在关系型数据库中的元数据。

元数据对于 Hive 十分重要，因此 Hive 支持把 MetaStore 服务独立出来，安装到远程的服务器集群中，从而解耦 Hive 服务和 MetaStore 服务，保证 Hive 运行的稳健性。

5）MapReduce 框架

MapReduce 框架是 Hadoop 的核心，允许系统并行处理大量数据。MapReduce 通过将计算任务分解为多个子任务，并在集群中的多个节点上并行执行，大大提高了数据处理的速度和效率。

5. Hive 数据模型

Hive 中所有数据都存储在 HDFS 中，根据对数据的划分粒度，Hive 包含以下数据类型：数据库、表（Table）、分区（Partition）和桶（Bucket）。从表到分区再到桶，对数据的划分粒度越来越小，其模型如图 8-2 所示。

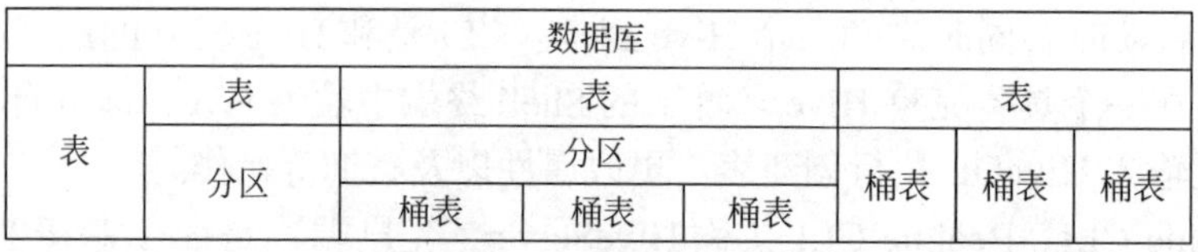

<table>
<tr><td colspan="8">数据库</td></tr>
<tr><td rowspan="3">表</td><td>表</td><td colspan="3">表</td><td colspan="3">表</td></tr>
<tr><td rowspan="2">分区</td><td colspan="3">分区</td><td rowspan="2">桶表</td><td rowspan="2">桶表</td><td rowspan="2">桶表</td></tr>
<tr><td>桶表</td><td>桶表</td><td>桶表</td></tr>
</table>

图 8-2　Hive 数据模型

下面对 Hive 数据模型中的数据类型进行介绍。

1）数据库

相当于关系型数据库中的命名空间（Namespace），它的作用是将用户和数据库的应用，隔离到不同的数据库或者模式中。

2）表

Hive 的表在逻辑上由存储的数据和描述表数据形式的相关元数据组成，表存储的数据储存在 HDFS 上，Hive 中的表分为内部表和外部表。

（1）内部表。Hive 默认创建的表都是内部表，内部表的数据存储在 Hive 数据仓库中，数据仓库默认位于 HDFS 的 /user/hive/warehouse 目录中，每一个表在该数据仓库目录下都拥有一个对应的子目录。当删除一个内部表时，Hive 会同时删除这个数据目录。内部表不适合与其他工具共享数据。

（2）外部表。外部表的数据可以存放在 Hive 数据仓库外的分布式文件系统中，也可以存储在 Hive 数据仓库中。

Hive 创建外部表时，需要指定数据读取的目录，外部表仅记录数据所在的路径，不对数据的位置做任何改变，而内部表在创建时就将数据存放到默认路径下。当删除内部表时，会将数据和元数据全部删除。而对外部表只删除元数据，数据文件不会被删除。

外部表和内部表在元数据的组织上是相同的，外部表加载数据和创建表同时完成，并不会将数据移动到数据仓库目录中。

3）分区和分区表

Hive 可以使用关键字 PARTITIONED BY 对一张表进行分区操作。可以根据某一列的值将表分为多个分区。分区列不是表里的某个字段，而是独立的列，根据这个列查询存储表中的数据文件。查询数据时，根据 WHERE 条件，Hive 只查询指定的分区而不需要进行全表扫描，从而可以加快数据的查询速度。

在 HDFS 文件系统中，每一个分区对应数据仓库中的一个目录（相当于根据列的值对表数据进行分目录存储），分区实际上只是在表目录下嵌套的子目录，这个子目录的名字就是定义的分区列的名字。

内部表、外部表都可以使用分区。分区分为静态分区和动态分区，在创建表时都需要规定分区字段。不同的是，静态分区要手动指定分区标识，动态分区可按插入的数据自动生成分区标识。

4）桶和分桶表

在 Hive 中，可以将表或者分区进一步细分为桶，桶是对数据进行更细粒度的划分，以获得更高的查询效率。分桶操作可在内部表、外部表、分区表上进行。

分桶就是将同一目录下的一个文件拆分成多个文件，每个文件包含一部分数据。这样做的目的是方便获取值，提高检索效率。分区产生不同存储路径，分桶产生不同数据文件。分区提供了一种隔离数据和优化查询的便利方式，但并非所有数据集都可形成合理的分区。分桶是将数据集分解成更容易管理的若干部分的另一种技术。经过分桶的表被称为分桶表。

在创建表时，需要指定分桶的列以及桶的数量。当添加数据时，Hive 将对分桶列的值进行哈希计算，并用结果除以桶的个数，取余数。然后根据余数将数据分配到不同的桶中（每个桶都有自己的编号，编号从 0 开始。余数为 0 的行数据被分配到编号为 0 的桶中，余数为 1 的行数据被分配到编号为 1 的桶中，以此类推）。这样，可以尽可能地将数据平均分配到各个桶中。

查询时可对查询条件值执行同样的哈希函数运算，得到一个哈希值，这样就可以快速定位到某个桶，而不用进行全量数据扫描，因为那样会降低 Hive 的查询速度。

简而言之，表（内部表、外部表）是基本形式，分区和桶都是按某种规则将表进一步拆分以提高查询效率的手段。

6. Hive 数据类型

Hive 支持多种数据类型，主要包括基本类型和复杂类型。

1）基本类型

Hive 基本数据类型与大多数关系型数据库中的数据类型相同，包括数值型、布尔型、字符串型、日期类型、二进制类型等。

2）复杂类型

除了基本数据类型，Hive 还提供了 Array、Map、Struct 3 种复杂类型。这几个数据类型也被称为集合类型。集合类型是指该字段可以包含多个值，有时也被称为集合数据类型。

（1）Array：数组类型，可以包含相同类型的多个元素。

（2）Map：映射类型，包含一组键值对，键和值可以是任意类型。

（3）Struct：结构体类型，可以包含多个字段，每个字段可以使用不同类型。

这些数据类型使 Hive 能够存储和处理各种类型的数据，满足各种应用场景的需求。在实际应用中，用户可以根据需要选择适当的数据类型来存储和分析数据。

7. Hive 典型应用

Hive 可用于金融、电商、媒体、物流和医疗行业的大数据分析、数据仓库、日志分析、商业智能和数据挖掘等多个领域。

1）金融行业

Hive 在金融行业的应用非常广泛，可以用于风险管理、客户分析、欺诈检测等领域。金融机构可以利用 Hive 处理和分析大量交易数据、客户行为数据等，以更准确地评估风险、理解客户需求和发现潜在的欺诈行为。

2）电商行业

在电商领域，Hive 可用于用户行为分析、推荐系统、广告投放等。通过分析用户的浏览、购买、评价等行为数据，电商企业可以更好地理解用户需求，优化产品推荐和广告投放策略，提高销售效率。

3）媒体行业

Hive 在媒体行业中的应用主要体现在内容分析、用户画像、个性化推荐等方面。媒体企业可以利用 Hive 分析用户的阅读习惯、喜好等信息，为用户推荐更精准的内容，提高用户体验和黏性。

4）物流行业

在物流领域，Hive 可以应用于路线规划、货物跟踪、库存管理等方面。通过分析历史运输数据、车辆调度数据等，物流企业可以优化运输路线、提高运输效率，降低物流成本。

5）医疗行业

Hive 在医疗行业中的应用包括患者数据分析、医疗资源管理、疾病预测等。医疗机构可以利用 Hive 分析患者的病历数据、医疗影像数据等，为患者提供更准确的诊断和治疗方案，提高医疗服务质量。

任务 8.2 Hive 安装部署

Hive 安装部署

■ 任务描述

通过学习本任务，读者需要独立完成 Hive 的安装和部署工作，确保 Hive 服务能够正常运行，能够根据日志文件解决常见的安装和部署问题，从而为后续的学习和实践操作提供稳定的 Hive 环境。

知识学习

在 Hive 安装和部署前需要了解的关键知识点。

1. Hive 部署模式

根据元数据 MetaStore 存储位置的不同，Hive 的安装模式分为内嵌模式、本地模式和远程模式三种。

1）内嵌模式

在内嵌模式中，使用内嵌 Derby 数据库存储元数据，这是 Hive 的默认安装方式。

Hive 服务和 MetaStore 服务在同一个 JVM 中，一次只能连接一个客户端，适合用来测试，不适合生产环境。

2）本地模式

本地模式是 MetaStore 的默认模式，Hive 服务和 MetaStore 服务仍在同一个 JVM 中，本地模式不使用 Derby 数据库，而是使用 MySQL 数据库来存储 MetaStore。

3）远程模式

在远程模式中，MetaStore 服务分离出来成为一个独立的服务，而不是和 Hive 服务运行在同一个 JVM 上，MetaStore 服务可以部署多个，以提高数据仓库的可用性。

2. Hive 日志和故障排除

（1）Hive 的日志文件地址通常可以在 Hive 的配置文件 hive-site.xml 中找到，根据配置文件中的日志文件地址，可以在文件系统中找到 Hive 的日志文件。这些文件可能存储在集群的某个特定节点上，如 Hive 的主节点或数据节点上。

（2）对于大量日志文件，可以使用日志分析工具（如 ELK stack）更高效地查看和分析日志。

（3）如果 Hive 作业是在 Yarn 上运行的，使用 Yarn 命令获取作业的执行日志。

（4）如果遇到性能问题，考虑优化查询、增加硬件资源或调整 Hive 的配置参数。

完成本任务，读者能够更顺利地进行 Hive 的安装和部署工作，并能够解决一些常见的问题。实际操作前要仔细阅读官方文档和相关资料，以获得更详细的指导和帮助。

任务实施

步骤 1　安装和设置 MySQL

本书采用本地模式部署，计划在之前的 master 机器上安装 MySQL 和 Hive。Hive 创建的表统一存储在 MySQL 数据库 hive_db 的 TBLS 表中。

1. 上传 MySQL 安装包

执行以下命令，新建 mysql-5.7.18 目录，用于存放 rpm 文件：

```
[root@master ~]# cd /opt/software
[root@master software]# mkdir mysql-5.7.18
[root@master software]# cd mysql-5.7.18
```

在此目录下上传以下内容：

```
mysql-community-client-5.7.18-1.el7.x86 64.rpm
mysql-community-common-5.7.18-1.el7.x86_64.rpm
mysql-community-devel-5.7.18-1.el7.x86_64.rpm
mysql-community-libs-5.7.18-1.el7.x86_64.rpm
mysql-community-server-5.7.18-1.el7.x8664.rpm
```

2. 安装 MySQL

1）卸载 MariaDB 数据库

执行以下命令，查看已安装的 mariadb，然后将其卸载：

```
[root@master mysql-5.7.18]# rpm -qa | grep mariadb
mariadb-libs-5.5.64-1.el7.x86
[root@master mysql-5.7.18]# rpm -e --nodeps mariadb-libs-5.5.64-1.el7.x86_64
```

rmp 是 Linux 用于管理安装包的命令，包含以下参数：

- rpm -qa：列出所有已安装软件包；
- rpm -e --nodeps packagename：强制删除软件包和依赖包；
- rpm -ivh packagename：安装软件包。

2）安装 MySQL

按照以下安装顺序安装 MySQL：

```
[root@master mysql-5.7.18]# rpm -ivh mysql-community-common-5.7.18-1.el7.x86_64.rpm
[root@master mysql-5.7.18]# rpm -ivh mysql-community-libs-5.7.18-1.el7.x86_64.rpm
[root@master mysql-5.7.18]# rpm -ivh mysql-community-client-5.7.18-1.el7.x86_64.rpm
[root@master mysql-5.7.18]# rpm -ivh mysql-community-server-5.7.18-1.el7.x86_64.rpm
```

安装完毕，可以通过执行以下命令查看 MySQL 的安装情况：

```
[root@master mysql-5.7.18]# rpm -qa | grep mysql
mysql-community-Libs-5.7.18-1.el7.x86_64
mysql-community-server-5.7.18-1.el7.x86_64
mysql-community-common-5.7.18-1.el7.x86_64
mysql-community-client-5.7.18-1.el7.x86_64
```

3. 设置 MySQL

1）修改 my.cnf 文件

在 MySQL 中，my.cnf 是 MySQL 服务器的配置文件，在 my.cnf 文件中添加以下信息：

```
[root@master mysql-5.7.18]# vim /etc/my.cnf
```

在末尾添加：

```
default-storage-engine=innodb
innodb_file_per_table
collation-server=utf8_general_ci
init-connect='SET NAMES utf8'
character-set-server=utf8
```

2）启动 MySQL 服务并查看其状态

执行以下命令，启动 MySQL 服务，然后查看其状态：

```
[root@master mysql-5.7.18]# systemctl start mysqld
[root@master mysql-5.7.18]# systemctl enable mysqld

[root@master mysql-5.7.18]# systemctl status mysqld
mysqld.service - MySQL Server
Loaded: Loaded(/usr/lib/systemd/system/mysald.service;enabled; vendor
preset: disabled)
Active:active(running)since 三 2022-12-2816:14:26 CST; 3s ago
Docs:man:mysqld(8)
```

3）重新设定密码和相关配置

执行以下命令，查看安装时的 MySQL 初始密码：

```
[root@master mysql-5.7.18]# cat /var/log/mysqld.log | grep password
```

使用上面的密码登录后重新设置密码：将允许远程连接设定为n，表示允许远程连接，其他设定为 y。

```
[root@master mysql-5.7.18]# mysql_secure installation
Securing the MySQL server deployment.
Enter password for user root:     # 输入上一步随机生成的密码
The existing password for the user account root has expired. Please set
a new password                    # 输入新密码：Password123$
New password:
Re-enter new password:            # 再次输入 Password123$
The 'validate password' plugin is installed on the server.
The subsequent steps will run with the existing conflguration
of the plugin.
Using existing password for root.
Change the password for root ?(Press y|Y for Yes, any other key for No)
                                  # 输入 y
New password:
Re-enter new password:            # 输入两次 Password123$
Estimated strength of the password:100
Do you wish to continue with the password provided?(Press y|Y for Yes,
any other key for No):            # 输入 y
By default, a MySQL installation has an anonymous user,
allowing anyone to log into MySQL without hiving to hive
a user account created for them. This is intended only for
Testing and to make the installation go a bit smoother.
You should remove them before moving into a production
environment.
Remove anonymous users? (Press y|Y for Yes, any other key for No)
                                  # 输入 y
Success.
Normally, root should only be allowed to connect from
'localhost'. This ensures that someone can not guess at
```

```
Disallow root login remotely? (Press y|Y for Yes, any other key for No):
                                # 输入 n
... skipping.
By default, MySQL comes with a database named 'test' that
anyone can access. This is also intended only for testing
and should be removed before moving into a production
environment .
Remove test database and access to it? (Press y|Y for Yes,any other any
other key for No):              # 输入 y
-Dropping test database...
Success.
-Removing privileges on test database ..
Success .
Reloading the privilege tables will ensure that all changes
made so far will take effect immediately.
Reload privilege tables now? (Press y|Y for Yes, any other key for No):
                                # 输入 y
Success.
All done!
```

4）设置 MySQL 远程访问

赋予 root 用户在集群内任何节点上都有对 MySQL 进行操作的权限，命令如下：

```
[root@master mysql-5.7.18]# mysql -uroot -pPassword123$
mysql>grant all privileges on *.* to  root@'%'  identified by 'Password123$'
with grant option;
mysql>flush privileges;
```

上述代码中出现的权限说明如下：

- *.*：表示所有数据库的所有权限；
- %：来自所有 IP；
- with grant option：用户可以将 select、update 权限传递给其他用户；
- flush privileges：刷新 MySQL 的系统权限相关表。

步骤 2 本地模式部署 Hive

由于 Hive 基于 Hadoop，因此安装 Hive 之前要先安装好 Hadoop。Hive 只需要在 Hadoop 集群的其中一个节点上安装，不需要搭建 Hive 集群。

1. 下载安装包

到 Hive 官网下载 apache-hive-2.3.4-bin.tar.gz 安装包。

2. 上传安装包

在 master 节点中，执行以下命令，上传安装文件到操作系统的 /opt/software/ 目录中：

```
[root@master ~]# cd /opt/software/
[root@master software]# rz
```

输入 rz 命令后，选择上传 apache-hive-2.3.4-bin.tar.gz 文件，然后使用以下命令查看：

```
[root@master software]# ll
```

运行结果如下：

```
总用量 421328
-rw-r--r--. 1 root root 218720521  9月  28 2022 hadoop-2.7.7.tar.gz
-rw-r--r--. 1 root root 195013152 10月   1 2022 jdk-8u212-linux-x64.tar.gz
-rw-r--r--. 1 root root  17699306  9月  28 2022 zookeeper-3.4.6.tar.gz
-rw-r--r--. 1 root root 232234292  9月  28 2022 apache-hive-2.3.4-bin.tar.gz
```

3. 解压并重命名

在 master 节点中，执行以下命令，将 Hive 安装包解压到 /opt/modules/ 目录中，修改解压后的目录名为 hive，然后使用以下命令查看：

```
[root@master software]# tar -zxvf apache-hive-2.3.4-bin.tar.gz -C
/opt/modules/
[root@master software]# cd  /opt/modules
[root@master src]# mv  apache-hive-2.3.4-bin  hive
[root@master modules]# ll
```

运行结果如下：

```
总用量 4
drwxr-xr-x. 11 root root  173 12月 27 21:27 hadoop
drwxr-xr-x.  7 root root  245  4月  2 2019 java
drwxr-xr-x. 12 root root 4096 12月 27 21:36 zookeeper
drwxr-xr-x. 10 root root  184 12月 28 2022 hive
```

4. 配置环境变量

为了方便后续操作，可以对 Hive 的环境变量进行配置，命令如下：

```
[root@master modules]# cd
[root@master ~]# vim /etc/profile
```

加入：

```
export HIVE_HOME=/opt/modules/hive
export PATH=$HIVE_HOME/bin:$PATH
```

在文件末尾加入以下内容：

```
export HIVE_HOME=/opt/modules/hive
export PATH=$HIVE_HOME/bin:$PATH
```

执行以下命令，刷新 profile 文件，使修改生效：

```
[root@master ~]# source /etc/profile
```

5. 配置 Hive

1）上传 MySQL 驱动包

执行以下命令，将 Hive 连接 MySQL 的驱动器文件 mysql-connector-java-5.1.46.jar 上传到 Hive 安装目录的 lib 目录中：

```
[root@master ~]# cp /opt/software/mysql-connector-java-5.1.46.jar /opt/modules/
hive/lib/
```

2）修改 Hive 配置文件

Hive 的配置文件主要位于 Hive 安装目录下的 conf 文件夹中。这些配置文件包含了 Hive 运行所需的各种设置和参数。

（1）配置 hive-env.sh 文件。hive-env.sh 是 Apache Hive 项目中的一个脚本文件，用于设置 Hive 运行所需的环境变量，命令如下：

```
[root@master ~]# cd  /opt/modules/hive/conf/
[root@master conf]# cp  hive-env.sh.template  hive-env.sh
[root@master conf]# vim hive-env.sh
```

添加内容：

```
export HADOOP_HOME=/opt/modules/hadoop
```

（2）配置 hive-site.xml 文件。hive-site.xml 文件包含 Hive 的主要配置信息，如元数据存储的位置、Hadoop 集群的地址等。如果选择使用 MySQL 作为 Hive 的元数据存储，那么还需要在 hive-site.xml 中配置 MySQL 的连接信息，如 MySQL 的地址、端口、用户名、密码等，具体命令如下：

```
[root@master conf]# vim hive-site.sh
  <configuration>
    <!--1. 配置 MySQL 连接地址、连接数据库 -->
    <property>
      <name>javax.jdo.option.ConnectionURL</name>
      <value>jdbc:mysql://master:3306/hive_db?</value>
    </property>
    <!--2. 配置 MySQL 的驱动类 -->
    <property>
      <name>javax.jdo.option.ConnectionDriverName</name>
      <value>com.mysql.jdbc.Driver</value>
    </property>
    <!--3. MySQL 用户 root-->
    <property>
      <name>javax.jdo.option.ConnectionUserName</name>
      <value>root</value>
    </property>
    <!--4. root 用户密码 -->
    <property>
```

```
    <name>javax.jdo.option.ConnectionPassword</name>
    <value>Password123$</value>
  </property>
  <!--5. 在 Hive 提示符中包含当前数据库 -->
  <property>
    <name>hive.cli.print.current.db</name>
    <value>true</value>
  </property>
  <!--6. 在输出中打印列名 -->
  <property>
    <name>hive.cli.print.header</name>
    <value>true</value>
  </property>
</configuration>
```

（3）初始化元数据。执行以下命令，初始化 Hive 在 MySQL 中的元数据信息，当显示 schemaTool completed 时，表明初始化成功，也就是 Hive 与 MySQL 建立了连接。

```
[root@master ~]# schematool -dbType mysql -initSchema
```

（4）查看 MySQL 下的 hive_db 数据库。初始化完成后，可以看到在 master 节点的 MySQL 数据库中多了一个 hive_db 数据库，里面生成了 55 张表。

```
[root@master ~]# mysql -uroot -pPassword123$
mysql> use hive_db;
mysql> show tables;
```

注意：如果需要重新初始化，则需要先删除元数据库 hive_db 中的所有表，否则初始化失败。

6. 测试

1）启动 hive

由于 Hive 会用到 Hadoop 的 HDFS 和 Yarn，因此要启动 Hadoop 集群。在任意目录执行 hive 命令，进入 Hive CLI 命令行模式，可以看到有一个默认的数据库 default。

```
[root@master ~]# hive
lications not using SSL the verifyServercertificate property is set to 'false',
You need either to explicitly disable SSL by setting useSSLefalse or set
use5SL=true and provide truststore for server certificate verification.
Hive-on-MR is deprecated in Hive 2 and may not be avoiloble in the future
versions. Consider using a different execution engine (i.e, spark, ter)
or using Hive 1.Xreleases.
hive (default) >
```

2）创建新表并验证 MySQL

在 Hive 中创建表 t_user，数据默认存储位置为 /user/hive/warehouse/ 中，具体命令如下：

```
hive(default)> show databases;
hive(default)> create database test;
hive(default)> use test;
hive(test)> create table t_user(id int, name string);
hive(test)> insert into  t_user values(1000, 'xiaoming');
hive(test)> show select * from t_user;
```

执行以下命令查看数据仓库目录，可以看到在数据仓库目录下的 test.db 文件夹下生成了一个 t_user 文件夹，表 t_user 的数据存放在该目录中。

```
[root@master conf]# hadoop fs -ls -R /user/hive/warehouse
drwxrwxr-x - root supergroup 2022-12-28  17:20 /user/hive/warehouse/test.db
drwxrwxr-x - root supergroup 02022-12-28 17:20 /user/hive/warehouse/test.
db/t_user
-rwxrwxr-x 2 root supergroup 14 2022-12-28 17:20 /user/hive/warehouse/
test.db/t_user /000000
```

打开 MySQL 数据库，执行以下命令查看 hive_db 数据库，此时需要注意的是，Hive 创建的表统一存储在 hive_db 数据库 TBLS 表中。创建表存在，表明基于 MySQL 存储元数据的 Hive 组件搭建完毕。

```
mysql> use hive_db;
mysql> desc TBLS;
mysql> select TBL_ID,DB_ID,TBL_NAME from TBLS;
```

显示以下信息：

```
+--------+-------+----------+
| TBL_ID | DB_ID | TBL_NAME |
+--------+-------+----------+
| 1 | 6 | t_user |
+--------+-------+----------+
1 row in set (0.00 sec)
```

步骤 3　远程访问 Hive

远程模式分为服务端和客户端两部分，服务器的配置与本地模式相同，客户端需要单独配置。以 master 节点作为 Hive 的服务端，slave1 节点作为 Hive 的客户端，实现在远程模式下使用 Beeline CLI。Beeline CLI 需要与 HiveServer2 服务一起使用。

1. 修改用户权限

使用 Beeline CLI 连接 Hive，需要在 Hadoop 中为 Hive 开通代理用户访问权限。在 master 节点修改 Hadoop 配置文件 core-site.xml，添加以下内容：

```
[root@master ~]# vim /opt/modules/hadoop/etc/hadoop/core-site.xml
<configuration>
  <property>
```

```
      <name>hadoop.proxyuser.root.hosts</name>
      <value>*</value>
    </property>
    <property>
      <name>hadoop.proxyuser.root.groups</name>
      <value>*</value>
    </property>
</configuration>
```

在上述配置属性中，hadoop.proxyuser 后面跟的是 Hadoop 集群的代理用户名，用户名为 root。hosts 属性配置为 *，表示在 Hadoop 集群下的所有节点上都可以使用 root 用户访问 Hive。groups 属性配置为 *，表示所有组。

2. 添加远程访问节点 slave1

假设由 slave1 节点远程访问 master 节点上的 Hive 数据，需要在 slave1 节点上添加 Hive 组件。从 master 节点复制该组件即可，具体命令如下：

```
[root@master ~]# scp -r /opt/modules/hive slave1:/opt/modules/
[root@master ~]# scp /etc/profile slave1:/etc/
[root@ slave1 ~]# source /etc/profile
```

经过配置后，就可以使用 root 用户在 Beeline CLI 中连接 Hive 了。

3. 启动 HiveServer2 服务

在 master 节点上执行以下命令，启动 HiveServer2 服务。符号 & 代表使服务在后台运行。等待时间较长，在此过程中不要关闭此页面。

```
[root@master ~]# hiveserver2 &
```

启动 HiveServer2 服务后，就可以通过访问默认端口 10002 查看 HiveServer2 的 Web UI。通过浏览器访问网址 http://master:10002 即可出现图 8-3 所示的 Web 界面，该界面显示了当前连接的会话，包括 IP、用户名、当前执行的操作数量、会话连接总时长和空闲时长。

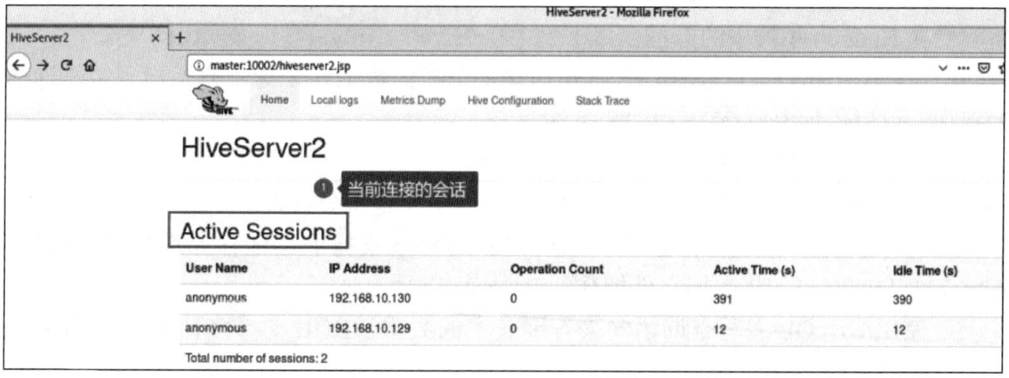

图 8-3 HiveServer2 Web 界面

4. Beeline CLI 连接 HiveServer2 服务

执行以下命令，在启动 Beeline CLI 时直接连接 HiveServer2 服务，连接的主机名为 master，端口默认为 10000。执行连接操作的用户名为 root。

```
[root@slave1 ~]# beeline  -u  jdbc:hive2://master:10000 -n  root
```

连接成功后，会出现以下提示符：

```
0: jdbc:hive2://master:10000>
```

接下来就可以在 Beeline CLI 界面执行 HQL 语句了，例如，查看数据库列表。

```
0: jdbc:hive2://master:10000> show databases;
+-----------------+--+
| database_name |
+-----------------+--+
| default |
| hive_test_db |
+-----------------+--+
```

Hive 操作

任务 8.3 Hive 操作

任务描述

Hive 的基本操作涵盖了数据库、表、分区以及数据的加载、查询等多个方面。本任务需要读者了解 Hive 常用命令，独立完成 Hive 的基本操作。

知识学习

Hive 是一个基于 Hadoop 的数据仓库工具，允许用户使用 SQL 语言（HQL）查询和分析存储在 Hadoop 集群中的数据。以下是关于 Hive 操作的一些基础知识学习。

（1）使用 CREATE DATABASE 语句创建一个新的数据库，为了避免出现数据库已存在的错误，可以添加 IF NOT EXISTS 条件。

（2）使用 CREATE TABLE 语句定义表结构。

（3）创建分区表时，使用 PARTITIONED BY 子句定义分区键。

（4）Hive 支持从本地文件系统、HDFS 或 Hadoop 支持的其他存储系统中加载数据，使用 LOAD DATA 语句将数据文件加载到 Hive 表中。

（5）使用 HiveQL 编写查询语句来查询表中的数据，HQL 支持多种 SQL 函数和操作符，可以满足复杂的查询需求。

（6）使用 DROP TABLE 语句删除表及其数据，使用 DROP DATABASE 语句删除数据库及其所有表和数据（请谨慎使用）。

（7）HQL 支持其他高级功能，如索引、视图、连接操作等。

任务实施

步骤 1　数据库操作

1. 创建数据库

1）在 Hive 中创建数据库

执行以下命令，进入 Hive 客户端，使用 HQL 语句创建 school 数据库：

```
[root@master ~]# hive
hive (default)> create database school;
hive (default)> show databases;
```

2）HDFS 查看

数据默认存储在 HDFS 数据仓库的 /user/hive/warehouse/ 目录中，命令如下：

```
[root@master ~]# hadoop fs -ls /user/hive/warehouse
Found 1 items
drwxrwxr-x - root supergroup 0 2023-12-29 04:36 /user/hive/warehouse/
school.db
```

2. 删除数据库

如果数据库中没有表，执行以下命令删除：

```
hive (school)> drop database school;
```

如果数据库中存在表，执行以下命令删除：

```
hive (school)> drop database test cascade;
```

步骤 2　Hive 表操作

Hive 的表由实际存储的数据和元数据组成。实际数据一般存储在 HDFS 中，元数据一般存储在关系型数据库中。Hive 中的表分为内部表、外部表、分区表和分桶表。

1. 内部表

Hive 中默认创建的普通表被称为内部表。内部表的数据由 Hive 进行管理，默认存储在数据仓库目录 /user/hive/ware house 中。

1）创建内部表

执行以下命令，在数据库 test 中创建内部表 score，表字段分隔符为逗号：

```
hive>create database test;
```

```
hive>use test;
hive (test) > create table score(no int,name string,score int)
> row format delimited fields terminated by ',';
```

2）查看表结构

执行以下命令，查看 Hive 表的结构：

```
hive (test)> desc score;
```

3）查看详细表结构

执行以下命令，查看 Hive 表的详细结构：

```
hive (test)> desc formatted score;
OK
col_ name data type comment
# col name data_type comment
no int
name string
score int
# DetaiLed Table Information
Database: test
Owner: hadoop
CreateTime: Sat Oct 2910:49:21 CST 2022
LastAccessTime: UNKNOWN
Retention: 0
Location: hdfs://master:9000/user/hive/warehouse/test.db/scoreTabLe Type:
MANAGED TABLE
```

4）插入数据

执行以下命令，将数据插入 score 表，在数据仓库中查看内容：

```
hive (test)> insert into score values(1000,'zhangsan',90);
[root@master ~]# hadoop fs -ls /user/hive/warehouse/test.db/score
[root@master ~]# hadoop fs -cat /user/hive/warehouse/test.db/score/000000_0
```

5）将本地文件导入 score 表

（1）在 table 目录中新建 score.txt 文件，具体命令如下：

```
[root@master ~]# mkdir table
[root@master ~]# cd table
[root@master table]# vim score.txt
```

写入以下内容，列之间用逗号隔开：

```
1001,zhangsan,89
1002,lisi,84
1003,wangwu,94
```

（2）将数据导入 Hive 的表 score。

```
hive (test)> truncate table score;
hive (test)> load data local inpath > '/root/table/score.txt' into table
score;
```

查看表数据，命令如下：

```
hive (test)> select* from score;
OK
score.no score.name score.score
1001 zhangsan 89
1002 Lisi 84
1003 wangwu 94
```

（3）在 HDFS 上查看 score.txt 中的内容，具体命令如下：

```
[root@master ~]# hadoop fs -ls -R /user/hive/warehouse
[root@master ~]# hadoop fs -cat /user/hive/warehouse/test.db/score/score.txt
hive(test)> select* from score;
OK
score.no score.name score.score
1001 zhangsan 89
1002 Lisi 84
1003 wangwu 94
```

6）删除表

执行以下命令，删除内部表 score：

```
hive(test)> drop table score;
```

执行以下命令，查看数据仓库目录中的 score 表数据，发现该表已被删除：

```
[root@master ~]# hadoop fs -ls -R /user/hive/warehouse
drwxrwxr-x - root supergroup 0 2022-12-28 20:20/user/hive/warehouse/test.db
drwxrwxr-x - root supergroup 2022-12-28 20:21 /user/hive/warehouse/test.db/score
-rwxrwxr-x 2 root supergroup 45 2022-12-28 20:21 /user/hive/warehouse/test.db/
score/score.txt
```

执行以下命令，查看 MySQL 中的 hive_db 数据库，发现 score 表的元数据也已被删除：

```
mysql> use hive_db;
mysql> select *from TBLS;
```

2. 外部表

除了默认的内部表，Hive 也可以使用关键字 external 创建外部表。外部表的数据可以存储在数据仓库之外的位置。

1）创建外部表

在数据库 test 中创建外部表 score，并指定该表在 HDFS 中的存储目录为 /input/hive，表字段分隔符为逗号，具体命令如下：

```
hive>use test;
hive (test)>create external table score(no int,name string, score int)
>row format delimited fields terminated by ','
>location '/input/hive';
```

2）将本地文件导入表

具体命令如下：

```
hive (test)> load data local inpath '/root/table/score.txt' into table score;
```

执行以下命令，在 HDFS 上查看 score.txt 中的内容：

```
[root@master ~]# hadoop fs -ls -R /input/hive
[root@master ~]# hadoop fs -Ls -R /input/hive
-rwxr-xr-x 2 root supergroup 452022-12-28 20:36 input/hive/score.txt
```

3. 分区表

创建分区表的目的是避免暴力扫描，一个分区就是 HDFS 上的一个独立文件夹，一个分区对应数据仓库中的一个目录。

⚠ **注意：** 创建表时指定表的列中不应该包含分区列，分区列需要使用关键词 partitioned by 在后面单独指定。

1）创建分区表 student

在数据库 test 中创建分区表 student，将 age 作为分区列，命令如下：

```
hive> create table student(id int,name string,score int)
> partitioned by (age int)
> row format delimited fields terminated by ',';
```

2）查看表信息

具体命令如下：

```
hive (test)> desc formatted student;
# Detailed Table Information
Database: test
Owner: hadoop
CreateTime: Thu Nov 1012:04:37 CST 2022
LastAccessTime: UNKNOWN
Retention:
Location: hdfs://master:9000/user/hive/warehouse/test.db/studentTable
Type: MANAGED TABLE
```

3）导入数据

将 stu.txt 文件导入表 student，同时指定分区值 age=17，命令如下：

```
hive (test)> load data local inpath "/root/table/score.txt"
> into table student partition(age=17);
```

HDFS 上的 student 目录下生成了 age = 17 的文件夹，该文件夹为表 student 的一个分区，所有年龄为 17 的数据都将存储在该文件夹中，命令如下：

```
[root@master ~]# hadoop fs -ls -R /user/hive/warehouse
drwxrwxr-x - root supergroup 2022-12-28 20:42 /user/hive/warehouse/test.db
drwxrwxr-x - root supergroup 2022-12-28
20:43 /user/hive/warehouse/test.db/student
drwxrwxr-x - root supergroup 2022-12-28 20:43 /user/hive/warehouse/test.db
/student/age=17
-rwxrwxr-x 2 root supergroup 45 2022-12-28 20:43 /user/hive/warehouse/
test.db/student/age=17/score.txt
```

4）查看分区表数据

在表 student 中查询 age = 17 的学生时，Hive 只扫描相关的分区，命令如下：

```
hive (test)> select *from student;
OK
student.id student.name student.score student.age
1000 zhangsan 90 17
1001 Lisi 85 17
1002 wangwu 70 17
Time taken:0.17 seconds,Fetched:3 row(s)
```

5）查看分区

具体命令如下：

```
hive (test)> show partitions student;
OK
partition
age=17
Time taken:0.157 seconds, Fetch 1: 1 row(s)
```

4. 分桶表

分桶表可以将表或者分区进一步细化成桶，是对数据进行更细粒度的划分，以便获得更高的查询效率。桶在数据存储上与分区的不同之处在于，一个分区对应一个目录，数据文件存储在该目录中，而一个桶对应一个文件，数据内容存储在该文件中。

1）创建分桶表

执行以下命令创建表 users，并根据 user_id 进行分桶，桶的数量为 6：

```
hive (test)> create table users (user_id int,name string)
> clustered by(user_id) into 6 buckets
> row format delimited fields terminated by ',';
```

2）向分桶表导入数据

（1）执行以下命令在本地目录 /root/table 中新建 users.txt 文件（逗号分隔）。

```
1001,zhangsan
1002,lisi
1003,wangwu
1004,liugang
1005,xiaoming
1006,xiaohua
1007, feifei
1008,wangfei
1009,doudou
1010,lulu
```

（2）执行以下命令，创建中间表 users_tmp。

```
hive (test)> create table users_tmp (user_id int,name string)
> row format delimited fields terminated by ',';
```

（3）执行以下命令，向中间表 users_tmp 导入数据 user.txt。

```
hive (test)> load data local inpath '/root/table/users.txt' into table
users_tmp;
```

（4）执行以下命令，将中间表 users_tmp 数据导入分桶表 user。

```
hive (test)> insert into table users select user_id,name from users_tmp;
Hadoop job informaton for Stage-1 number of mappers:1;number of reducers:6
2022-10-29 16:47:16,874 Stage-1 map = 0%,reduce=0%
2022-10-29 16:47:25,579 Stage-1 map = 100%, reduce = 0%, Cumulative CPU 1.67 sec
2022-10-29 16:47:42,376 Stage-1 map = 100%, reduce = 11%, Cumulative CPU 2.72 sec
2022-10-29 16:47:45,712 Stage-1 map = 100%, reduce = 17%, Cumulative CPU 3.64 sec
2022-10-29 16:47:47,934 Stage-1 map = 100%, reduce = 50%, Cumulative CPU 7.35 sec
2022-10-29 16:47:53,370 Stage-1 map = 100%, reduce = 72%, Cumulative CPU 10.45 sec
2022-10-29 16:47:56,672 Stage-1 map = 100%, reduce = 83%, Cumulative CPU 12.24 sec
2022-10-29 16:47:58,856 Stage-1 map = 100%, reduce = 100%, Cumulative CPU 14.71 sec
```

users 目录下生成了 6 个文件，编号为 0~5，表 users 的数据均匀地分布在这些文件中。

3）查看数据

执行以下命令查看数据：

```
[root@naster ~]# hadoop fs -ls -R /user/hive/warehouse/test.db/users
-rwxrwxr-x 2 root supergroup 23 2022-12-28 20:55 /user/hive/warehouse/
test.db/users/000000_0
-rwxrwxr-x 2 root supergroup 23 2022-12-28 20:55 /user/hive/warehouse/
test.db/users/000001_0
-rwxrwxr-x 2 root supergroup 23 2022-12-28 20:55 /user/hive/warehouse/
test.db/users/000002_0
```

```
-rwxrwxr-x 2 root supergroup 23 2022-12-28 20:55 /user/hive/warehouse/
test.db/users/000003_0
-rwxrwxr-x 2 root supergroup 23 2022-12-28 20:55 /user/hive/warehouse/
test.db/users/000004_0
-rwxrwxr-x 2 root supergroup 23 2022-12-28 20:55 /user/hive/warehouse/
test.db/users/000005_0
```

步骤 3 Hive 查询

1. 创建表

1）新建 student 表

表 student 包含学号、姓名、班级、身高、体重和成绩信息，具体命令如下：

```
hive (default)>use test
hive (test)>create table student(num int,name string,class string,
body map<string,int>,exam array<string>)
row format delimited fields terminated by '|'
collection items terminated by ','
map keys terminated by ':';
```

2）新建表 lib 和 price

lib 表包含学号和书名信息，具体命令如下：

```
hive (test)> create table lib (num int,book string)
row format delimited fields terminated by '|';
```

price 表包含书名和价格信息，创建命令如下：

```
hive (test)> create table price (book string,price int)
row format delimited fields terminated by '|';
```

2. 批量导入数据

1）将数据上传到 /opt/software 目录

具体命令如下：

```
[root@master software]# ll
总用量 754772
-rw-r--r--.1 root root 232234292 9月 28 20:16 apache-hive-2.3.4-bin.tar.gz
-rw-r--r--.1 root root 218720521 9月 28 20:02 hadoop-2.7.7.tar.gz
-rw-r--r--.1 root root 108176325 8月 13 2020 HBase-1.2.1-bin.tar.gz
-rw-r--r--.1 root root 195013152 10月 1 21:18 jdk-8u212-Linux-x64.tar.gz
-rw-r--r--.1 root root 270 8月 13 20:20 Lib.txt
drwxr-xr-x.2 root root 273 12月 28 16:02 mysql-5.7.18
-rw-r--r--.1 root root 10048 8月 13 20:20 mysql-connector-java-5.1.46.jar
-rw-r--r--.1 root root 206 8月 13 20:20 price.txt
-rw-r--r--.1 root root 8696 8月 13 20:20 student.csv
```

```
-rw-r--r--.1 root root 359 8月 13 20:20 student.txt
-rw-r--r--.1 root root 17699306 9月 28 20:07 zookeeper-3.4.6.tar.gz
```

2）导入数据

具体命令如下：

```
hive (test)> load data local inpath '/opt/software/student.txt' into table
student;
hive (test)> load data local inpath '/opt/software/lib.txt' into table lib;
hive (test)> load data local inpath '/opt/software/price.txt' into table price;
```

使用 Beeline 远程访问 Hive，查看数据（也可使用 Hive 查看），首先启动 HiveServer2 服务。

```
[root@master ~]#  hiveserver2 &
[root@slave1 ~]# beeline -u jdbc:hive2://master:10000 -n root
0: jdbc:hive2://master:10000> use test;
0: jdbc:hive2://master:10000> select*from student;
0: jdbc:hive2://master:10000> select*from lib;
```

3. 查询语句

1）where 语句

使用 where 语句进行查询，命令如下：

```
0: jdbc:hive2://master:10000> select * from student where class = 'grade 4';
student.num  student.name    student.class  student.body  student.exam
20200104     Shelley grade 4 {"height":170,"weight":61}   ["63","79"]
20200107     WangWu  grade 4 {"height":170,"weight":61}   ["0","71"]
0: jdbc:hive2://master:10000> select * from student where exam[0] = 96
or exam[1]=77;
student.num  student.name    student.class  student.body  student.exam
20200102     Michael grade 1 {"height":170,"weight":61}   ["81","77"]
20200103     Will    grade 3 {"height":170,"weight":61}   ["66","77"]
20200105     Lucy    grade 5 {"height":170,"weight":61}   ["96","72"]
```

2）all 和 distinct 语句

SQL 对查询结果相同的行的处理方式：all 返回所有行（默认），distinct 返回所有不重复的行，具体命令如下：

```
hive(test)> select class from student;
hive(test)> select distinct class from student;
```

3）group by 与 having 语句

group by 是对列进行分组查询，常和聚合函数一起使用，可以统计出某个或某些字段在分组中的最大值、最小值、平均值等。

group by 和 having 一起使用，可以过滤分组统计之后的数据，具体命令如下：

```
hive (test)>select class ,count(*)  as num  from student group by class;
Class num
grade 1 1
grade 2 3
grade 3 1
grade 4 2
grade 5 1
hive (test)> select class ,count(*) num from student group by class having
num >=2;
```

4）limit 限制语句与 union 联合

limit 限制查询的说明范围，当进行大数据查询时，需要限制显示的行数。Union 将多个 select 结果的并集展示出来，可以多表联动，具体命令如下：

```
hive (test)>  select * from student limit 2,4;
hive (test)> select class from student union select num from student;
```

5）order by 排序与 sort by 排序

order by 为全局排序，后面可以有多列进行排序，默认按字典排序。对于大规模数据集，order by 的效率非常低。在很多情况下，并不需要进行全局排序，此时可以使用 sort by。

当遇到大规模数据时，sort by 可以通过修改 reducer 的数量，为每个 reducer 产生一个排序文件。每个 reducer 内部会进行排序，而 order by 只调用一个 reducer 进行计算，具体命令如下：

```
hive (test)> set mapreduce.job.reduces=3;
hive (test)> select * from student sort by exam[0];
student.num  student.name    student.class  student.body  student.exam
20200107     WangWu   grade 4 {"height":170,"weight":61}   ["0","71"]
20200117     LiSi     grade 2 {"height":170,"weight":61}   ["55","70"]
20200104     Shelley grade 4 {"height":170,"weight":61}   ["63","79"]
20200103     Will     grade 3 {"height":170,"weight":61}   ["66","77"]
20200102     Michael grade 1 {"height":170,"weight":61}   ["81","77"]
20200106     ZhangSan grade 2 {"height":170,"weight":61}  ["85","63"]
20200105     Lucy     grade 5 {"height":170,"weight":61}   ["96","72"]
hive (test)> select * from student order by exam[0];
student.num  student.name    student.class  student.body  student.exam
20200107     WangWu   grade 4 {"height":170,"weight":61}   ["0","71"]
20200117     LiSi     grade 2 {"height":170,"weight":61}   ["55","70"]
20200104     Shelley grade 4 {"height":170,"weight":61}   ["63","79"]
20200103     Will     grade 3 {"height":170,"weight":61}   ["66","77"]
20200102     Michael grade 1 {"height":170,"weight":61}   ["81","77"]
20200106     ZhangSan  grade 2 {"height":170,"weight":61} ["85","63"]
20200105     Lucy     grade 5 {"height":170,"weight":61}   ["96","72"]
```

6）join 多表查询

join 可以连接多个表进行联合查询。连接 n 个表，至少需要 n-1 个连接条件，例如，连接 3 个表，至少需要两个连接条件。本例中有 2 个表：学生表具有学号 num；图书馆表具有学号以及借书名称（查询哪些学生借过书），具体命令如下：

```
hive (test)> select student.num,student.name, lib.num,lib.book from
student join lib on student.num =lib.num;
student.num     student.name    lib.num     lib.book
20200102        Michael         20200102    War and Peace
20200102        Michael         20200102    Chronicles
20200102        Michael         20200102    Hadoop
20200104        Shelley         20200104    Math
20200104        Shelley         20200104    how to use hive?
20200104        Shelley         20200104    hbase
20200105        Lucy            20200105    Notre Dame DE Paris
20200107        WangWu          20200107    Romance of The Three Kingdoms
20200117        LiSi            20200117    Shuihu Quanchuan
20200117        LiSi            20200117    Feng Menglong
20200117        LiSi            20200117    Waking World Hengyan
```

左连接，查询每个人借的书的名称。区别在于左表的信息全部显示，例如，下图中学号为 20200103 和 20200106 的学生没有借书记录，显示为 NULL，具体命令如下：

```
hive (test)> select student.num,student.name, lib.num,lib.book from
student left outer join lib on student.num =lib.num;
student.num     student.name    lib.num     lib.book
20200102        Michael         20200102    War and Peace
20200102        Michael         20200102    Chronicles
20200102        Michael         20200102    Hadoop
20200103        Will            NULL        NULL
20200104        Shelley         20200104    Math
20200104        Shelley         20200104    how to use hive?
20200104        Shelley         20200104    hbase
20200105        Lucy            20200105    Notre Dame DE Paris
20200106        ZhangSan        NULL        NULL
20200107        WangWu          20200107    Romance of The Three Kingdoms
20200117        LiSi            20200117    Shuihu Quanchuan
20200117        LiSi            20200117    Feng Menglong
20200117        LiSi            20200117    Waking World Hengyan
```

与左连接对应的是右连接，右表全部显示，具体命令如下：

```
hive> select student.num,student.name, lib.num,lib.book from student
right outer join lib on student.num =lib.num;
student.num     student.name    lib.num     lib.book
20200102        Michael         20200102    War and Peace
20200104        Shelley         20200104    Math
20200105        Lucy            20200105    Notre Dame DE Paris
20200107        WangWu          20200107    Romance of The Three Kingdoms
```

```
20200117      LiSi          20200117     Shuihu Quanchuan
20200117      LiSi          20200117     Feng Menglong
20200117      LiSi          20200117     Waking World Hengyan
20200104      Shelley       20200104     how to use hive?
20200104      Shelley       20200104     hbase
20200102      Michael       20200102     Chronicles
20200102      Michael       20200102     Hadoop
```

半连接只显示左表内容，即显示跟连接的右表有关系的左表内容，具体命令如下：

```
hive (test)> select student.num,student.name, lib.num,lib.book,price.price
from student join lib on student.num=lib.num join price on lib.book=
price.book;
student.num   student.name   lib.num    lib.book                price.price
20200102      Michael        20200102   War and Peace           55
20200102      Michael        20200102   Chronicles              22
20200102      Michael        20200102   Hadoop                  45
20200104      Shelley        20200104   Math                    40
20200104      Shelley        20200104   how to use hive?        40
20200104      Shelley        20200104   hbase                   66
20200105      Lucy           20200105   Notre Dame DE Paris     36
20200107      WangWu         20200107   Romance of The Three Kingdoms  22
20200117      LiSi           20200117   Shuihu Quanchuan        202
20200117      LiSi           20200117   Feng Menglong           100
20200117      LiSi           20200117   Waking World Hengyan    40
```

任务 8.4 Hive 和 HBase 整合

■ 任务描述

通过学习本任务，读者能够对 Hive 和 HBase 整合原理、整合步骤、整合意义有一定了解，为进一步实现使用 HiveQL 对 HBase 表进行读写操作打下坚实的理论基础。

知识学习

Hive 和 HBase 整合的主要目标是实现两者之间的无缝数据交互，使 Hive 能够直接访问和操作 HBase 中的数据，从而提供更加高效、灵活的数据处理和分析能力。

1. 整合原理

Hive 通过 HBaseStorageHandler 与 HBase 进行通信，从而获取 Hive 表对应的 HBase 表名、列簇以及列等信息。Hive 访问 HBase 中的数据，实质上是通过 MapReduce 读取

HBase 表数据。

2. 整合意义

通过整合，用户可以利用 Hive 的 SQL 查询能力对 HBase 中的数据进行灵活的分析和挖掘。

（1）Hive 可以直接访问和操作 HBase 中的数据，避免了数据的重复存储和传输，从而提高了数据处理效率。

（2）用户可以利用 Hive 的 SQL 查询能力对 HBase 中的数据进行灵活的分析和挖掘。

（3）整合可以减少系统的复杂性和维护成本，同时降低数据丢失和泄露的风险。

任务实施

步骤 1　前期准备

1. 启动 Hadoop 和 HBase

执行以下命令，启动 Hadoop 和 HBase：

```
[root@master ~]# start-dfs.sh
[root@slave1 ~]# start-yarn.sh
[root@master ~]# start-HBase.sh
```

执行以下命令，进入 HBase：

```
[root@master ~]# HBase shell
```

执行以下命令，新打开一个 CRT 窗口，进入 Hive：

```
[root@master ~]# hive
```

2. 修改 hive-site.xml

执行以下命令，添加 Hive 的 HBase 和 ZooKeeper 依赖包：

```
<property>
    <name>hive.zookeeper.quorum</name>
    <value>master:2181,centos02:2181,centos03:2181</value>
</property>
<!-- 配置依赖的 HBase、ZooKeeper 的 jar 文件 -->
<property>
    <name>hive.aux.jars.path</name>
    <value>
    file:///opt/modules/apache-hive-2.0.0-bin/lib/HBase-common-1.1.1.jar
    file:///opt/modules/apache-hive-2.0.0-bin/lib/HBase-client-1.1.1.jar
    file:///opt/modules/apache-hive-2.0.0-bin/lib/HBase-server-1.1.1.jar
    file:///opt/modules/apache-hive-2.0.0-bin/lib/HBase-hadoop2-compat-
    1.1.1.jar
```

```
    file:///opt/modules/apache-hive-2.0.0-bin/lib/netty-all-4.0.23.Final.jar
    file:///opt/modules/apache-hive-2.0.0-bin/lib/HBase-protocol-1.1.1.jar
    file:///opt/modules/zookeeper-3.4.8/zookeeper-3.4.8.jar
    </value>
</property>
```

步骤 2 整合数据

1. 创建表 Hive 的同时创建 HBase 表

1）新建表

执行以下命令，在 Hive 中创建学生表 hive_student：

```
hive (default)> create table hive_student(id INT,name STRING)
              > stored by 'org.apache.hadoop.hive.HBase.HBaseStorageHandler'
              > with serdeproperties("HBase.columns.mapping"=":key,info:name")
              > tblproperties("HBase.table.name"="hive_student");
```

上述代码中部分参数的含义如下：

- stored by：指定 Hive 和 HBase 通信的工具类 HBaseStorageHandler；
- with serdeproperties：指定 HBase 表和 Hive 表对应的列；
- tblproperties：指定 HBase 的表名为 hive_student。

2）向表中添加数据

执行以下命令，向表中添加数据：

```
hive (default)> insert into hive_student values(1000,'zhangsan');
```

添加成功后，执行以下命令，在 Hive 数据仓库对应的 HDFS 目录中查看数据：

```
[root@master ~]# hadoop fs -ls -R /user/hive/warehouse
```

执行以下命令，查看 HBase 表 hive_student 的数据：

```
HBase(main):004:0> scan 'hive_student'
Row     COLUMN+CELL
1000    column=info:name, timestamp=1536138647025,value=zhangsan
1 row(s) in 1.9000 seconds
```

从查询结果可以看出，在 Hive 中将一条数据添加到了 HBase 中。

2. 修改数据

执行以下命令，修改 HBase 表 hive_student 的数据：

```
HBase(main):005:0> put 'hive_student','1000','info:name','lisi'
Row     COLUMN+CELL
1000    column=info:name, timestamp=1536139648072,value=lisi
1 row(s) in 1.9000 seconds
```

修改成功后，执行以下命令，查看 Hive 表 hive_student 的数据：

```
hive (default)> select*from hive_student;
OK
hive_student.id    hive_student.name
1                   lisi
Time taken:3.210 seconds,Fetched:1 row(s)
```

可以看到，表 hive_student 的数据也已经修改完毕。

3. 停止 HBase

执行以下命令，停止 HBase 集群，再次查看 Hive 表 hive_student 的数据：

```
[root@master ~]# stop-hbase.sh
hive (default)> select*from hive_student;
```

从输出信息可以看出，在 Hive 中只能看到表的元数据信息，无法查看表数据。由此可得出以下结论。

（1）在 Hive 中创建的 HBase 映射表的数据存在于 HBase 中，而不是 Hive 数据仓库中。

（2）HBase 是 Hive 的数据源，可以对 HBase 数据进行查询与统计。

（3）HBase 集群停止，Hive 将查询不到 HBase 中的数据。

（4）通过 HBase 的 put 语句添加一条数据，比 Hive 语句效率高。

◆ 课后练习 ◆

一、单选题

1. Hive 是基于（　　）构建的数据仓库工具。

   A. Hadoop　　B. Spark　　C. Flink　　D. Beam

2. HiveQL 是 Hive 中使用的（　　）查询语言。

   A. 关系型数据库　　B. 类 SQL　　C. NoSQL　　D. 图形数据库

3. Hive 通常用于处理（　　）数据。

   A. 小规模实时　　B. 大规模静态　　C. 关系型数据库　　D. 非结构化

4. 在 Hive 中，（　　）组件用于存储元数据。

   A. HiveServer2　　B. MetaStore　　C. NameNode　　D. DataNode

5. Hive 的表数据通常存储在 Hadoop 的（　　）组件上。

   A. HDFS　　B. Yarn　　C. MapReduce　　D. ZooKeeper

6. Hive 中的 MetaStore 组件负责存储 Hive 表的元数据和（　　）。

   A. 接收和执行 HiveQL 查询　　B. 管理 Hive 表的生命周期

   C. 协调 MapReduce 任务　　D. 监控 DataNode 的健康状态

7. 以下（　　）选项不是 Hive 分区的优点。

   A. 减少数据扫描量　　B. 提高查询速度

   C. 简化数据备份　　D. 提高数据安全性

8. 以下关于 Hive 中桶的说法正确的是（　　）。

A. 一种数据存储格式　　B. 一种分区技术，用于提高查询性能

C. 一种索引技术　　D. 一种数据压缩方法

9. 在 Hive 中，使用关键字（　　）进行表的连接操作。

A. JOIN　　B. UNION　　C. MERGE　　D. COMBINE

10. Hive 可以将 SQL 语句转换为（　　）计算框架的任务进行执行。

A. Spark　　B. MapReduce

C. Flink　　D. Hadoop Streaming

二、多选题

1. Hive 中的表可以分为的类型是（　　）。

A. 内部表　　B. 外部表

C. 分桶表　　D. 分区表

2. 在 Hive 中，关于内部表和外部表，以下说法正确的是（　　）。

A. 创建内部表时，数据会被移动到数据仓库指定的路径

B. 创建外部表时，Hive 仅记录数据所在的路径，不对数据位置做任何改变

C. 删除内部表时，会同时删除表的元数据和数据

D. 删除外部表时，只会删除元数据，不会删除数据

3. Hive 支持的数据导入方式有（　　）。

A. LOAD DATA 语句

B. INSERT INTO 语句

C. 外部表映射

D. 直接复制数据文件到 Hive 表对应的 HDFS 目录

4. Hive 中的分区表的优点有（　　）。

A. 提高查询性能　　B. 减少数据扫描量

C. 便于数据管理和维护　　D. 支持数据的实时更新

5. Hive 在大数据生态系统中的定位是（　　）。

A. 数据分析工具　　B. 数据仓库

C. 实时数据处理　　D. 数据流处理

数据迁移工具 Sqoop

导读

Apache Sqoop 是一个开源工具，主要用于在 Hadoop 和关系型数据、数据仓库、NoSQL 之间传输数据，通过 Sqoop 可以方便地将数据从关系型数据（Oracle、MySQL 等）导入 Hadoop（HDFS/Hive/HBase）。

学习目标

（1）了解 Sqoop 基本概念；
（2）熟悉 Sqoop 常用指令；
（3）掌握 Sqoop 的安装配置及导入导出操作方法。

技能目标

（1）能够独立部署 Sqoop 组件；
（2）能够处理 Sqoop 常见问题和故障；
（3）能够使用 Sqoop 进行数据迁移。

职业素养目标

（1）增强文化自信和民族自豪感，引导学生了解我国自主创新的数据迁移技术；
（2）增强创新意识，鼓励学生在学习和使用 Sqoop 的过程中，不断探索新的应用场景；
（3）培养团队合作精神，培养与他人合作、共同解决问题的能力；
（4）提升职业道德意识，注重数据的安全性和隐私保护，遵守相关法律法规。

任务 9.1 部署 Sqoop

部署 Sqoop

■ 任务描述

Sqoop 是 Apache 的一个子项目，在 Hadoop 技术生态系统中占有非常重要的地位，被广泛应用于企业的应用开发当中。通过学习本任务，读者能够对 Sqoop 的基本概念、组件架构有一定了解，并在此基础上完成 Sqoop 的部署。

知识学习

Sqoop 是一个开源工具，主要用于在 Hadoop（如 Hive）与传统的关系型数据库（如 MySQL）之间进行数据传输。

1. Sqoop 简介

Sqoop 是一种用于在 Hadoop 和结构化数据系统（如关系型数据库、大型机）之间高效传输数据的工具。Sqoop 项目开始于 2009 年，它的出现主要是为了满足以下两类需求。

（1）企业的业务数据大多存放在关系型数据库（如 MySQL、Oracle）中，数据量达到一定规模后，如果需要对其进行统计和分析，直接使用关系型数据库处理数据效率较低。这时，可以通过 Sqoop 将数据从关系型数据库导入 Hadoop 的 HDFS（或 HBase、Hive）进行离线分析。

（2）用 Hadoop 处理后的数据，往往需要同步到关系型数据库中作为业务辅助数据，这时可以通过 Sqoop 将 Hadoop 中的数据导出到关系型数据库。

Sqoop 担负了将数据导入和导出 Hadoop 的任务。Sqoop 的核心设计思想是利用 MapReduce 提高数据传输速度。Sqoop 的导入和导出功能就是通过 MapReduce 作业实现的。

Sqoop 主要用于在 Hadoop 和关系型数据库之间传输数据，可以使用 Sqoop 工具将数据从关系型数据库管理系统导入（import）到 Hadoop 分布式文件系统中，或者对 Hadoop 中的数据进行转换，然后导出（export）到关系型数据库管理系统中。

2. Sqoop 原理

Sqoop 是传统关系型数据库与 Hadoop 之间进行数据同步的工具，Sqoop 的底层利用 MapReduce 并行计算模型以批处理的方式提高了数据传输速度，并且具有较好的容错功能，工作流程如图 9-1 所示。

通过客户端 CLI 方式或 API 方式调用 Sqoop 工具，Sqoop 可以将指令转换为对应的 MapReduce 作业（通常只涉及 Map 任务，每个 Map 任务从数据库中读取一片数据，这样多个 Map 任务实现并发地复制，可以快速地将整个数据复制到 HDFS 上），然后将关系型数据库和 Hadoop 中的数据进行相互转换，从而完成数据的迁移。可以说，Sqoop 是关系型数据库与 Hadoop 之间的数据桥梁，这个桥梁的重要组件是 Sqoop 连接器，用于实现与

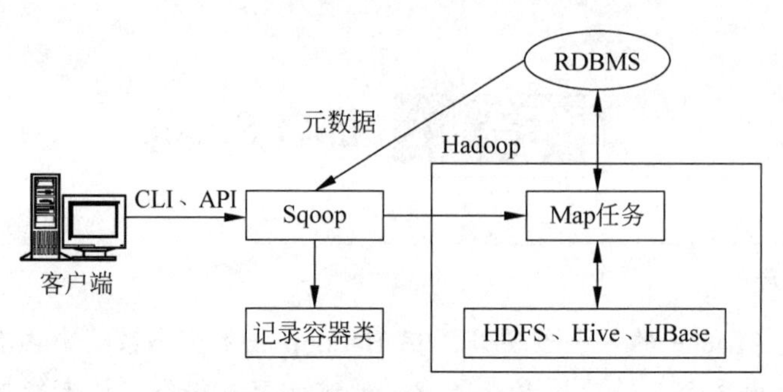

图 9-1　Sqoop 的工作流程

各种关系型数据库的连接，从而实现数据的导入和导出操作。Sqoop 连接器能够支持大多数常用的关系型数据库，如 MySQL、Oracle 和 SQL Server 等。Sqoop 连接器还有一个通用的 JDBC 连接器，用于连接支持 JDBC 协议的数据库。

1）导入原理

在导入数据之前，Sqoop 使用 JDBC 检查导入的数据表，检索出表中的所有列以及列的 SQL 数据类型，并将这些 SQL 类型映射为 Java 数据类型。在转换后的 MapReduce 应用中，使用这些对应的 Java 类型保存字段的值。Sqoop 的代码生成器使用这些信息创建对应表的类，用于保存从表中抽取的记录。

2）导出原理

在导出数据之前，Sqoop 会根据数据库连接字符串选择一个导出方法，对于大部分操作来说，Sqoop 会选择 JDBC。Sqoop 会根据目标表的定义生成一个 Java 类，这个生成的类能够从文本中解析出记录数据，并能够向表中插入类型合适的值，然后启动一个 MapReduce 作业，从 HDFS 中读取源数据文件，使用生成的类解析出记录，并且执行选定的导出方法。

3. Sqoop 架构

Sqoop 接收到客户端的请求命令后，通过命令翻译器将命令转换为对应的 Map 任务，然后通过 Map 任务将数据在 RDBMS 和 Hadoop 系统之间进行导入和导出，如图 9-2 所示。

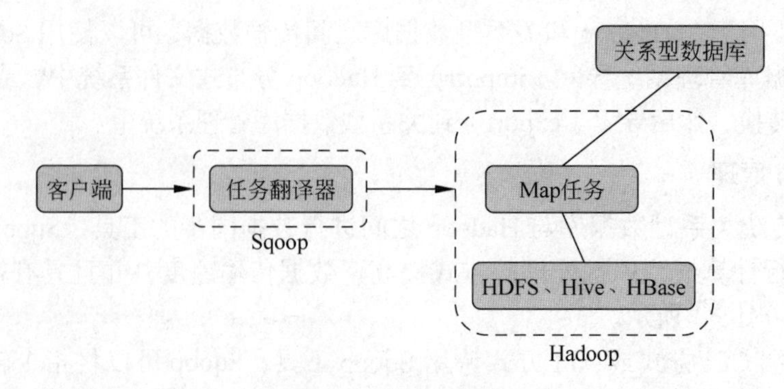

图 9-2　Sqoop 架构

4. Sqoop 应用场景

Sqoop 的应用场景主要涉及大数据处理中的数据迁移、数据采集、分析结果导出、数据集成、ETL 任务以及数据备份和恢复等方面。以下是一些具体的应用场景。

1）数据迁移

公司传统的数据通常存储在关系型数据库中。随着业务的发展，可能需要将这些历史数据迁移到大数据平台（如 Hadoop）进行存档或进一步分析。Sqoop 可以协助将数据从关系型数据库迁移到 HDFS 或其他 Hadoop 组件（如 Hive、HBase）中。

2）数据采集

对于公司网站的业务数据，如用户行为数据、交易数据等，可能需要进行分析统计、构建用户画像等大数据应用。Sqoop 可以将这些业务数据同步到大数据平台中的 Hive 等组件，然后利用分布式计算进行分析统计和应用。

3）分析结果导出

经过大数据平台对数据进行分析统计后，得到的结果可能需要以可视化或其他方式展示。此时，Sqoop 可以将大数据平台的结果数据导出到关系型数据库中进行可视化展示。

4）数据集成

对于那些需要同时访问关系型数据库和 Hadoop 数据的企业，Sqoop 提供了一个高效的方式来集成这两种数据源。这使企业能够在一个统一的平台上进行数据分析和管理。

5）ETL 任务

Sqoop 可以用于 ETL 流程，特别是那些涉及从关系型数据库提取数据，在 Hadoop 中进行处理，然后加载到 Hive、HBase 或其他 Hadoop 组件中存储的任务。

6）数据备份和恢复

除了将数据从关系型数据库迁移到 Hadoop 进行备份外，Sqoop 还可以用于从 Hadoop 中恢复数据到关系型数据库中。

任务实施

步骤 1　了解 Sqoop 基本概念

（1）陈述 Sqoop 相关概念，并能够准确解释它的含义和用途。

（2）对 Sqoop 架构进行分析，描述数据导入和导出原理。

（3）陈述 Sqoop 在数据迁移、数据采集等方面的应用，加深对 Sqoop 应用场景的理解。

步骤 2　部署 Sqoop

1. 下载安装包

到 Sqoop 官网下载 sqoop-1.4.7.bin_hadoop-2.6.0.tar.gz。

2. 上传安装包

在 master 节点上，执行以下命令，上传安装文件到操作系统的 /opt/software/ 目录中：

```
[root@master ~]# cd /opt/software/
[root@master software]# rz
```

输入 rz 命令后，选择上传 sqoop-1.4.7.bin__hadoop-2.6.0.tar.gz 文件，然后使用以下命令查看：

```
[root@master software]# ll
```

运行结果如下：

```
总用量 421328
-rw-r--r--. 1 root root 218720521  9月  28 2022 hadoop-2.7.7.tar.gz
-rw-r--r--. 1 root root 195013152 10月  1 2022 jdk-8u212-linux-x64.tar.gz
-rw-r--r--. 1 root root  17699306  9月  28 2022 zookeeper-3.4.6.tar.gz
-rw-r--r--. 1 root root  17953604  8月  13 2020 sqoop-1.4.7.bin__hadoop-
2.6.0.tar.gz
......................................................................
```

3. 解压并重命名

在 master 节点上，执行以下命令，将 Sqoop 安装包解压到 /opt/modules/ 目录中，并将解压后的目录名修改为 sqoop，然后使用以下命令查看：

```
[root@master software]# tar -zxvf sqoop-1.4.7.bin__hadoop-2.6.0.tar.gz
-C /opt/modules/
[root@master software]# cd /opt/modules/
[root@master modules]# mv sqoop-1.4.7.bin__hadoop-2.6.0 sqoop
[root@master modules]# ll
```

运行结果如下：

```
总用量 8
drwxr-xr-x.11 root root  173 12月 27 21:27 hadoop
drwxr-xr-x. 8 root root  172 12月 28 05:50 HBase
drwxr-xr-x.10 root root  184 12月 28 16:46 hive
drwxr-xr-x. 7 root root  245  4月  2 20:19 java
drwxr-xr-x. 9 root root 4096 12月 19 20:17 sqoop
drwxr-xr-x.12 root root 4096 12月 27 21:36 zookeeper
```

4. 设置环境变量

为方便后续操作，可以对 Sqoop 的环境变量进行配置，命令如下：

```
[root@master modules]# cd
[root@master ~]# vim /etc/profile
```

在文件末尾加入以下内容：

```
export PATH=$ZK_HOME/bin:$PATH
```

执行以下命令，刷新 profile 文件，使修改生效：

```
[root@master ~]# source /etc/profile
```

5. 配置 Sqoop

1）配置 sqoop-env.sh

进入 Sqoop 安装目录下的 conf 文件夹，执行以下命令，将 sqoop-env-template.sh 复制为 sqoop-env.sh：

```
[root@master ~]# cd /opt/modules/sqoop/conf
[root@master conf]# cp sqoop-env-template.sh sqoop-env.sh
[root@master conf]# vim sqoop-env.sh
```

在文件末尾加入以下内容：

```
export HADOOP_COMMON_HOME=/opt/modules/hadoop
export HADOOP_MAPRED_HOME=/opt/modules/hadoop
export HBASE_HOME=/opt/modules/HBase
export HIVE_HOME=/opt/modules/hive
```

2）配置数据库连接

将 MySQL 驱动包上传到 Sqoop 安装目录下的 lib 文件夹中，确保 Sqoop 可以连接 MySQL 数据库，命令如下：

```
[root@master conf]# cp /opt/software/mysql-connector-java-5.1.46.jar
/opt /modules/sqoop/lib/
```

3）配置 Hive 连接

将 Hive 的 jar 包上传到 Sqoop 安装目录下的 lib 文件夹中，确保 Sqoop 可以连接 Hive。

```
[root @master conf]# cp /opt/modules/hive/lib/hive-common-2.3.4.jar
```

步骤 3 测试是否安装成功

1. 进入 MySQL，为 root 用户增加权限

具体命令如下：

```
[root@master ~]# mysql -uroot -pPassword123$
mysql>grant all privileges on *.* to root@'%' identified by 'Password123$'
with grant option;
mysql>flush privileges;
```

增加权限的目的是，在任意机器上使用 root 都可以访问 MySQL 数据库中的全部数据。

2. 查询本地已安装的 MySQL 数据库的数据库列表

具体命令如下：

```
[root@master~]# sqoop list-databases --connect jdbc:mysql://master:3306
--username root --password Password123$
```

此处要求 MySQL 数据库服务处于启动状态，并且允许 root 远程访问。如果能正常输出 MySQL 数据库列表，则说明 Sqoop 安装成功。

Sqoop 应用

任务 9.2 Sqoop 应用

■ 任务描述

Sqoop 是一个用于在 Hadoop 和关系型数据库之间进行数据传输的工具，在 Hadoop 技术生态系统中占有非常重要的地位，被广泛应用于企业的应用开发。通过学习本任务，读者能够使用 Sqoop 完成数据迁移。

知识学习

在进行 Sqoop 应用之前，需要学习一些基础知识。以下是在使用 Sqoop 进行数据迁移之前需要了解的关键知识点。

1. 通用选项

Sqoop 的通用选项主要涉及与数据库的连接、安全性、输出和日志记录等方面。安装 Sqoop 后，执行以下命令，查看 Sqoop 的帮助选项：

```
[root@master ~]# sqoop help
```

常见的 Sqoop 通用选项如表 9-1 所示。

表 9-1　常见的 Sqoop 通用选项

选　　项	含　　义
--connect <jdbc-uri>	指定 JDBC 要连接的字符串
--connection-manager <class-name>	指定要使用的连接管理器类
--driver<class-name>	指定要使用的 JDBC 驱动类
--help	打印选项帮助信息
--password-file	设置用于存放认证的密码信息文件的路径
-P	从控制台读取输入的密码
--password <password>	设置认证密码
--username <username>	设置认证用户名
--verbose	打印详细的运行信息

2. 数据导入工具

执行以下命令，查看 import 命令的帮助选项：

```
[root@master ~]# sqoop  import --help
```

import 工具用于将 HDFS 平台外部结构化存储系统中的数据导入 Hadoop 平台，以便

于执行后续分析。import 工具的基本选项及其含义如表 9-2 所示。

表 9-2 import 工具的基本选项及其含义

选　项	含　义
--append	追加数据到 HDFS 一个已存在的数据集上
--as-avrodatafile	将数据导入 Avro 数据文件
--as-sequencefile	将数据导入序列化文件
--as-textfile	将数据导入普通文本文件（默认）
--columns <col.col.col...>	从表中导出指定的一组列数据
--delete-target-dir	删除指定的目标目录（如果存在的话）
--direct-split-size <n>	分割输入流的字节大小（在直接导入模式下）
-m.--num-mappers <n>	使用 n 个 Map 任务并行导入数据
-e，--query <statement>	指定导入数据时使用的查询语句
--split-by <column-name>	指定按照列分割数据
--table <table-name>	导入源表的表名
--target-dir dir>	导入 HDFS 的目标路径
--warehouse-dir <dir	HDFS 存放表的根路径
--where <where clauses	指定导出时使用的查询条件

使用 import 工具时，需要指定 split-by 的参数值。Sqoop 会根据不同 split-by 参数值对数据进行切分，然后将切分的区域分配到不同的 Map 中。每一个 Map 会将数据库中对应区域的数据导入 Hadoop。

3. 数据导出工具

执行以下命令，查看 export 命令的帮助选项：

```
[root@master ~]# sqoop  export --help
```

export 工具用于将 Hadoop 平台的数据导出到外部结构化存储系统中。export 工具的基本选项及其含义如表 9-3 所示。

表 9-3 export 工具的基本选项及其含义

选　项	含　义
--export-dir <dir>	导出 HDFS 源数据的路径
--m，--num-mappers <n>	使用 n 个 Map 任务并行导出数据
--table <table-name>	导出目标表的名称
--staging-table <staging-table-name>	设置数据在导出到数据库之前临时存放表的名称
--clear-staging-table	清除工作区中临时存放的数据
--batch	使用批量模式导出

任务实施

步骤 1　数据导入

1. MySQL 表数据导入 HDFS

1）准备工作

（1）创建表 users。

执行以下命令，创建 test 数据库，创建表 users，在其中插入数据：

```
[root@master ~]# mysql -uroot -pPassword123$
mysql> create database test;
mysql> show databases;
mysql> use test;
mysql> create table users(id int(4)primary key, name varchar(11), age int(2));
mysql>insert into users values(1,'zhangsan',20);
mysql> insert into users values(2,'lisi',20);
mysql> insert into users values(3,'wangwu',23);
mysql> insert into users values(4,'zhaoliu',20);
```

（2）启动 Hadoop 集群。

执行以下命令，启动 Hadoop 集群：

```
[root@master ~]# start-dfs.sh
[root@slave1 ~]# start-yarn.sh
```

2）数据导入

（1）将表的全部数据导入 HDFS。

执行以下命令，将 test 数据库下 users 表的数据导入 HDFS：

```
[root@master ~]# sqoop import \
--connect jdbc:mysql://master:3306/test \
--username root --password Password123$ \
--table users \
--target-dir /sqoop/mysql \
--delete-target-dir \
--m 1
```

上述代码中各参数的含义如下：

- import：指定 sqoop 为导入数据；
- connect：数据库连接的地址；
- username：数据库用户名；
- password：数据库的密码；
- table：指定表名称；
- target-dir：数据导入 HDFS 的路径；

- delete-target-dir：删除已经存在的 HDFS 目录；
- m：指定数据导入过程使用的 Map 任务的数量，值为 1 表示 HDFS 最终输出的文件数为 1（默认为 4）。

导入的数据默认以文本文件格式存储，字段分隔符是“,”，行分隔符是“\n”。执行以下命令，查看 Sqoop 导入的数据：

```
[root@master ~]# hadoop fs -ls -R /sqoop
drwxr-xr-x - root supergroup  0 2022-12-29 03:46 /sqoop/mysql
-rw-r--r-- 2 root supergroup  0 2022-12-29 03:46 sqoop/mysql/_SUCCESS
-rw-r--r-- 2 root supergroup 49 2022-12-29 03:46 sqoop/mysql/part-m-00000
[root@master~]# hadoop fs -cat /sqoop/mysql/part-m-00000
1,zhangsan,20
2, Lisi,20
3, wangwu, 23
4, zhaoLiu, 20
```

可以看到，数据存储在 HDFS 的 /sqoop/mysql/ 目录下。

（2）将表的指定列数据导入 HDFS。

执行以下命令，将 users 表的 name、age 列数据导入 HDFS：

```
[root@master ~]# sqoop import \
--connect jdbc:mysql://master:3306/test \
--username root --password Password123$ \
--table users \
--columns name,age \
--target-dir /sqoop/mysql \
--delete-target-dir  \
--m 1
```

（3）将表中满足条件的数据导入 HDFS。

执行以下命令，将表 users 中年龄为 20 岁的数据导入 HDFS：

```
[root@master ~]# sqoop import \
--connect jdbc:mysql://master:3306/test \
--username root --password Password123$ \
--table users \
--target-dir /sqoop/mysql \
--delete-target-dir \
--where 'age=20'
```

执行以下命令，查看 Sqoop 导入的数据：

```
[root@master ~]# hadoop fs -ls -R /sqoop
drwxr-xr-x - root supergroup  0 2022-12-29 03:55 /sqoop/mysql
-rw-r--r-- 2 root supergroup  0 2022-12-29 03:55 sqoop/mysql/_SUCCESS
-rw-r--r-- 2 root supergroup 49 2022-12-29 03:55 sqoop/mysql/part-m-00000
-rw-r--r-- 2 root supergroup 49 2022-12-29 03:55 sqoop/mysql/part-m-00001
```

```
-rw-r--r-- 2 root supergroup 49 2022-12-29 03:55 sqoop/mysql/part-m-00002
-rw-r--r-- 2 root supergroup 49 2022-12-29 03:55 sqoop/mysql/part-m-00003
[root@master~]#hadoop fs -cat /sqoop/mysql/part-m-00000
1,zhangsan,20
```

可以看到，在 HDFS 上面会输出 4 个文件，这是因为参数 --m 的取值默认为 4。

（4）将查询结果导入 HDFS。

执行以下命令，将表 users 中年龄不超过 20 岁的数据导入 HDFS 中：

```
[root@master ~]# sqoop import \
--connect  jdbc:mysql://master:3306/test \
--username root --password Password123$ \
--query 'select*from users where age<=20 and #CONDITIONS;' \
--target-dir  /sqoop/mysql \
--delete-target-dir \
--m 1
```

执行以下命令，查看 Sqoop 导入的数据：

```
[root@master ~]#hadoop fs -cat /sqoop/mysql/part-m-00000
1,zhangsan,20
2, Lisi,20
4, zhaoLiu, 20
```

可以看到，在 HDFS 上面存储的数据都不超过 20 岁。

（5）使用指定分隔符导入数据到 HDFS。

执行以下命令，将表 user 数据导入 HDFS 时，使用 \t 作为分隔符：

```
[root@master ~]# sqoop import \
--connect  jdbc:mysql://master:3306/test \
--username root --password Password123$ \
--table users \
--fields-terminated-by '\t' \
--target-dir  /sqoop/mysql \
--delete-target-dir \
--m 1
```

执行以下命令，查看 Sqoop 导入的数据：

```
[root@master ~]# hadoop fs -cat /sqoop/mysql/part-m-00000
1    zhangsan  20
2    Lisi      20
4    zhaoLiu   20
```

可以看到，在 HDFS 上面存储的数据使用 '\t' 作为分隔符。

2. 将 MySQL 表数据导入 Hive

MySQL 数据库 test 和表 users 已存在，Hive 数据库 test 也要提前创建好。执行以下命令，将表 users 数据导入 Hive：

```
[root@master ~]# sqoop import \
--connect jdbc:mysql://master:3306/test \
--username root \
--password Password123$ \
--table users \
--fields-terminated-by '|' \
--hive-overwrite \
--m 1 \
--hive-import \
--hive-database  test \
--hive-table users_hive
```

上述代码中各个参数的含义如下（和前面相同的参数不再赘述）：

- table：指定 MySQL 中的数据来源表；
- fields-terminated-by：Hive 字段分隔符；
- hive-overwrite：指定以重写的方式导入数据；
- hive-import：表明数据将被导入 Hive；
- hive-database test：指定 Hive 数据库（需要提前创建好）；
- hive-table：指定 Hive 的表名。

执行以下命令，查看 Hive 表 users_hive 数据：

```
hive test > select*from users_hive;
OK
users_hive.id users hive.name users hive.age
1       zhangsan  20
2       lisi      20
3       wangwu    23
4       zhaoLiu   20
Time taken: 0.207 seconds, Fetched: 5 row(s)2. hive
```

可以看到，数据成功导入 Hive 表。执行以下命令，查看 Sqoop 导入的数据：

```
[root@master ~]# hadoop fs -cat
/user/hive/warehouse/test.db/users_hive/part-m-00000
1|zhangsan|20
2|Lisi|20
3|wangwu|23
4|zhaoLiu|20
```

3. 将 MySQL 表数据导入 HBase

1）启动 HBase 集群

执行以下命令，启动 HBase 集群：

```
[root@master ~]# zkServer.sh start
[root@master ~]# start-dfs.sh
[root@slave1 ~]# start-yarn.sh
```

```
[root@master ~]# start-HBase.sh
```

2）新建 HBase 表

执行以下命令，进入 HBase，创建表 users3：

```
[root@master ~]# HBase shell
HBase(main):001:0> create 'users3','info'
```

3）导入数据

执行以下命令，将数据导入 HBase 表 users3：

```
[root@master ~]# sqoop import \
--connect jdbc:mysql://master:3306/test \
--username root --password Password123$ \
--table users \
--columns id,name,age \
--HBase-table users3 \
--column-family info \
--HBase-row-key id \
--m 2
```

上述代码中各个参数的含义如下（和前面相同的参数不再赘述）：

- --column-family：指定要导入的 HBase 表的列族；
- --HBase-row-key：指定 MySQL 的某一列作为 HBase 表中的 rowkey；
- --m：map 任务的数量，默认为 4 个。

4）查看导入结果

执行以下命令，在 HBase 中查看导入的数据：

```
HBase(main):006:0> scan 'users3'
ROW          COLUMN+CELL
1            column=info:age,timestamp=1667469092076,value=20
1            column=info:name,timestamp=1667469092076,value=zhangsan
2            column=info:age,timestamp=1667469092076,value=20
2            column=info:name,timestamp=1667469092076,value=lisi
3            column=info:age,timestamp=1667469100050,value=23
3            column=info:name,timestamp=1667469100050, value=wangwu
4            column=info:age,timestamp=1667469100050,value=20
4            column=info:name,timestamp=1667469100056,value=zhaoliu
4  row(s)in 0.2270 seconds5.
```

步骤 2 数据导出

1. Hive 导出到 MySQL

1）新建 MySQL 表

执行以下命令，在 MySQL 中创建表 users2：

```
mysql> use test;
mysql> create table users2(id int(4) primary key, name varchar(11),
age int(2));
```

2）导出数据

执行以下命令，导出 Hive 表 users_hive 数据到 MySQL 表 users2 中：

```
[root@master ~]# sqoop export \
--connect jdbc:mysql://master:3306/test \
--username root \
--password Password123$ \
--table users2 \
--export-dir /user/hive/warehouse/test.db/users_hive/part-m-00000 \
--input-fields-terminated-by '|'  \
--m 1
```

3）查看数据

执行以下命令，在 MySQL 中查看表 users2，发现成功导入：

```
mysql> select* from users2;
+----+----------+------+
| id | name     | age  |
+----+----------+------+
|  1 | zhangsan |  20  |
|  2 | lisi     |  20  |
|  3 | wangwu   |  23  |
|  4 | zhaoliu  |  20  |
+----+----------+------+
4 rows in set (0.00 sec)
```

2. HDFS 数据导出到 MySQL

1）查看 HDFS 上的数据

执行以下命令，查看 HDFS 上要导出的数据：

```
[root@master ~]# hadoop fs -cat /sqoop/mysql/*
1 zhangsan 20
2 Lisi 20
3 wangwu 23
4 zhaoliu 20
```

2）创建表 users3

执行以下命令，在 MySQL 上建立表 users3：

```
mysql> use test;
mysql> create table users3(id int(4) primary key, name varchar(11),
age int(2));
mysql> desc users3;
```

3）导出数据

执行以下命令，将 HDFS 上 /sqoop/mysql/part-m-00000 数据导出到 users3 中：

```
[root@ master ~]# sqoop export \
--connect jdbc:mysql://master:3306/test \
--username root \
--password Password123$ \
--table users3 \
--fields-terminated-by '\t'  \
--export-dir /sqoop/mysql/part-m-00000
```

上述代码中各个参数的含义如下（和前面相同的参数不再赘述）：

- table：数据库表名称（要提前建好）；
- fields-terminated-by：数据列的分隔符；
- export-dir：要导出数据的路径。

4）查看表数据

执行以下命令，在 MySQL 中查看表 users3，发现已成功导入：

```
mysql> select * from users3;
+----+----------+------+
| id | name     | age  |
+----+----------+------+
|  1 | zhangsan |  20  |
|  2 | lisi     |  20  |
|  3 | wangwu   |  23  |
|  4 | zhaoliu  |  20  |
+----+----------+------+
4 rows in set (0.00 sec)
```

◆课后练习◆

一、单选题

1. Sqoop 的主要用途是（　　）。
   A. 关系型数据库和 Hadoop 之间的数据传输
   B. Hadoop 集群之间的数据传输
   C. Hadoop 和云服务之间的数据传输
   D. Hadoop 内部的数据存储
2. Sqoop 支持从（　　）数据库导入数据到 Hadoop。
   A. MySQL　　B. Oracle　　C. MongoDB　　D. 所有选项
3. Sqoop 导入操作是指（　　）。
   A. 将数据从 HDFS 迁移到关系型数据库
   B. 将数据从关系型数据库迁移到 HDFS

C. 在 HDFS 中复制数据
D. 在关系型数据库中复制数据

4. Sqoop 工具接收到命令后，会将命令转换为（　　）。
A. MapReduce 任务　　B. Translate 任务
C. Map 任务　　D. Reduce 任务

5. 在 Sqoop 的导入命令中，用于指定目标目录的参数是（　　）。
A. --target-dir　　B. --destination-dir
C. --output-dir　　D. --dir

6. 在 Sqoop 的导出命令中，用于指定要导出的表的参数是（　　）。
A. --table　　B. --export-table
C. --output-table　　D. --target-table

7. Sqoop 的（　　）参数可以用于删除目标目录中已存在的文件。
A. --delete-target-dir　　B. --remove-target-dir
C. --clean-target-dir　　D. --delete-existing-files

8. Sqoop 的（　　）参数可以用于指定连接关系型数据库的 JDBC 驱动类。
A. --connect　　B. --driver
C. --jdbc-driver　　D. --driver-class-name

9. Sqoop 的导出功能是指将数据从（　　）导出到关系型数据库。
A. HDFS　　B. Hive　　C. MapReduce　　D. Yarn

10. 下列不是 Sqoop 特点的是（　　）。
A. 增量数据导入　　B. 数据导出
C. 实时数据同步　　D. 跨平台兼容性

二、多选题

1. Sqoop 可以完成的任务有（　　）。
A. 将数据从关系型数据库导入 Hadoop
B. 将数据从 Hadoop 导出到关系型数据库
C. 在 Hadoop 内部进行数据迁移
D. 对 Hadoop 中的数据进行处理分析

2. Sqoop 的导入功能可以将数据导入 Hadoop 的组件是（　　）。
A. HDFS　　B. HBase　　C. Hive　　D. Spark

3. Sqoop 的（　　）功能使得它在数据迁移中特别有用。
A. 支持多种数据源和目标　　B. 增量数据迁移
C. 数据格式转换　　D. 数据清洗和转换

4. 在 Sqoop 命令行中，（　　）参数是执行数据导入时必须提供的。
A. --connect　　B. --username　　C. --password　　D. --table

5. Sqoop 在处理大数据时，确保数据传输效率的方法是（　　）。
A. 并行处理　　B. 批量传输　　C. 压缩数据　　D. 使用缓存

日志采集工具 Flume

导读

Apache Flume 最初是 Cloudera 公司开发与维护的一个开源、分布式、高可用性日志收集系统，可实现海量日志采集、聚合和传输，能够有效地收集、聚合和移动大量日志数据。它支持在日志系统中定制各类数据发送方，用于收集数据，同时提供对数据进行简单处理，并写到各种数据接收方（可定制）的能力。

学习目标

（1）掌握 Flume 的基本概念和核心组件；

（2）熟悉 Flume 的安装部署；

（3）掌握 Flume 数据采集方法。

技能目标

（1）能够部署 Flume 组件，根据实际需求进行配置和优化数据源、通道、目的地等；

（2）能够处理 Flume 数据采集的常见问题，具备排查和解决常见问题的能力；

（3）能够按照要求完成 Flume 与其他相关技术的集成和协同工作，如 Hadoop、Kafka 等，能够构建高效、稳定的数据处理流程。

职业素养目标

（1）增强文化自信和民族自豪感，将 Flume 技术应用于促进社会发展、改善民生的项目中，积极贡献自己的力量；

（2）增强创新意识，鼓励学生在学习和使用 Flume 的过程中，不断探索新的应用场景和技术创新点，推动数据采集技术的发展；

（3）培养团队合作精神，培养与他人合作、共同解决问题的能力；

（4）提升职业道德意识，在使用 Flume 采集数据时，注重数据的安全性和隐私保护，遵守相关法律法规和行业标准；

（5）培养社会责任感，通过 Flume 的学习和实践，引导学生关注社会热点问题，利用所学知识为社会发展做出贡献。

认识 Flume

任务 10.1 认识 Flume

■ 任务描述

通过学习本任务，读者能够对 Flume 的基本概念及特点、架构体系、常用组件和应用场景有一定了解，从而在大数据和日志分析领域打下坚实的基础。

知识学习

1. Flume 概述

随着企业业务的快速发展，日志数据的生成量也在不断增加。如何有效地收集、处理这些日志数据，以支持业务分析、故障排查等需求，成为一个亟待解决的问题。Flume 作为一种高效的日志收集系统，可以帮助企业实现对日志数据的快速采集、聚合和传输，满足各种业务场景的需求。Flume 主要被设计成一个集中化的日志收集系统，用于处理不同来源的数据，并能够将数据输送到各种目标存储系统。Flume 的配置非常灵活，允许用户通过配置文件定义数据源、通道和目标的类型和属性。

2. Flume 体系架构

Flume 的核心由三个重要的组件构成，分别是 Source（数据源）、Sink（接收器）、Channel（通道，用于连接 Source 和 Sink）。Source 产生事件，并将其传送给 Channel，Channel 存储这些事件直至转发给 Sink。可将 Source-Channel-Sink 的组合看作 Flume 的基本组件，Flume 体系架构如图 10-1 所示。

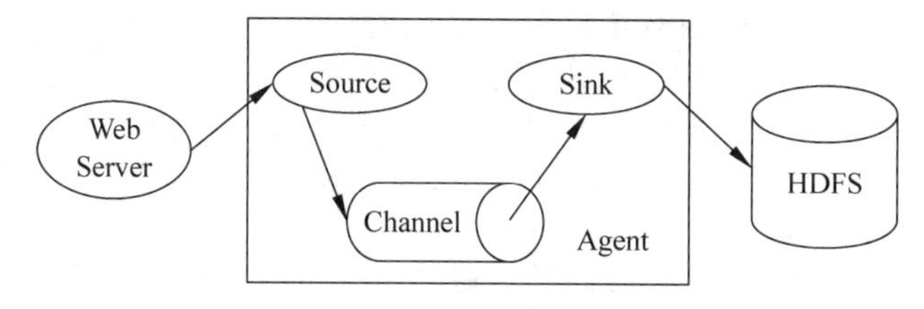

图 10-1　Flume 体系架构

关于 Flume 体系架构中涉及的概念说明如下。

1）Event

Flume 中传输数据的基本单位是 Event（事件），当 Flume 在读取数据源时，会将一行数据包装成一个 Event。Event 主要由两个部分组成：Header 和 Body。

2）Agent

Agent（代理）是 Flume 的基本工作单元，负责收集、传输和处理日志数据。Agent 代表一个独立的 Flume 进程，包含 Source、Channel 和 Sink 3 个组件。

Agent 本身是一个 Java 进程，运行在日志收集节点，可以在一个 Agent 中包含多个 Source、Channel 和 Sink。

Agent 通过数据源（Source）收集数据，再将收集的数据通过通道（Channel）汇集到指定的接收器（Sink）。

3）Source

Source 是 Agent 的输入组件，负责从日志源头收集数据。Source 可以处理各种类型、各种格式的日志数据，并将接收的数据以 Flume 的 Event 格式传递给一个或多个 Channel。

4）Channel

Channel 是 Agent 的缓冲组件，用于在 Source 和 Sink 之间缓存数据。Channel 组件是一种临时的存储容器，将从 Source 处接收到的 Event 缓存起来，可对数据进行处理，直到这些 Event 被 Sink 消费掉。它在 Source 和 Sink 间起着桥梁的作用，用事件保证数据收发一致性。它可以与任意数量的 Source 和 Sink 连接，数据可存放在数据库、文件以及内存中。

5）Sink

Sink 是 Agent 的输出组件，负责将数据传输至目的地。Sink 组件用于处理 Channel 中发送过来的数据，处理完成后可以发送给 HDFS、Logger、Avro、HBase 等接收端。

总之，Flume 处理数据的最小单元是 Event，Agent＝Source＋Channel＋Sink，Flume 可以进行各种组合选型。

Flume 内置了大量 Source、Channel 和 Sink 类型，它们的简单介绍如表 10-1 所示。

表 10-1　Flume 常用 Source、Channel 和 Sink 类型

类型	组件	描　述
Source	NetCat	打开指定的端口并监听数据，数据的格式必须是换行分割的文本，每行文本会被转换为 Event 写入 Channel
	Exec	启动一个用户指定的 Linux Shell 命令（如 tail -F），采集这个 Linux Shell 命令的标准输出作为收集到的数据，并将数据转换为 Event 写入 Channel
	Avro	监听 Avro 端口并从外部 Avro 客户端流接收 Event 写入 Channel
	Kafka	用 Kafka Consumer 连接 Kafka，读取数据，然后转换成 Event 写入 Channel
Channel	Memory	数据存储于内存队列中，速度快，吞吐量较高。如果服务器宕机，则可能造成数据丢失
	JDBC	将数据持久化到数据库中，目前支持内置的 Deby 数据库
	Kafka	数据存储在 Kafka 集群中，即使 Agent 或 Kafka 服务器崩溃，数据也不会丢失
	File	将事件存储在一个本地文件系统上的事务日志中
Sink	Logger	在 INFO 级别上记录日志信息，通常用于测试 / 调试目的
	Avro	发送数据到其他 Avro Source
	HDFS	数据写入 HDFS 文件系统
	Hive	数据写入 Hive
	HBase	数据写入 HBase
	Kafka	数据写入 Kafka
	File Roll	数据发送到本地文件系统中

Flume 允许表 10-1 中不同类型的 Source、Channel 和 Sink 自由组合，组合方式基于用户设置的配置文件。例如，Channel 可以把事件暂存在内存里，也可以持久化存储到本地硬盘上，Sink 可以把日志写入 HDFS、HBase，甚至是一个 Source 等。

6）Flume 多点采集

除了图 10-1 所示的数据采集单一流程，Flume 还支持多种复杂的流程，如多代理串联流程、多路合并流程、多路复用流程。应用场景较多的是多路合并流程，即多个 Agent 的数据汇聚到同一个 Agent，如图 10-2 所示。

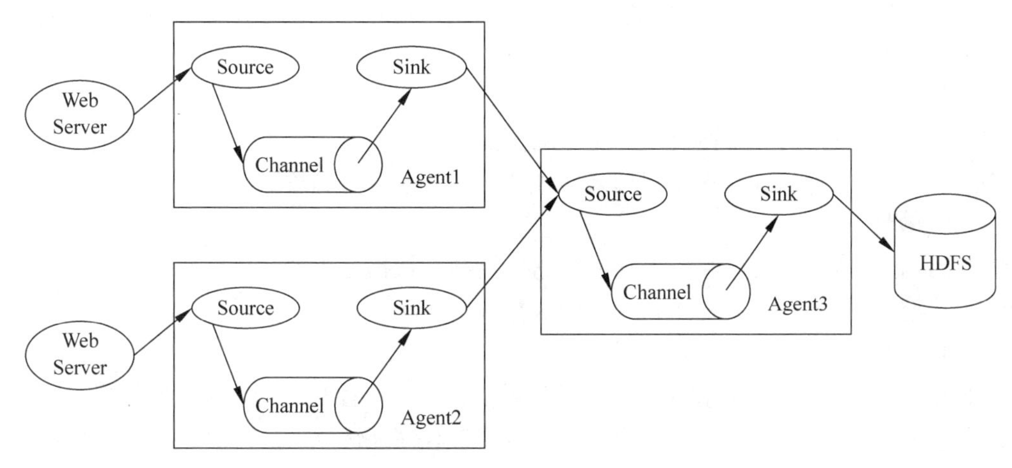

图 10-2　Flume 多点采集

Flume 的多点架构是由多个 Flume Agent 相互连接组成的。在这种架构中，每个 Agent 都可以被看作一个独立的数据处理单元，它们可以在彼此之间进行数据传输和协作。

在多节点架构中，通常会有一个或多个 Agent 充当数据源，负责从各种数据源中收集日志数据。这些数据源可以是 Web 服务器、应用程序服务器、数据库等。收集到的数据会被发送到下一个 Agent 的通道中进行暂存和处理。通道是 Flume 中的一个关键组件，它位于数据源和接收器之间，起到了缓冲和传输数据的作用。

在多点架构中，每个 Agent 都有自己的通道，用于暂存从数据源接收到的数据，并等待后续的处理和传输。接下来，数据会从通道中传递到接收器进行持久化或进一步的处理。接收器可以是各种数据存储系统，如 HDFS、HBase 等，或者是其他 Flume Agent 的源，从而实现数据的级联传输和处理。

3. Flume 特点

Flume 是一个分布式、可靠和高可用性系统，专用于海量日志采集、聚合和传输。它能够对各种日志数据进行高效收集与聚合，并将数据传输到指定的目的地。其主要特点包括以下几点。

1）高可用性

Flume 具有高可用性，能够确保数据在发生故障时快速恢复。它提供了多种可靠性保障机制，如 end-to-end（确保数据在传输过程中不丢失）、Store on failure（在数据接收方故障时，将数据写入本地，待恢复后继续发送）以及 Best effort（尽力而为，数据发送后

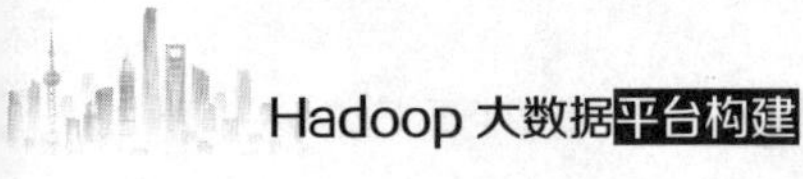

不进行确认）。

2）可扩展性

Flume 是一个分布式系统，可以根据需要扩展到多个节点，处理更多日志数据。它采用了三层架构，包括 Agent、Collector 和 Storage，每一层都可以水平扩展。此外，Flume 支持多种数据源和接收器，可以方便地集成各种数据源和接收器。

3）灵活性

Flume 提供了丰富的配置选项，可以根据实际需求进行定制，如定制数据发送方、接收方等。它还提供了灵活的数据流转配置方式，用户可以自定义拦截器、过滤器和转换器等组件，对数据进行处理和转换。

4）可靠性

Flume 具有强大的可靠性机制，能够确保数据在传输过程中不会丢失。它提供了优秀的容错机制，可以通过配置多个代理来实现数据的冗余备份和故障恢复。

5）高效性

Flume 能够高效地聚合和传输日志数据，提高了数据处理的速度。它可以将应用产生的数据存储到任何集中存储器中，如 HDFS、HBase 等。

6）可管理性

Flume 提供了 Web 界面和命令行工具，可以方便地监控和管理系统。它提供了丰富的监控指标和日志信息，可以帮助用户进行故障排查和性能优化。

4. Flume 应用场景

Flume 的应用场景主要包括以下几个方面。

1）数据采集和传输

Flume 适用于在集群中采集和传输各种类型的数据，如日志数据、事件数据以及实时数据等。它可以高效地将这些数据从一个系统传输到另一个系统，如将数据从数据库传输到 Hadoop 集群进行分析，或将数据从 Kafka 传输到实时处理系统。

2）日志收集

Flume 可以收集和聚合服务器、应用程序、安全设备等产生的各种日志文件，并将它们集中存储到一个中心位置，以便进行后续的管理、分析和存储等操作。

3）数据管道的建立

Flume 可以将多个数据源连接在一起，形成一个数据管道，以便实现数据在系统内部的传输和处理。这对于构建复杂的数据处理流程非常有用。

4）实时数据处理

Flume 可以与实时处理引擎（如 Spark Streaming）集成，将实时产生的数据传输到处理引擎中进行实时处理和分析。这种应用场景对于需要快速响应和处理大量实时数据的业务非常有价值。

5）网络流量监控

Flume 还可以用于监控网络设备的流量数据，如路由器、交换机等产生的数据，从而进行流量分析和故障排查。

Flume 安装部署

任务 10.2 Flume 安装部署

任务描述

在这个任务中，读者需要完成 Flume 的安装和部署工作，确保 Flume 服务能够正常运行，并能够根据实际情况定义 Source、Channel 和 Sink 组件，完成简单采集方案的编写。

知识学习

关于 Flume 安装部署前需要了解的关键知识点。

1. 数据采集

使用 Flume 编写的采集方案主要位于 Flume 安装目录下的 conf 文件夹中，读者需要定义 Agent，并为每个 Agent 指定 Source、Channel 和 Sink。

使用如下命令启动 Flume 采集方案，其中，agent_name 是在配置文件中定义的 agent 的名称，conf/flume.conf 是采集方案文件路径。

```
flume-ng agent -n agent_name -c conf -f conf/flume.conf
-Dflume.root.logger=INFO,console
```

在启动 Flume 的终端中，可以通过按 Ctrl+C 组合键来停止 Flume 服务。如果是在后台运行的 Flume，需要找到 Flume 的进程 ID，并使用 kill 命令来停止它。

2. 日志和故障排除

Flume 的日志文件通常位于安装目录下的 logs 文件夹中，这些日志可能会提供有关系统运行状态、错误和警告的详细信息。当 Flume 出现问题时，首先应该查看这些日志文件，以获取有关问题的线索。

常见的故障排除步骤包括：检查配置文件是否有语法错误、确保所需端口没有被其他进程占用、检查网络连接是否正常、检查目标存储系统（如 HDFS、Kafka 等）是否可用等。

任务实施

Flume 部署的任务实施可以按照以下步骤进行。

步骤 1 安装 Flume

1. 上传安装包

在 master 节点中，上传安装文件到 /opt/software/ 目录中，命令如下：

```
[root@master ~]# cd /opt/software/
[root@master software]# rz
```

输入 rz 命令后，选择上传 apache-flume-1.7.0-bin.tar.gz 文件，然后使用以下命令查看：

```
[root@master software]# ll
```

运行结果如下：

```
总用量 826716
-rw-r--r-- 1 root root 55711670 10月  1 20:56 apache-flume-1.7.0-bin.tar.gz
-rw-r--r--.1 root root 232234292 9月 28 20:16 apache-hive-2.3.4-bin.tar.gz
-rw-r--r--.1 rootroot218720521   9月 28 20:02 hadoop-2.7.7.tar.gz
```

2. 安装 Flume 软件

进入 /opt/software/ 目录，将文件解压到 /opt/modules/ 目录中，然后修改文件名，命令如下：

```
[root@master ~]# tar -zxvf  /opt/software/apache-flume-1.7.0-bin.tar.gz -C
/opt/modules/
[root@master ~]# cd /opt/modules
[root@master modules]# mv apache-flume-1.7.0-bin flume
[root@master modules]# ll
```

运行结果如下：

```
总用量 8
drwxr-xr-x 7 root root 187 12月 29 06:00 flume
drwxr-xr-x. 11 root root 173 12月 27 21:27 hadoop
drwxr-xr-x.8 root root 172 12月 28 05:50 hbase
drwxr-xr-x. 10 root root 184 12月 28 16:46 hive
drwxr-xr-x.7 root root 245 4月 2 20:19 java
drwxr-xr-x.9 root root4096 12月 19 20:17 sqoop
drwxr-xr-x. 12 root root 4096 12月 27 21:36 zookeeper
```

3. 配置环境变量

为了方便后续操作，可以对 Flume 的环境变量进行以下配置：

```
[root@master modules]# cd
[root@master ~]# vim /etc/profile
```

在上述代码的末尾添加以下内容：

```
export FLUME_HOME=/opt/modules/flume
export PATH=$FLUME_HOME/bin:$PATH
```

执行以下命令，刷新 profile 文件，使修改生效：

```
[root@master ~]# source /etc/profile
```

4. 验证 Flume 是否安装成功

具体命令如下：

```
[root@master ~]# flume-ng version
Flume 1.7.0
Source code repository: https://git-wip-us.apache.org/repos/asf/flume.git
Revision: 511d868555dd4d16e6ce4fedc72c2d1454546707
Compiled by bessbd on Wed Oct 12 20:51:10 CEST 2016
From source with checksum 0d21b3ffdc55a07e1d08875872c00523
```

从输出可知，Flume 已经安装成功。

步骤 2 简单使用 Flume

使用 Flume 系统，只需要创建一个配置文件，用来配置 Source、Channel 和 Sink 三大组件的属性即可。下面编写一个采集方案，配置 Flume 从指定端口采集数据，将数据输出到 HDFS。

1. 创建配置文件

在 Flume 安装目录的 conf 文件夹中新建配置文件 hdfs_sink.conf，具体如下：

```
[root@master ~]# cd /opt/modules/flume/conf
[root@master conf]# vim hdfs_sink.conf
```

在其中加入以下内容：

```
# 1. 定义 Agent 的别名为 a1
a1.sources=r1                                 # sources 别名为 r1
a1.sinks=k1                                   # sinks 别名为 k1
a1.channels=c1                                # channels 别名为 c1
# 2. source 设置
a1.sources.r1.type=syslogtcp                  # 指定 sources 的类型（syslog：系统日志）
a1.sources.r1.port=5520                       # 数据源绑定的端口
a1.sources.r1.bind=localhost                  # 监听绑定的主机名
# 3. sinks 设置
a1.sinks.k1.type=hdfs                         # 指定 sinks 的类型
a1.sinks.k1.hdfs.fileType=DataStream          # 采集的文件原样输入 HDFS
a1.sinks.k1.hdfs.path=hdfs://master:9000/user/flume/syslog
a1.sinks.k1.hdfs.filePrefix=Syslog            # 指定 sinks 的 HDFS 文件名前缀
a1.sinks.k1.hdfs.round =true                  # 指定时间戳四舍五入
# 4. 缓存类型和连接设置
a1.channels.c1.type=memory                    # channels 的缓存类型
a1.sources.r1.channels=c1                     # 将 sources 和 channels 连接
a1.sinks.k1.channel=c1                        # 将 sinks 和 channel 连接
```

该方案定义了一个名为 a1 的 Agent，a1 的 Source 组件监听端口 5520 上的数据，并将接收到的 Event 发送给 Channel，a1 的 Channel 组件将接收到的 Event 缓存到内存，a1 的 Sink 组件最终将 Event 输出到 HDFS。

2. 启动 Hadoop 集群

执行以下命令，启动 Hadoop 集群：

```
[root@master ~]# start-dfs.sh
[root@slave1 ~]# start-yarn.sh
```

3. 启动 Agent

执行以下命令，启动 Agent，启动成功后不要关闭终端，master 界面会一直处于等待状态，等待接收数据：

```
[root@master ~]#  flume-ng agent -c /opt/modules/flume/conf/ -f
/opt/modules/flume/conf/hdfs_sink.conf -n a1 -D flume.root.logger=info,console
```

上述代码中各个参数的含义如下：

- -c：在 conf 目录使用配置文件，指定配置文件放在此目录；
- -f：指定一个配置文件；
- -n：agent 的名称（必填）；
- -D：表示 Flume 运行时动态修改 flume.root.logger 参数属性值，并将控制台日志打印级别设置为 debug 级别，日志级别包括 log、info、warn、error。

部分启动日志信息如下：

```
INFO instrumentation.MonitoredcounterGroup:Component type:CHANNEL,
name:cl startedINFO node.Application:Starting Sink k1INFO node.Application:
Starting Source r1
INFO source.AvroSource:Starting Avro source r1:f bindAddress:centos01,
port:23570INFO instrumentation.MonitoredCounterGroup:Monitored counter
group for type:SINK,namINFO instrumentation.MonitoredCounterGroup:Component
type:SINK,name:k1 startedINFO instrumentation.MonitoredCounterGroup:
Monitored counter group for type:SOURCE,
INFO instrumentation.MonitoredcounterGroup:Component type:SOURCE,name:
r1 startedINFO source.AvroSource:Avro source r1 started.
```

4. 采集数据

为了查看 Flume 数据采集的效果，在本机 5520 端口模拟生成 syslog 数据。

1）克隆会话，打开新的 CRT，连接本地 5520 端口

具体命令如下：

```
[root@master ~]#  yum install  -y telnet
[root@master ~]#  telnet localhost 5520
```

Telnet 是互联网远程登录服务的标准协议和主要方式，在 Telnet 程序中输入命令，这些命令会在服务器上运行，就像直接在服务器的控制台上输入一样，从而可以在本地控制服务器。

2）向监控端口发送信息

在 Telnet 工具测试界面输入信息，如 hadoop Flume，并需要按下 Enter 键，具体命令如下：

```
[root@master ~]# telnet Localhost 5520
Trying ::1...
teLnet: connect to address ::1: Connection refused Trying 127.0.0.1...
Connected to Localhost.
Escape character is '^]'
hadoop Flume
```

3）查看采集到的数据

执行以下命令，在 HDFS 上查看采集到的数据：

```
[root@master ~]# hadoop fs -ls -R /user/flume
drwxr-xr-x - root  supergroup 0 2023-12-29 08:10 /user/fLume/syslog
-rw-r--r-- - root  supergroup 13 /user/flume/syslog/Syslog.1672265424658
[root@master ~]# hadoop fs -cat /user/flume/syslog/Syslog.1672265424658
Hadoop Flume
```

步骤 3　实时采集日志数据到控制台

在本例中，需要实时采集日志文件中的数据，Exec 类型的 Source 可以监控某个命令的执行，并把执行结果作为它的数据源。例如，可以监控 Linux Shell 命令 tail -F 命令（该命令的作用是将文件内容的变化进行输出），监控了该命令后，只要应用程序向日志文件里写入数据，Source 就可以获得日志文件中的最新内容。

这里假设日志文件为 /opt/modules/hadoop/data.log。

1. 创建配置文件

在 Flume 安装目录的 conf 文件夹中新建配置文件 exec-logger.conf，具体命令如下：

```
[root@master ~]# cd /opt/modules/flume/conf
[root@master conf ]# vim exec-logger.conf
```

在其中加入以下内容：

```
# 定义 Agent 中各个组件名称，Agent 名为 a1，sources 名为 r1，sinks 名为 k1，channels 名为 c1
a1.sources=r1
a1.sinks=k1
a1.channels=c1
# 配置 sources 属性（linux shell 命令 tail -F 可以实时监控文件内容）
a1.sources.r1.type=exec
a1.sources.r1.command=tail -F /opt/modules/hadoop/data.log
# 配置 sinks 属性
a1.sinks.k1.type=logger
# 配置 channels 属性
a1.channels.c1.type=memory
a1.channels.c1.capacity=1000
a1.channels.c1.transactionCapacity=100
# 将 Source 和 Sink 通过同一个 Channel 连接绑定
a1.sources.r1.channels=c1
a1.sinks.k1.channel=c1
```

2. 启动 Agent

执行以下命令，启动 Agent，启动成功后不要关闭终端，master 界面会一直处于等待状态，等待 /opt/modules/hadoop/data.log 文件的尾部内容增加。一旦有日志追加到该文件的尾部，就会被显示出来。

```
[root@master ~]# flume-ng agent --conf conf --conf-file $FLUME_HOME/conf/exec-logger.conf --name a1 -D flume.root.logger=INFO,console
```

各个参数的含义和上一个例子相同。

3. 采集数据

克隆会话 master，打开新的 CRT，用以下命令持续向日志文件写入信息：

```
[root@master ~]# while true; do echo "access access...">>
/opt/modules/hadoop/data.log;sleep 1;done
```

运行 5 秒，按 Ctrl+C 组合键停止写入，即可看到 master 界面的变化。

步骤 4　实时采集日志数据到 HDFS

使用 Flume 实时采集日志文件中的数据，并输出到 DHFS 中。

1. 创建配置文件

在 Flume 安装目录的 conf 文件夹中新建配置文件 exec-HDFS.conf：

```
[root@master ~]# cd /opt/modules/flume/conf
[root@master conf ]# vim exec-HDFS.conf
```

添加内容如下：

```
a1.sources=r1
a1.sinks=k1
a1.channels=c1
# 配置 sources 属性（Linux Shell 命令 tail -F 可以实时监控文件内容）
a1.sources.r1.type=exec
a1.sources.r1.command=tail -F /opt/modules/hadoop/data.log
# 配置 sinks 属性
a1.sinks.k1.type=hdfs
# 将文件放入按年份分类的文件夹，Flume 路径自动创建
a1.sinks.k1.hdfs.path=hdfs://master:9000/flume/%Y-%m
# 使用时间戳作为文件前缀
a1.sinks.k1.hdfs.filePrefix=%Y-%m-%d-%H
# 文件后缀
a1.sinks.k1.hdfs.fileSuffix=.log
# 使用本地服务器时间
a1.sinks.k1.hdfs.useLocalTimeStamp=true
a1.sinks.k1.hdfs.minBlockReplicas=1
a1.sinks.k1.hdfs.fileType=DataStream
a1.sinks.k1.hdfs.writeFormat=Text
```

```
a1.sinks.k1.hdfs.rollInterval=86400
a1.sinks.k1.hdfs.rollSize=1000000
a1.sinks.k1.hdfs.filerollCount=10000
# 配置 channels 属性
a1.channels.c1.type=memory
a1.channels.c1.capacity=1000
a1.channels.c1.transactionCapacity=100
# 将 Source 和 Sink 通过同一个 Channel 连接绑定
a1.sources.r1.channels=c1
a1.sinks.k1.channel=c1
```

2. 启动 Hadoop 集群

执行以下命令，启动 Hadoop 集群：

```
[root@master ~]# start-dfs.sh
[root@slave1 ~]# start-yarn.sh
```

3. 启动 Agent

执行以下命令启动 Agent，启动成功后不要关闭终端，当有日志写入 data.log 文件尾部时，就会在 master 界面显示出来：

```
[root@master ~]# flume-ng agent --conf conf --conf-file $FLUME_HOME/conf/exec-HDFS.conf --name a1 -Dflume.root.logger=INFO,console
```

4. 采集数据

克隆会话 master，打开新的 CRT，持续向日志文件写入信息：

```
[root@master ~]# while true; do echo "access access...">>
/opt/modules/hadoop//data.log;sleep 1;done
```

运行 5 秒，按 Ctrl+C 组合键停止写入，即可看到 master 界面的变化。

5. 查看数据

执行以下命令，在 HDFS 上查看采集到的数据：

```
[root@master ~]# hadoop fs -ls -R /flume
drwxr-xr-x   -  hadoop supergroup   0 2022-02-16 09:25 /flume/2022-02
-rw-r--r--   2  hadoop supergroup 170 2022-02-16 09:24 /flume/2022-02-16-09
1644974616888.log
-rw-r--r--   2  hadoop supergroup 170 2022-02-16 09:24 /flume/2022-02-16-09
1644974616889.log
-rw-r--r--   2  hadoop supergroup 170 2022-02-16 09:24 /flume/2022-02-16-09
1644974616890.log
-rw-r--r--   2  hadoop supergroup 170 2022-02-16 09:24 /flume/2022-02-16-09
1644974616891.log
-rw-r--r--   2  hadoop supergroup 170 2022-02-16 09:24 /flume/2022-02-16-09
1644974616892.log.tmp
```

可以看到以下内容。

（1）生成的日志文件的前缀为在 hdfs.filePrefix 中设置的 %Y-%m-%d-%H。

（2）文件所在的目录为在 hdfs.path 属性中设置的路径（若不存在，自动创建路径）。

（3）文件后缀为 hdfs.fileSuffix 属性所指定的 .log。

（4）后缀 .tmp 的文件表示该文件正处于写入状态。

任务 10.3 Flume 多点采集数据

■ 任务描述

在许多实际应用场景中，数据分散在多个不同的位置或数据源中。为了有效地收集、处理和分析这些数据，需要使用一个可靠且可扩展的系统来执行多点采集任务。通过学习本任务，读者能够对 Flume 多点采集流程有一定了解，将多台服务器数据采集到 HDFS。

知识学习

在实际开发的应用场景中，假设两台服务器 A 与 B 在实时产生日志数据，日志类型主要为 access.log、nginx.log 和 web.log。现需要将这两台服务器产生的日志数据 access.log、nginx.log 和 web.log 采集汇总到服务器 C 上，并统一收集并上传到 HDFS 文件系统进行保存。Flume 多点数据采集流程如图 10-3 所示。

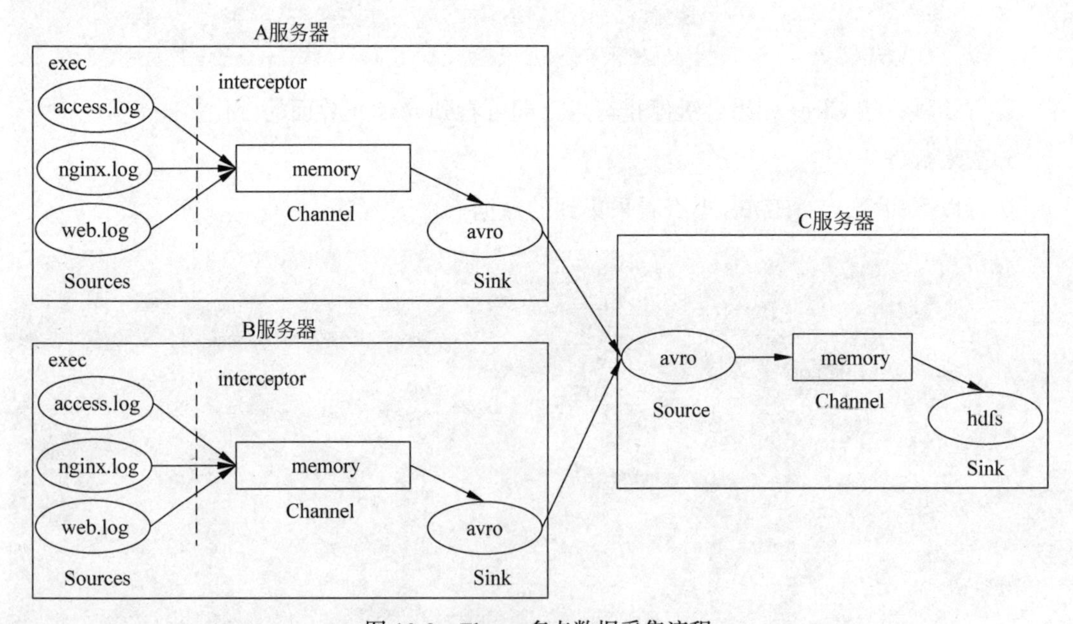

图 10-3 Flume 多点数据采集流程

根据需求启动三台服务器，同时搭建 Flume 系统和 Hadoop 集群。本案例将 hadoop02 和 hadoop03 分别作为 A 服务器和 B 服务器，进行第一阶段的日志数据采集，将 hadoop01 作为 C 服务器进行日志数据汇总并上传至 HDFS。

任务实施

Flume 集群采集数据的任务实施可以按照以下步骤进行。

步骤 1 服务器系统搭建和配置

1. 分发安装文件

执行以下命令，将 master 节点配置好的 Flume 安装文件复制到其余两个节点：

```
[root@master ~]# scp -r /opt/modules/flume root@slave1:/opt/modules/
[root@master ~]# scp -r /opt/modules/flume root@slave2:/opt/modules/
```

2. 分发环境变量

执行以下命令，将 master 节点配置好的环境变量文件 profile 复制到其余两个节点，刷新此文件，使修改生效：

```
[root@master ~]# scp /etc/profile root@slave1:/etc/profile
[root@master ~]# scp /etc/profile root@slave2:/etc/profile
[root@slave1 ~]# source /etc/profile
[root@slave2 ~]# source /etc/profile
```

步骤 2 编写采集方案

1. 一级日志采集方案

由于 slave1 和 slave2 节点使用相同的采集方案，因此先在 slave1 上编写方案，然后复制到 slave2 上。

在 salve1 的 Flume 安装目录的 conf 文件夹中新建配置文件 exec-avro_logCollection.conf：

```
[root@slave1 ~]# cd /opt/modules/flume/conf
[root@slave1 conf]# vim exec-avro_logCollection.conf
```

加入以下内容：

```
# 用 3 个 Source 采集不同的日志类型数据
a1.sources=r1 r2 r3
a1.sinks=k1
a1.channels=c1
# 描述并配置第一个 Source 组件（包括自带的静态拦截器）
a1.sources.r1.type=exec
```

```
a1.sources.r1.command=tail -F /opt/modules/hadoop/access.log
a1.sources.r1.interceptors=i1
a1.sources.r1.interceptors.i1.type=static
a1.sources.r1.interceptors.i1.key=type
a1.sources.r1.interceptors.i1.value=access
# 描述并配置第二个 Source 组件（包括自带的静态拦截器）
a1.sources.r2.type=exec
a1.sources.r2.command=tail -F /opt/modules/hadoop/nginx.log
a1.sources.r2.interceptors=i2
a1.sources.r2.interceptors.i2.type=static
a1.sources.r2.interceptors.i2.key=type
a1.sources.r2.interceptors.i2.value=nginx
# 描述并配置第三个 Source 组件（包括自带的静态拦截器）
a1.sources.r3.type=exec
a1.sources.r3.command=tail -F /opt/modules/hadoop/web.log
a1.sources.r3.interceptors=i3
a1.sources.r3.interceptors.i3.type=static
a1.sources.r3.interceptors.i3.key=type
a1.sources.r3.interceptors.i3.value=web
# 描述并配置 Channel
a1.channels.c1.type=memory
a1.channels.c1.capacity=1000
a1.channels.c1.transactionCapacity=100
# 描述并配置 Sink
a1.sinks.k1.type=avro
a1.sinks.k1.hostname=centos01
a1.sinks.k1.port=23570
# 将 Source、Channel 和 Sink 进行绑定
a1.sources.r1.channels=c1
a1.sources.r2.channels=c1
a1.sources.r3.channels=c1
a1.sinks.k1.channel=c1
```

执行以下命令，将 slave1 上的采集方案复制到 slave2：

```
[root@slave1 conf]# scp exec-avro_logCollection.conf root@slave2:/opt/modules/
flume/conf
```

2. 二级日志采集方案

执行以下命令，在 master 节点的 /flume/conf 目录下编写第二级日志采集方案：

```
[root@master ~]# cd /opt/modules/flume/conf
[root@master ~]# vim avro-hdfs_logCollection.conf
```

加入以下内容：

```
# 配置 Agent 组件
a1.sources=r1
a1.sinks=k1
a1.channels=c1
# 描述并配置 Source 组件
a1.sources.r1.type=avro
a1.sources.r1.bind=centos01
a1.sources.r1.port=23570
# 描述并配置时间拦截器，用于后续 %Y%M%D 获取时间
a1.sources.r1.interceptors=i1
a1.sources.r1.interceptors.i1.type=timestamp
# 描述并配置 Channel
a1.channels.c1.type=memory
a1.channels.c1.capacity=1000
a1.channels.c1.transactionCapacity=100
# 描述并配置 Sink
a1.sinks.k1.type=hdfs
a1.sinks.k1.hdfs.path=hdfs://centos01:9000/Flume-Collection/%{type}/%Y%m%d
a1.sinks.k1.hdfs.filePrefix=events
a1.sinks.k1.hdfs.fileType=DataStream
a1.sinks.k1.hdfs.writeFormat=Text
# 生成的文件按条数生成
a1.sinks.k1.hdfs.rollCount=10000
# 生成的文件按时间生成
a1.sinks.k1.hdfs.rollInterval=86400
# 生成的文件按大小生成
a1.sinks.k1.hdfs.rollSize=1000000
# Flume 操作 HDFS 的线程数
#a1.sinks.k1.hdfs.threadsPoolSize=10
# 操作 HDFS 的超时时间
a1.sinks.k1.hdfs.callTimeout=30000
# 将 Source 和 Sink 通过同一个 Channel 连接绑定
a1.sources.r1.channels=c1
a1.sinks.k1.channel=c1
```

步骤 3 启动采集系统

1. 启动 Hadoop 集群

执行以下命令，启动 Hadoop 集群：

```
[root@master ~]# start-dfs.sh
[root@slave1 ~]# start-yarn.sh
```

2. 启动 Agent

1）master 节点启动 Agent

执行以下命令启动 Agent，启动成功后不要关闭终端，master 界面会一直处于等待状态，持续接收日志信息：

```
[root@master ~]# flume-ng agent  --conf conf  --conf-file $FLUME_HOME/conf/
avro-hdfs_logCollection.conf  --name a1 -Dflume.root.logger=INFO,console
```

2）其他节点启动 Agent

执行以下命令，分别在 slave1 和 slave2 启动 Agent，启动成功后不要关闭终端，光标会闪烁，持续接收日志信息：

```
[root@slave1 ~]# flume-ng agent  --conf conf  --conf-file $FLUME_HOME/conf/
exec-avro_logCollection.conf  --name a1 -Dflume.root.logger=INFO,console
[root@slave2 ~]# flume-ng agent  --conf conf  --conf-file $FLUME_HOME/conf/
exec-avro_logCollection.conf  --name a1 -Dflume.root.logger=INFO,console
```

步骤 4　测试采集系统

1. 生成数据

执行以下命令，分别在 slave1 和 slave2 持续产生数据：

```
[root@slave1 ~]# while true; do echo "accsee access..." >>./access.log;sleep 1;done
[root@slave1 ~]# while true; do echo "nginx nginx..." >>./nginx.log;sleep 1;done
[root@slave1 ~]# while true; do echo "web web..." >>./web.log;sleep 1;done
[root@slave2 ~]# while true; do echo "accsee access..." >>./access.log;sleep 1;done
[root@slave2 ~]# while true; do echo "nginx nginx..." >>./nginx.log;sleep 1;done
[root@slave2 ~]# while true; do echo "web web..." >>./web.log;sleep 1;done
```

2. 查看数据

1）master 节点查看

关闭产生数据的 6 个克隆节点（可按 Ctrl+C 组合键强制退出），查看 master 的 Flume 端，发现写入成功。写入结果如下：

```
INFO ipc.NettyServer:[id:0x734378a8,/192.168.10.131:37328
=>/192.168.10.129:23570]OPEN
INFO ipc.NettyServer:[id:0x734378a8,/192.168.10.131:37328
=>/192.168.10.129:23570]BOUND:/192.168.10.1
INFO ipc.NettyServer:[id:0x734378a8,/192.168.10.131:37328
=>/192.168.10.129:23570]CONNECTED:/192.168.10.1
```

2）HDFS 查看

在浏览器中输入地址 http://master：50070，选择 Utilities，可以看到采集到的文件，采集结果如图 10-4 所示。

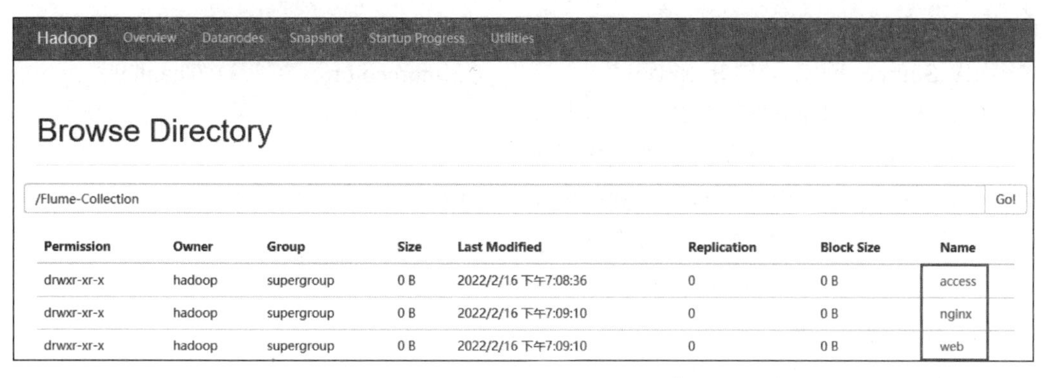

图 10-4 多点采集结果

◆ 课 后 练 习 ◆

一、单选题

1. Flume 中的（ ）组件负责接收数据并将其传递给下一个组件。

A. Source B. Channel C. Sink D. Interceptor

2. 在 Flume 中，（ ）组件用于存储事件数据，直到它被 Sink 消费。

A. Source B. Channel C. Sink D. Interceptor

3. Flume 传输的基本数据单位是（ ）。

A. Flow B. Event C. Transaction D. Message

4. Flume 中的 Sink 组件的主要职责是（ ）。

A. 接收数据 B. 存储数据

C. 处理数据 D. 将数据发送到外部存储或其他服务

5. 关于 Flume 的说法，错误的是（ ）。

A. Flume 主要用于有效地收集、聚合和移动大量日志数据

B. Flume 具有简单的可扩展性模型，允许在线添加新的数据源和目标

C. Flume 不支持数据的过滤和转换

D. Flume 可以与 Hadoop 集成，将日志数据写入 HDFS

6. 以下不是 Flume 特点的是（ ）。

A. 分布式 B. 不可靠

C. 高可用性 D. 可扩展

7. Flume 支持的数据源类型不包括（ ）。

A. Avro B. Thrift C. HTTP D. FTP

8. 关于 Flume 的可靠性机制，以下说法错误的是（ ）。

A. Flume 使用事务机制保证数据的可靠传输

B. Flume 支持数据重传机制

C. Flume 的 Channel 可以使用内存存储数据，保证数据的高速传输

D. Flume 的 Channel 使用 File Channel 时，数据存储在磁盘上，可以保证数据的可靠性

9. Flume 的（　　）组件可以用于数据的清洗和过滤。

A. Source　　B. Sink　　C. Interceptor　　D. Channel

10. 以下关于 Flume 的说法中错误的是（　　）。

A. Flume 是一个开源的数据收集系统

B. Flume 可以用于实时日志数据的采集和传输

C. Flume 不支持数据的聚合操作

D. Flume 可以与 Hadoop 集成，将数据传输到 HDFS 中存储和分析

二、多选题

1. Flume 的系统类型是（　　）。

A. 日志采集　　B. 数据聚合　　C. 数据传输　　D. 实时分析

2. Flume 的工作流程主要包括（　　）部分。

A. 数据接收　　B. 数据传输　　C. 数据写入　　D. 数据存储

3. 在 Flume 的配置中，通常需要指定的参数类型是（　　）。

A. Source 类型　　B. Channel 类型

C. Sink 类型　　D. 事件的序列化格式

4. Flume 支持多路径流量和多管道接入流量的方法是（　　）。

A. 通过配置多个 Source　　B. 通过配置多个 Channel

C. 通过配置多个 Sink　　D. 使用负载均衡技术

5. 在 Flume 中，Source 组件可以用于接收数据的类型是（　　）。

A. 日志文件　　B. 数据库数据

C. 网络数据　　D. Kafka 中的数据

分布式消息队列 Kafka

导读

Kafka 是一个分布式的、高吞吐量、支持多分区和多副本的基于 ZooKeeper 的分布式消息发布订阅系统。Kafka 采用 Java 和 Scala 编写，其设计目的是通过 Hadoop 和 Spark 等并行加载机制来统一实时和离线消息处理，目前一般会与 Spark 等分布式实时处理组件结合使用，用于实时流式数据分析。

学习目标

（1）了解 Kafka 基本概念；
（2）熟悉 Kafka 集群安装部署；
（3）掌握 Kafka 组件数据处理。

技能目标

（1）能够独立部署和管理 Kafka 集群；
（2）能够处理 Kafka 的常见问题和故障；
（3）能够对 Kafka 集群进行监控以及性能调优。

职业素养目标

（1）增强科技强国意识，利用数据处理工具 Kafka 技术为社会做贡献，推动数据驱动的正向发展；

（2）增强创新意识，鼓励学生在学习和使用 Kafka 的过程中，不断探索新的应用场景和技术创新点，推动数据处理技术的发展；

（3）培养团队合作精神，培养与他人合作、共同解决问题的能力；

（4）提升职业道德意识，在使用 Kafka 时要确保数据的准确性和完整性。同时，要关注 Kafka 集群的稳定性和性能，及时发现并处理潜在的问题，确保系统的正常运行；

（5）培养社会责任感，通过 Kafka 的学习和实践，引导学生关注社会热点问题，利用所学知识为社会发展做出贡献。

认识 Kafka

任务 11.1 认识 Kafka

任务描述

通过学习本任务，读者对 Kafka 的基本概念及特点、架构体系和应用场景有一定了解，方便在后续实际项目中使用它进行数据的实时采集、传输、处理和存储。

知识学习

1. Kafka 概述

Kafka 设计初衷是构建一个用来处理海量日志、用户行为和网站运营统计等的数据处理框架，用户通过 Kafka 系统可以发布消息，也能实时订阅消费消息。

Kafka 是一个开源的分布式流处理平台，主要用于实时数据流的处理、存储和传输。它提供了一种“发布-订阅”模式的消息队列，消息被保留在主题中，消息发布者（Publisher）将消息发布到主题中，同时多个消息订阅者消费该消息。

Kafka 允许数据在不同应用程序和系统之间高效流动，核心组件包括生产者（Producer）、消费者（Consumer）、主题（Topic）、分区（Partition）和节点实例（Broker）。

2. Kafka 基本概念

1）Producer

Producer 是向 Kafka 发送消息的应用程序或系统，负责向 Kafka 发送消息的应用程序或系统。生产者将消息发送到指定的主题和分区中。

2）Consumer

Consumer 是从 Kafka 读取并处理消息的应用程序或系统，消费者通过消费组（Consumer Group）共同消费一个主题的消息，确保消息被均匀地分配给各个消费者以便后续处理。

3）Consumer Group

消费组将消费者分组，每个消费者是一个进程，所以一个消费组中的消费者可能由分布在不同机器上的不同进程组成，一个主题可以被多个消费组订阅。

4）Broker

Broker 是 Kafka 集群中的一个或多个服务器节点，负责存储消息和处理客户端的请求。每个 Broker 都有一个唯一的标识符，在其上可以创建一个或多个主题，同一个主题可以

在多个 Broker 上分布。Broker 之间通过复制机制实现数据的冗余和容错性，以提供高可用性和容错性。

5）Topic

发送到 Kafka 集群的消息都属于某一个主题（Topic），Kafka 根据主题对消息进行分类。每个主题都由一个或多个分区组成，分区是实现消息顺序性和负载均衡的基础。生产者将消息发送到特定主题，而消费者可以订阅这些主题并消费其中的数据。

6）Partition

Partition 是 Kafka 中的最小存储单位，一个主题可以分为多个分区来存储，每个分区及其所有副本会选举出一个 Leader 负责所有读写操作，其余的副本会与 Leader 的数据保持同步，每个分区都是一个有序的消息队列，消息在分区内按照发送的顺序进行存储，每个分区都有一个唯一的标识符，并且在整个集群中是唯一的。

分区数量在创建分区时指定，均匀地分布在各个节点上。分区还支持多副本机制，以提高数据的可靠性和容错性。当生产者发送消息时，它会被分配到一个特定的分区中，消费者可以从分区中读取消息并按照需求进行处理。

7）Message

Message（消息）是 Kafka 通信的基本单位，属于某个主题，由一个固定长度的消息头和一个可变长度的消息体构成。每条消息包含三个属性：偏移量（Offset）、Size（消息大小）、Data（消息内容），其中偏移量用于在分区中唯一标识该消息的位置。

总的来说，生产者生成消息，消息按主题分类，消费组订阅主题，主题里的消息由组内的消费者来消费。

3. Kafka 特点

Kafka 的特点主要体现在其高性能、高吞吐量、分布式、可扩展性、数据持久性、高并发、容错性与可靠性以及客户端拉取（pull）模式等方面。这些特点使得 Kafka 在大数据处理、日志收集、流处理等场景中有着广泛的应用。

1）高性能与高吞吐量

Kafka 能够处理大规模数据流，并提供非常高的吞吐量。相比于其他 MQ 消息队列，Kafka 每秒可以处理几十万条消息，延迟最低只有几毫秒。Kafka 被设计成能够在普通的硬件设施上运行，它的多个客户端能够每秒处理几百兆的数据量。

2）分布式与可扩展性

Kafka 是一个分布式系统，支持数据分片和多个 Broker 节点的集群部署。这使 Kafka 可以轻松地扩展或收缩（可以添加或删除代理）而不会宕机。此外，Kafka 集群在运行期间可以轻松地扩展或收缩，支持横向扩展，可以与其他数据处理系统集成，如 Hadoop、Spark 等。

3）数据持久性

Kafka 能将消息持久化存储到磁盘中，通过多副本策略防止数据丢失。即使消费者出现故障或者网络中断，消息也不会丢失。这种持久性保证了数据的可靠性。Kafka 使用了 O(1) 的磁盘结构设计，使得在存储大体积的数据时也可以提供稳定的性能。

4）高并发

Kafka 支持数千个客户端同时读写，支持多消费者，支持 online（实时消费）和 offline（离线消费）的场景。

5）容错性与可靠性

Kafka 的设计方式使某个代理的故障能够被集群中的其他代理检测到。由于每个主题都可以在多个代理上复制，所以集群可以在不中断服务的情况下从此类故障中恢复并继续运行。

6）客户端拉取模式

Kafka 消费都采用 pull 方式，即客户端消费者主动拉取数据，客户端维护 offset。这样客户端可以根据需要随时随地进行消费，更加灵活，而且对服务端压力小。

7）多种客户端支持

Kafka 很容易与其他平台进行支持，例如，Java、.NET、PHP、Ruby、Python 等。

4. Kafka 集群架构

Kafka 集群架构如图 11-1 所示。Kafka 集群架构是一个基于分布式消息队列的系统，Kafka 中主要有生产者、消费者、节点实例三种角色，通过三者之间的交互来实现实时数据流的处理。具体来说，生产者负责将消息推送到 Kafka 集群中的一个或多个 Broker。一旦消息被 Broker 接收并存储，消费者就可以从 Broker 拉取这些消息并进行处理。

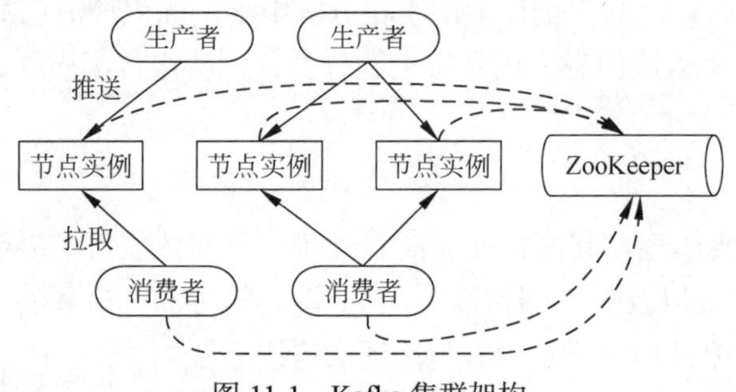

图 11-1　Kafka 集群架构

一个典型的 Kafka 集群包含多个生产者、多个节点实例、多个消费组和一个 ZooKeeper 集群。在 Kafka 集群中，ZooKeeper 发挥着关键作用，ZooKeeper 用于管理 Kafka 集群的元数据，包括 Broker 的注册与发现、主题的创建与删除、分区的分配等。通过 ZooKeeper，生产者和消费者可以获取 Kafka 集群的当前状态，从而确保消息的正确传递和处理。在新版本中，Kafka 已经内置了自己的集群协调服务，确保在没有 ZooKeeper 的情况下也能正常运行。但在某些特定配置或场景中，仍可能选择使用 ZooKeeper 来提供额外的功能或保障。

5. Kafka 消息的分发和消费机制

1）分发机制

生产者客户端负责消息的生产，其具体的工作机制如下。

（1）Kafka 集群中的任何一个 Broker 都可以向生产者提供元数据信息，这些元数据中包含集群中存活的 Server 列表、分区 Leader 列表等信息。

（2）当生产者获取到元数据信息之后，生产者将会和主题下所有分区 Leader 保持 Socket 连接。

（3）消息由生产者直接通过 Socket 发送到 Broker。

2）消费机制

（1）每个消费组中可以有多个消费者，每个消费者仅属于一个消费组。如果消费组中的某个消费者失效，那么其消费的分区将会由组中其他消费者自动接管。

（2）对于主题中的一条特定的消息，只会被订阅此主题的消费组中的其中一个消费者消费，此消息不会发送给一个消费组中的多个消费者。一个消费组中的所有消费者将轮流消费整个主题，不同消费组中的消费者以相互独立的方式消费消息。

（3）对于一个主题，同一个消费组中如果有多于分区个数的消费者，那么多余的消费者将不会消费消息。

（4）当一个消费组中有消费者加入或者离开时，就会触发分区消费的重新分配。

6. Kafka 应用场景

Kafka 在大数据处理和实时流处理中有广泛的应用场景，可以帮助企业构建高性能、实时的数据处理和分析系统。

1）实时数据流处理

Kafka 可以作为一个高效的数据流平台，用于收集、处理和分发实时数据流。它可以帮助企业实时监控业务数据、分析数据，并从中获取实时洞察力。

2）日志聚合

Kafka 可以收集来自多个应用程序、服务器和系统的日志，将其聚合在一起，并发送到中央存储库或分析工具中进行分析和处理。

3）消息队列服务

Kafka 可以作为一个高可靠性、高吞吐量的消息队列服务，用于解耦各个组件之间的通信。例如，在用户注册后需要发送注册邮件和短信的场景中，Kafka 可以作为消息队列服务，确保这些操作能够异步、可靠地执行。

4）数据集成

Kafka 可以用于数据集成平台，将多个数据源的数据集成到一个统一的平台中进行处理和分析。

5）实时数据传输

Kafka 提供了高性能和低延迟的消息传输机制，可用于实时数据传输和处理。

6）消息系统

Kafka 支持 Topic 广播类型的消息，具备高可靠性和容错机制。同时，Kafka 也可以保证消息的顺序性和可追溯性，传统的消息系统很难实现这些特性。Kafka 还可以将消息持久化地保存到磁盘中，从而有效地减少数据丢失的风险。从这个角度看，Kafka 也可以看作一个数据存储系统。

7）持久性日志

Kafka 可以为外部系统提供一种持久性日志的分布式系统。日志可以在多个节点间进行备份，Kafka 为故障节点数据恢复提供了一种重新同步的机制。

部署 Kafka 集群

任务 11.2 部署 Kafka 集群

任务描述

通过学习本任务，读者能够独立完成 Kafka 安装和部署工作，确保 Kafka 服务能够正常运行，能够根据日志文件解决常见的安装和部署问题，从而为后续的学习和实践提供稳定的 Kafka 环境。

知识学习

关于 Kafka 安装部署前需要了解的关键知识点。

1. 部署模式

Kafka 的部署模式主要可以分为单机模式和集群模式。

1）单机模式

在这种模式下，Kafka 运行在单个服务器上，所有 Kafka 服务节点都部署在同一台机器上。虽然这种方式简单方便，但不适用于生产环境，因为它缺乏容错性和可扩展性。

2）集群模式

这是 Kafka 的主要部署模式，常用于生产环境。在集群模式下，Kafka 集群由多个 Broker 组成，每个 Broker 都是一个 Kafka 服务节点，可以部署在不同服务器上。集群模式具有容错性和可扩展性，当某个 Broker 出现故障时，其他 Broker 可以继续提供服务。同时，可以通过增加 Broker 的数量来扩展 Kafka 集群的处理能力。

2. Kafka 日志和故障排除

Kafka 的日志文件通常位于安装目录下的 logs 文件夹中，Kafka 的日志主要包括两大类：Kafka Server 日志和 Kafka Broker 日志。

（1）Kafka Server 日志：记录了 Kafka 服务端的启动、关闭、配置加载等关键信息。这些日志对于监控 Kafka 服务的运行状态非常重要。

（2）Kafka Broker 日志：记录了 Kafka Broker 接收、处理、发送消息等详细信息。每个 Broker 都有一个或多个日志文件，用于记录其处理的每条消息。这些日志对于排查消息传输问题、定位故障等非常有帮助。

使用 JMX（Java Management Extensions）工具连接到 Kafka Broker 的 JMX 端口，并监控各种关键指标，如吞吐量、延迟、磁盘使用率、网络连接数等。还有一些开源和商业的监控工具，如 Prometheus、Grafana 和 Burrow 等，也可用来监控 Kafka 集群的状态和性能。

完成本任务将有助于更顺利地进行 Kafka 的安装和部署工作，并能够解决一些常见的问题。记得在实际操作前仔细阅读官方文档和相关资料，以获得更详细的指导和帮助。

任务实施

Kafka集群部署的任务实施可以按照以下步骤进行。

步骤1 Kafka集群部署规划

采用前面几个项目的环境，使用虚拟机模拟的3个节点，已经安装好了Java、Hadoop和ZooKeeper。计划在这3个节点上安装Kafka集群，具体规划如表11-1所示。

表11-1 Kafka集群部署规划

虚 拟 机	IP 地 址	运行进程
master（主节点）	192.168.10.129	QuorumPeerMain Kafka
slave1（从节点）	192.168.10.130	QuorumPeerMain Kafka
slave2（从节点）	192.168.10.131	QuorumPeerMain Kafka

步骤2 部署Kafka集群

1. 安装Kakfa

在master节点中，使用rz命令将Kafka安装文件kafka_2.11-2.0.0.tgz上传到/opt/software/目录中，并进入该目录，将其解压到目录/opt/modules/中，使用mv命令进行重命名，具体命令如下：

```
[root@master ~]# cd /opt/software/
[root@master software]# rz
[root@master software]# tar -zxvf kafka_2.11-2.0.0.tgz -C /opt/modules/
[root@master ~]# cd /opt/modules
[root@master modules]# mv kafka_2.11-2.0.0 kafka
[root@master modules]# ll
```

运行结果如下：

```
总用量 4
drwxr-xr-x. 11 root root  173 12月 27 21:27 hadoop
drwxr-xr-x.  7 root root  245  4月  2 2019  java
drwxr-xr-x. 12 root root 4096 12月 27 21:36 zookeeper
drwxr-xr-x. 14 root root  578 12月 29 20:42 kafka
```

2. 配置环境变量

为了以后的操作方便，可以对Kafka的环境变量进行配置，具体命令如下：

```
[root@master ~]# vim /etc/profile
```

末尾加入以下内容：

```
export KAFKA_HOME=/opt/modules/kafka
export PATH=$KAFKA_HOME/bin:$PATH
```

执行以下命令，刷新 profile 文件，使修改生效：

```
[root@master ~]#  source /etc/profile
```

3. 修改配置文件

修改 Kafka 安装目录下的 config/server.properties 文件，配置 Kafka Broker 的各种参数。如果使用 ZooKeeper 来管理 Kafka 集群，还需要配置 zookeeper.connect 参数指定 ZooKeeper 的地址和端口，命令如下：

```
[root@master ~]# vim  /opt/modules/kafka/config/server.properties
```

在 server.properties 文件下找到下列配置项，并对其进行以下修改：

```
broker.id=0
num.partitions=2
listeners=PLAINTEXT://master:9092
log.dirs=/opt/moules/kafka/kafka-log
zookeeper.connect=master,salvel,slave2
```

上述代码中各个参数的含义如下：

- broker.id：每个 Broker（服务器）的唯一标识符；
- num.partitions：每个主题的分区数量，默认是 1；
- listeners：Socket 监听的地址，用于 Broker 监听生产者和消费者主题，默认端口为 9092；
- log.dirs：Kafka 消息数据的存放位置，可以指定多个目录，用逗号分隔；
- zookeeper.connect：ZooKeeper 的连接地址。

4. 分发安装文件

执行以下命令，将 master 节点配置好的 Kafka 安装文件复制到其余两个节点：

```
[root@master ~]# scp -r /opt/modules/kafka  slave1:/opt/modules/
[root@master ~]# scp -r /opt/modules/kafka  slave2:/opt/modules/
```

5. 分发环境变量

执行以下命令，将 master 节点配置好的系统环境变量复制到其余两个节点：

```
[root@master ~]# scp /etc/profile slave1:/etc/
[root@master ~]# scp /etc/profile slave2:/etc/
[root@slave1 ~]# source /etc/profile
[root@slave2 ~]# source /etc/profile
```

6. 修改其他节点配置

分发完毕，修改 slave1 和 slave2 节点中的 server.properties 文件。

1）slave1 节点

修改 server.properties 文件的具体命令如下：

```
[root@slave1 ~]# vim /opt/modules/kafka/config/server.properties
broker.id=1
listeners=PLAINTEXT://slave1:9092
```

2）slave2 节点

修改 server.properties 文件的具体命令如下：

```
[root@slave2 ~]# vim /opt/modules/kafka/config/server.properties
broker.id=1
listeners=PLAINTEXT://slave2:9092
```

7. 启动 Kafka 集群

首先执行以下脚本文件，启动 ZooKeeper 集群：

```
[root@master ~]# zk.sh start
```

然后在 3 台虚拟机上分别执行以下命令，以后台进程的方式启动 Kafka：

```
[root@master ~]# kafka-server-start.sh -deamon $KAFKA_HOME/config/server.
properties
[root@slave1 ~]# kafka-server-start.sh -deamon $KAFKA_HOME/config/server.
properties
[root@slave2 ~]# kafka-server-start.sh -deamon $KAFKA_HOME/config/server.
properties
```

8. 在各节点查看进程

执行以下脚本文件，查看启动的进程：

```
[root@master ~]# all.sh
=============== jps: master ================
2785 Kafka
2394 QuorumPeerMain
3468 Jps
=============== jps: slave1================
2082 QuorumPeerMain
2459 Kafka
2844 Jps
=============== jps: slave2 ================
2081 QuorumPeerMain
2453 Kafka
2841 Jps
```

从上述查看结果中可以看出，3 个节点上都出现了 QuorumPeerMain 与 Kafka 进程，说明集群启动成功。

步骤 3　编写 Kafka 集群启动 / 关闭脚本

启动和关闭 Kafka 集群都要在 3 台机器上依次操作，为了操作方便，下面来编写集群启动及关闭脚本文件。

1. 新建脚本文件 kafka.sh

执行以下命令，新建脚本文件：

```
[root@master ~]# cd bin
[root@master bin]# vim kafka.sh
```

添加以下内容：

```
#!/bin/bash
case $1 in
"start"){
    for i in master slave1 slave2
    do
        echo "==========start kafka:$i=========="
        ssh $i "source /etc/profile;
        /opt/modules/kafka/bin/kafka-server-start.sh -daemon
        /opt/modules/kafka/config/server.properties"
    done
};;
"stop"){
    for i in master slave1 slave2
    do
        echo "==========stop kafka:$i=========="
        ssh $i "source
        /etc/profile;/opt/modules/kafka/bin/kafka-server-stop.sh"
    done
};;
esac
```

2. 提升权限

执行以下命令，提升权限：

```
[root@master bin]# chmod 777 kafka.sh
```

3. 使用脚本启动 Kafka 集群

执行以下命令，启动 Kafka 集群：

```
[root@master ~]# kafka.sh start
```

步骤 4　测试 Kafka 集群

1. 创建主题

执行以下命令，在 master 节点创建一个名为 hello 的主题：

```
[root@master ~]# kafka-topics.sh --create \
--zookeeper master:2181,slave1:2181,slave2:2181 \
--replication-factor 2 \
--partitions 2 \
--topic hello
```

上述代码中各个参数的含义如下：

- create：指定命令为创建主题；
- zookeeper：指定 ZooKeeper 集群的访问地址；
- replication-factor：指定所创建主题的分区副本数；
- partitions：指定主题的分区数；
- topic：创建的主题名称。

命令执行完毕，输出以下内容说明创建主题成功：

```
Create Topic "hello"
```

2. 查看主题

创建主题成功后，可以执行以下命令，查看当前 Kafka 集群中的所有主题：

```
[root@master ~]# kafka-topics.sh \
--list --zookeeper master:2181,slave1:2181,slave2:2181
```

也可以使用以下命令，查看主题的详细信息：

```
[root@master ~]# kafka-topics.sh \
--describe --zookeeper master:2181,slave1:2181,slave2:2181
Topic:hello    PartitionCount:2    ReplicationFactor:2    Configs:
    Topic: hello    Partition: 0    Leader: 1    Replicas: 1,2    Isr:1,2
    Topic: hello    Partition: 1    Leader: 2    Replicas: 2,0    Isr:2,0
```

上述结果中各个参数的含义如下：

- PartitionCount：分区数量；
- ReplicationFactor：每个分区的副本数；
- Partition：分区编号；
- Leader：Leader 副本所在的 Broker；
- Replicas：分区副本所在的 Broker。

还可以查看 Kafka 在 ZooKeeper 中创建的 /brokers 节点，执行以下命令，发现 topic hello 的信息已经记录在其中了：

```
[root@master ~]# zkCli.sh -server master:2181
[zk: master:2181(CONNECTED) ] ls
[cluster,controller, controller_epoch,brokers,zookeeper,admin,notification,
latest_producer_id block,config, hbase]
[zk: master:2181(CONNECTED) 1] ls /brokers
```

```
[ids,topics,seqid]
[zk: master:2181(CONNECTED) 2] ls /brokers/topics
[hello]
[zk: master:2181(CONNECTED) 3] ls /brokers/topics/hello
[partitions]
[zk: master:2181(CONNECTED) 4] ls /brokers/topics/hello/partitions
[0,1]
```

3. 创建生产者

在 master 节点，执行以下命令，在 topic hello 上创建一个生产者：

```
[root@master ~]# kafka-console-producer.sh \
--broker-list master:9092,slave1:9092,slave2:9092 --topic hello
```

其中，--broker-list 参数指定了 Kafka Broker 的访问地址。此处 Broker 访问端口为 9092，Broker 通过该端口接收生产者和消费者的请求，该端口在安装 Kafka 时已经指定。创建完成后，控制台等待键盘输入消息，接下来创建一个消费者，接收生产者发送的消息。

4. 创建消费者

再打开一个 CRT，在 slave1 节点执行以下命令，在主题 hello 上创建一个消费者：

```
[root@slave1 ~]# kafka-console-consumer.sh --bootstrap-server  \
master:9092,slave1:9092,slave2:9092 --topic hello --from-beginning
```

其中，--bootstrap-server 参数指定 Kafka Broker 的访问地址。消费者创建完后，将等待接收生产者的消息。

首先，在生产者控制台输入信息 hello kafka，命令如下：

```
[root@master ~]# kafka-console-producer.sh --broker-list
master:9092,slave1:9092,slave2:9092 --topic hello
>hello kafka
>
```

然后，在消费者控制台可以看到输出相同的信息如下：

```
[root@slave1 ~]# kafka-console-consumer.sh --bootstrap-server
master:9092,slave1:9092,slave2:9092 --topic hello --from-beginning
hello kafka
```

5. 删除主题

执行以下命令删除主题。

```
[root@master ~]# kafka-topics.sh --delete --topic hello \
--zookeeper master:2181,slave1:2181,slave2:2181
```

任务 11.3 Kafka 和 Flume 整合

■ 任务描述

通过整合 Flume 和 Kafka，可以构建一个高效、可靠、实时的数据采集、传输和处理系统，满足各种实时数据分析、监控和预警等需求。通过学习本任务，读者能够对 Flume 和 Kafka 的实际应用有深入了解，有利于开展数据采集、数据传输、实时数据流处理工作。

知识学习

Kafka 适合用于对数据存储、吞吐量、实时性要求比较高的场景。对于数据来源和流向比较多的情况，则适合使用 Flume。Flume 不提供数据存储功能，而更侧重数据的采集与传输。

Kafka 和 Flume 的整合将能够构建一个能够实时采集、传输和处理数据的高效系统。

具体来说，Flume 被用作数据的采集和传输工具，而 Kafka 则作为数据的缓存和分发平台。在这个整合系统中，Flume 负责从各种数据源（如日志文件、数据库、API 等）实时采集数据。一旦数据被采集，Flume 会将其发送到 Kafka 集群中。Kafka 的高吞吐量和低延迟特性确保了数据的实时传输，并且其分布式架构可以确保数据在多个节点之间进行复制和备份，以防止数据丢失。

Kafka 集群作为数据的缓存和分发平台，可以存储 Flume 发送过来的数据，直到这些数据被消费者（如实时分析系统、数据仓库等）处理。Kafka 的“发布-订阅”模式允许多个消费者同时从 Kafka 集群中读取数据，从而使数据的分发和处理更加灵活和高效。

在实际开发中，常常将 Flume 与 Kafka 结合使用，从而提高系统的性能，使开发起来更加方便。例如，在分布式集群中的每个节点都安装一个 Flume，使用 Flume 采集各个节点的数据，然后传输给 Kafka 进行处理。Flume 的 Sink 组件可以配置多个接收器，其中就包括 Kafka，即可以将数据写入 Kafka 的 Topic，供后续的数据处理和分析使用。

任务实施

步骤 1 创建配置文件

在 Flume 安装目录的 conf 文件夹中新建配置文件 flume-kafka.conf，从而实现实时读取本地的日志数据，并将数据写入 Kafka。

1. 配置 Flume 采集方案

执行以下命令，配置 Flume 采集方案：

```
[root@master ~]# cd /opt/modules/flume/conf
[root@master conf]# vim flume-kafka.conf
```

写入以下内容：

```
a1.sources=r1
a1.sinks=k1
a1.channels=c1
# 配置 sources 属性
a1.sources.r1.type=exec
a1.sources.r1.command=tail -F /opt/modules/hadoop/flume-kafka.log
# 配置 Channels 属性
a1.channels.c1.type=memory
a1.channels.c1.capacity=1000
a1.channels.c1.transactionCapacity=100
# 配置 Sinks 属性
a1.sinks.k1.type=org.apache.flume.sink.kafka.KafkaSink
# 指定 Broker 访问地址
a1.sinks.k1.brokerList=master:9092,slave1:9092,slave2:9092
# 指定主题名称
a1.sinks.k1.kafka.topic=default-flume-topic
# 指定序列化类
a1.sinks.k1.serializer.class=kafka.serializer.StringEncoder
# 将 Source 和 Sink 通过同一个 Channel 连接绑定
a1.sources.r1.channels=c1
a1.sinks.k1.channel=c1
```

2. 启动 Agent

执行以下命令，启动 Kafka 集群：

```
[root@master ~]# zk.sh start
[root@master ~]# kafka.sh start
```

执行以下命令，启动 Agent，启动成功后不要关闭终端，master 界面会一直处于等待状态，等待接收数据：

```
[root@master conf]# flume-ng agent  --conf conf  --conf-file $FLUME_HOME/conf/
flume-kafka.conf --name a1 -Dflume.root.logger=INFO,console
```

3. 启动 Kafka 消费者

消费者消费 default-flume-topic 中的信息，该信息来自 Kafka 采集到的日志信息 flume-kafka.log，命令如下：

```
[root@master conf]# cd/opt/modules/kafka/bin
[root@master bin]# kafka-console-consumer.sh --bootstrap-server master:9092,
slave1:9092,slave2:9092 --topic default-flume-topic
```

步骤 2 测试

1. 产生日志数据

执行以下命令，将数据写入日志文件：

```
[root@master conf]# cd
[root@master ~]# echo "Hello Flume Kafka">>flume-kafka.log
```

2. 查看 Kafka 消费者控制台

执行以下命令，消费 default-flume-topic 中的内容。

```
[root@master ~]# kafka-console-consumer.sh --bootstrap-server master:9092,
slave1:9092,slave2:9092 --topic default-flume-topic
Hello Flume Kafka
```

可以看到成功输出了 Flume 采集到的信息：Hello Flume Kafka。

课后练习

一、单选题

1. Kafka 中的（　　）组件负责消息的存储和转发。
   A. Producer　　B. Consumer　　C. Broker　　D. ZooKeeper
2. Kafka 的消费者组是（　　）。
   A. 由多个生产者组成的逻辑集合
   B. 由多个消费者组成的逻辑集合，共同消费同一 Topic 的消息
   C. Kafka 集群中的一组 Broker
   D. Kafka 中的消息存储单元
3. Kafka 中 Producer 发送消息的模式有（　　）。
   A. 同步发送和异步发送　　B. 批量发送和单条发送
   C. 顺序发送和乱序发送　　D. 以上都是
4. Kafka 中用于存储消息的逻辑单元是（　　）。
   A. Topic　　B. Partition　　C. Producer　　D. Consumer
5. Kafka 中的（　　）组件负责将消息发布到指定的 Topic。
   A. Producer　　B. Consumer　　C. Broker　　D. ZooKeeper
6. Kafka 中的 Broker 主要负责（　　）。
   A. 消息的生产　　B. 消息的存储和转发
   C. 消息的消费　　D. 集群的协调和管理
7. Kafka 中（　　）组件用于管理集群的元数据。
   A. Producer　　B. Consumer　　C. Broker　　D. ZooKeeper
8. Kafka 使用的监听端口为（　　）。
   A. 9092　　B. 9090　　C. 8088　　D. 8081

9. Kafka 的（　　）特性使 Kafka 适用于大规模数据处理。
   A. 高吞吐量　　B. 低延迟　　C. 分布式处理　　D. 数据持久化
10. Kafka 中的 LEO 代表（　　）。
   A. 每个副本最大的 offset　　B. 消费者当前消费的 offset
   C. Leader 副本的当前 offset　　D. Follower 副本的当前 offset

二、单选题

1. Kafka 的基础架构包括（　　）。
   A. Producer（生产者）　　B. Consumer（消费者）
   C. Broker（代理）　　D. ZooKeeper（协调服务）
2. Kafka 中的消息组成部分包括（　　）。
   A. Key（键）　　B. Value（值）
   C. Timestamp（时间戳）　　D. Headers（头信息）
3. Kafka 中使其适用于大规模数据处理的特性包括（　　）。
   A. 高吞吐量　　B. 低延迟　　C. 分布式处理　　D. 数据持久化
4. Kafka 实现水平扩展的方法是（　　）。
   A. 增加 Broker 数量　　B. 提升单个 Broker 的性能
   C. 增加 Topic 数量　　D. 增加分区数量
5. Kafka 通常用于的场景是（　　）。
   A. 实时数据处理系统　　B. 日志聚合
   C. 消息队列　　D. 批处理

内存计算框架 Spark

导读

Apache Spark 是一个专为大规模数据处理而设计的快速通用的计算引擎，它是美国加州大学洛杉矶分校的 AMP Lab 所开源的类似 Hadoop MapReduce 的通用并行框架。Spark 可以用于批处理、交互式查询、实时流处理、机器学习和图计算。

学习目标

（1）了解 Spark 基本概念；
（2）掌握 Spark 集群安装部署；
（3）掌握 Spark HA 的搭建方法。

技能目标

（1）能够独立搭建和管理 Spark 集群；
（2）能够处理 Spark 的常见问题和故障；
（3）能够对 Spark 集群进行性能调优，以满足大数据处理分析、机器学习等应用场景。

职业素养目标

（1）培养学生家国情怀，增强科技强国意识，利用数据处理工具 Spark 技术为推动社会进步、经济发展做贡献；

（2）培养团队合作精神，培养与他人合作共同解决问题的能力；

（3）提升职业道德意识，在使用 Spark 进行数据分析时，注重对数据质量、分析结果，数据的安全性和隐私保护，遵守相关法律法规和行业标准；

（4）培养社会责任感，通过 Spark 的学习和实践，引导学生关注社会热点问题，不断提升分析结果的准确性和效率。

认识 Spark

任务 12.1 认识 Spark

任务描述

通过学习本任务，读者能够对Spark的基本概念及特点、主要组件、运行模式、架构体系和应用场景有一定了解，为在实际项目中使用Spark进行数据处理打下坚实的基础。

知识学习

1. Spark 概述

Spark不仅提供了批处理能力，还集成了实时流处理、交互式查询、机器学习和图计算等功能，使其成为一个全面而强大的大数据处理工具。

Spark支持Scala、Java、Python和R等多种编程语言，提供了丰富的API和库，使开发者可以轻松地处理各种类型的数据和分析任务。

Spark可以轻松地与Hadoop集成，从而利用Hadoop的分布式文件系统进行数据存储和访问。此外，Spark还可以与Hadoop的其他组件（如HBase、Hive等）进行集成。

Spark拥有Hadoop的MapReduce所具有的优点，但与MapReduce不同的是，Spark的任务中间结果可以保存在内存中，从而不再需要读写HDFS。因此Spark能更好地应用于数据挖掘与机器学习等需要迭代的MapReduce计算。

2. Spark 特点

1）基于内存计算

Spark最大的特点之一是将计算的中间结果存储在内存中，而不是像Hadoop那样存储在磁盘上。这种基于内存的计算模式使得Spark在处理大数据时速度更快，因为内存访问速度远远超过磁盘访问速度。通过减少磁盘的输入/输出操作，Spark显著提高了数据处理效率。

2）统一的计算模型

Spark提供了一个统一的计算模型，即弹性分布式数据集（RDD）。RDD是一个不可变的、分布式的对象集合，可以并行处理。通过RDD，开发者可以以一致的方式处理批处理数据、实时流数据和交互式查询，从而降低了大数据处理的复杂性。

3）集成的生态系统

Spark不仅是一个独立的大数据处理框架，还是一个集成的生态系统。它包含了Spark Core（基本数据处理）、Spark SQL（结构化数据处理和查询）、Spark Streaming（实时流处理）、MLlib（机器学习库）和GraphX（图计算库）等组件。这些组件可以无缝集成，提供全方位的大数据解决方案。

4）到处运行

Spark 可以使用独立集群模式运行，也可以运行在 Yarn、Mesos 上，并且可以访问 HDFS、HBase、Hive 等数据源中的数据。

虽然 Spark 不能完全代替 Hadoop，但可以替代 Hadoop 中的 MapReduce 模型。MapReduce 模型由于延迟过高，无法胜任实时、快速计算的要求，只适用于离线批处理应用场景。目前，Spark 已经成为 Hadoop 技术生态系统的重要组成，它使用 Yarn 实现资源调度管理，借助 HDFS 实现分布式存储。

3. Spark 主要组件

Apache Spark 是一个大数据处理框架，包含多个核心组件，每个组件都针对不同类型的数据处理任务。各个组件的大致功能介绍如下。

1）Spark Core

Spark Core 是 Spark 的基础组件，包括任务调度、内存管理、错误恢复、与存储系统交互等。Spark 建立在 RDD（一个不可变、可分区的集合，里面的元素可并行计算）之上，使用统一的方式应对不同的大数据处理场景。通常所说的 Spark，就是指 Spark Core。

2）Spark Streaming

Spark 提供的用于处理实时数据流的组件，允许用户将实时数据流切分成一系列短小的批处理作业，然后通过 Spark Core 进行并行处理。Spark Streaming 可以处理来自 Kafka、Flume、Twitter 等多种数据源的数据。

3）Spark SQL

Spark SQL 是 Spark 用于处理结构化数据的组件，提供了一个 DataFrame 的抽象，这个抽象可以被视为一张关系表或者一个数据集，并提供了类似于 SQL 的查询语言。

Spark SQL 支持多种数据源，包括 Hive 表、HBase 表、JSON 文件等，并可以与多种数据仓库和 SQL 数据库集成。Spark SQL 允许开发人员直接处理 RDD，以及查询 Hive、HBase 等外部数据源。

4）Spark MLlib

Spark 的机器学习库 MLlib 包含多种常见的机器学习算法和实用程序，提供了分类、回归、聚类、协同过滤等算法的实现，降低了机器学习的难度。MLlib 还提供了分布式计算能力，使在大规模数据集上进行机器学习训练变得更加高效。

5）Spark GraphX

Spark 的图计算库 GraphX，用于处理图形和图形并行计算。

6）SparkR

SparkR 是 Spark 对 R 语言的支持，使用户可以使用 R 语言在 Spark 集群上进行大数据分析。SparkR 提供了与 Spark Core、Spark SQL、Spark MLlib 等组件的交互接口，使得 R 用户可以轻松地利用 Spark 的功能。

4. Spark 运行模式

Spark 运行模式是指 Spark 应用程序在集群中的部署和运行方式。Spark 支持多种运行模式，如本地模式、Standalone 模式、Yarn 模式、Mesos 模式等，这些模式决定了 Spark

应用程序如何与集群资源管理器进行交互以及如何在集群上部署和执行。以下是 Spark 的主要运行模式。

1）Local 模式

Local 模式是 Spark 的单机运行模式，主要用于测试和开发。在 Local（本地）模式下，Spark 应用程序会在单个机器上运行，Driver 和 Executor 都在同一个进程中。该模式适用于小规模数据处理和程序调试。

2）Standalone 模式

Standalone 模式这是 Spark 自带的集群运行模式。在 Standalone 模式下，Spark 应用程序会在一个由多个节点组成的集群上运行。集群中有一个 Master 节点负责管理资源，其他节点作为 Worker 节点提供计算资源。Driver 程序可以在集群中的任意节点上启动，并通过 Master 节点调度 Executor 在 Worker 节点上运行。

3）Yarn 模式

在这种模式下，Spark 应用程序运行在 Hadoop Yarn 集群上。Yarn 是 Hadoop 的资源管理系统，负责管理集群中的资源和任务调度。在 Yarn 模式下，Spark 的 Driver 和 Executor 都被封装成 Yarn 的应用程序在集群中运行。Yarn 会根据集群的资源使用情况为 Spark 应用程序动态分配资源。Yarn 模式适用于已经部署了 Hadoop 集群的环境，可以实现 Spark 和 Hadoop 技术生态系统的无缝集成。

每种运行模式都有其适用的场景和优缺点，需要根据实际需求选择合适的运行模式。例如，对于小规模的数据处理和程序调试，可以选择 Local 模式；对于需要大规模数据处理和分析的场景，可以选择 Standalone 或 Yarn 模式。在选择运行模式时，还需要考虑集群的规模、资源使用情况、管理复杂性等因素。

5. Spark 体系架构

Spark 体系架构包括集群管理器（Cluster Manager）、运行作业任务的工作节点（Worker Node）、每个应用的主控节点驱动程序（Driver Program），以及每个工作节点上负责执行具体任务的执行器（Executor）。其中，集群管理器可以是 Spark 自带的资源管理器，也可以是 Yarn 或 Mesos 等资源管理框架，如图 12-1 所示。

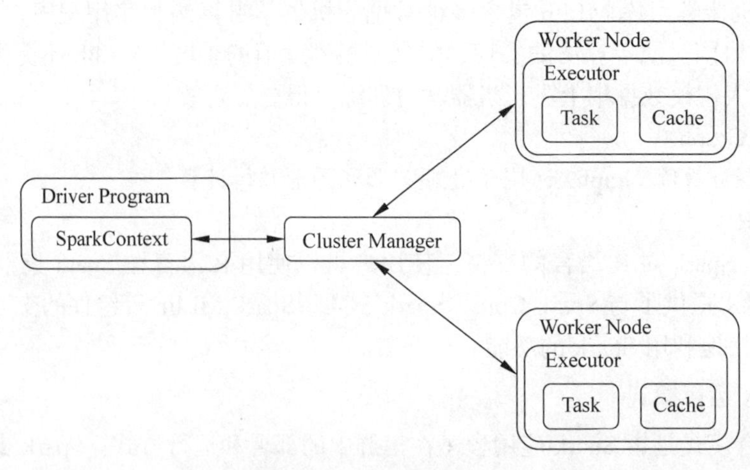

图 12-1　Spark 体系架构

Spark 集群管理架构通过 ClusterManager（集群管理器）、DriverProgram（驱动程序）、SparkContext、Worker Node（工作节点）、Executor（执行器）和 Task（任务）等组件的协同工作。这些组件在 Spark 集群中各司其职，共同完成大数据处理任务，实现大数据处理的高效性和可靠性。这种架构不仅充分利用了集群中的计算资源，而且通过智能化的调度和优化机制，确保了任务能够快速、准确地完成。

1）集群管理器

集群管理器是整个 Spark 集群的“大脑”，负责协调整个系统的运行。它接收来自驱动程序的任务请求，并为这些任务分配相应的资源。集群管理器还与各个工作节点进行交互，确保任务能够在集群中顺利执行。

2）驱动程序

驱动程序是用户编写的 Spark 应用程序的主控节点。它负责创建 SparkContext 对象，该对象是整个 Spark 应用程序的上下文，包含了与集群管理器进行交互所需的配置和连接信息。

3）SparkContext

SparkContext 是驱动程序与集群之间的桥梁。它通过与集群管理器进行通信，获取集群的资源信息，并根据应用程序的需求创建执行器和任务。同时，SparkContext 还负责将应用程序的代码和依赖项分发到集群中的各个节点上。

4）Worker Node

工作节点是集群中负责执行任务的节点。每个工作节点上都有一个或多个执行器，执行器是实际执行任务的进程。当 SparkContext 接收到任务请求时，它会将任务分配给集群中的某个工作节点上的执行器执行。

5）Task

任务是 Spark 应用程序中的最小执行单元。每个任务都包含一段需要执行的代码和相关数据。任务在执行过程中，可以通过缓存机制与其他任务共享数据，从而提高处理效率。

在 Spark 集群中，这些组件是如何协同工作的呢？首先，用户编写的 Spark 应用程序通过驱动程序启动，并创建 SparkContext 对象。然后，SparkContext 与集群管理器进行通信，获取集群的资源信息，并根据应用程序的需求创建执行器和任务。集群管理器根据集群的当前状态和资源情况，为任务分配合适的工作节点和执行器。当任务被执行器接收后，集群管理器会加载任务的代码和数据，并执行相应的操作。在任务执行过程中，如果需要与其他任务共享数据，可以通过缓存机制实现。

通过这样的协同工作方式，Spark 集群能够充分利用集群中的计算资源，实现高效的大数据处理。同时，Spark 还提供了丰富的 API 和工具，使用户可以轻松地编写和调试 Spark 应用程序，进一步提高了大数据处理的便捷性和效率。

6. Spark 应用场景

Spark 在多个领域和场景中都有广泛的应用，以下是其主要应用场景的概述。

1）大规模数据处理

Spark 可以处理大规模数据，支持高并发和并行计算，因此适用于需要处理大规模数据集的场景。通过内存计算，Spark 能够大大缩短数据处理时间，提高工作效率。

2）实时数据处理

Spark 支持实时数据处理，通过流式处理功能实时处理数据流，适用于需要实时处理数据的场景，如实时推荐系统、实时监控等。在金融、电信、电商等领域，实时数据处理对于做出准确的决策至关重要。

3）机器学习

Spark 提供了强大的机器学习库（MLlib），可用于构建和训练机器学习模型，适用于需要进行大规模机器学习任务的场景。MLlib 支持多种算法，如分类、回归、聚类和协同过滤等，可以应用于金融、营销、医疗等多个领域。

4）图计算

Spark 的图计算库（GraphX）提供了一种高效处理大规模图数据的方法。图计算在社交网络分析、网络关系分析、推荐系统和生物信息学等领域中具有重要应用。通过发挥 Spark 的分布式计算能力，开发人员可以在大规模图数据上执行复杂的计算任务。

5）SQL 查询

Spark 支持 SQL 查询，可以通过 Spark SQL 进行数据查询和分析，适用于需要进行复杂数据查询和分析的场景。Spark SQL 将 SQL 查询转换为 Spark 操作，使得用户可以使用熟悉的 SQL 语言来处理大数据。

具体来说，Spark 在金融、电商、医疗、制造业等行业都有广泛的应用。例如，在金融行业，Spark 可以用于风险评估、诈骗监测、客户分析等方面；在电商行业，Spark 可以用于商品推荐、用户行为分析、库存管理等方面；在医疗行业，Spark 可以用于病例分析、药物研发、医疗数据管理等方面；在制造业，Spark 可以用于生产数据分析、质量控制、供应链管理等方面。

任务 12.2 部署 Spark

部署 Spark

■ 任务描述

通过学习本任务，能够独立完成 Spark 的 Standalone 模式和 Yarn 模式部署，确保 Spark 服务能够正常运行，能够根据日志文件解决常见的安装和部署问题，从而为后续的学习和实践操作提供稳定的 Spark 环境。

知识学习

关于 Spark 安装部署前需要了解的关键知识点。

1. 配置文件

Spark 的配置文件位于 $SPARK_HOME/conf 目录下，主要包括以下两个文件。

（1）spark-env.sh：设置 Spark 运行时的环境变量。

（2）slaves 文件：在 Standalone 模式下，列出所有 Worker 节点的主机名或 IP 地址。

2. 日志和故障排除

Spark 日志记录了任务执行过程中的关键信息，这有助于定位和解决潜在的故障。通过仔细分析日志，可以发现错误原因、性能瓶颈以及资源利用情况等。

Spark 的日志文件位于 $SPARK_HOME/logs 目录下，主要包括以下三种。

（1）Master 日志：记录 master 节点的运行信息和错误信息。

（2）Worker 日志：记录每个 Worker 节点的运行信息和错误信息。

（3）应用程序日志：记录每个 Spark 应用程序的运行信息和错误信息，通常位于应用程序的工作目录下。通过搜索对应的 application 号找到任务，单击 application 号链接进入信息界面，然后单击 logs 按钮进入 driver 日志界面。在 stdout 和 stderr 中搜索 ERROR、Exception、Failed、Caused by 等位置的报错信息。

任务实施

步骤 1　Spark Standalone 模式部署规划

采用前面几个项目的开发环境，使用虚拟机模拟的 3 个节点，已经安装好了 Java 和 Hadoop。计划在 3 个节点上安装 Spark 集群，具体规划如表 12-1 所示。

表 12-1　Spark Standalone 模式部署规划

虚 拟 机	IP 地址	运 行 进 程
master（主节点）	192.168.10.129	Master
slave1（从节点）	192.168.10.130	Worker
slave2（从节点）	192.168.10.131	Worker

步骤 2　Spark Standalone 模式部署

本例仍然使用 3 个节点 master、slave1、slave2 搭建部署 Spark 集群，搭建步骤如下。

1. 安装 Spark

在 master 节点中，使用 rz 命令将 Kafka 安装文件 spark-2.1.1-bin-hadoop2.7.tgz 上传到 /opt/software/ 目录中，并进入该目录，将其解压到 /opt/modules/ 目录中，使用 mv 命令进行重命名，命令如下：

```
[root@master ~]# cd /opt/software/
[root@master software]# rz
[root@master software]# tar -zxvf spark-2.1.1-bin-hadoop2.7.tgz -C
/opt/modules/
[root@master ~]# cd /opt/modules
[root@master modules]# mv spark-2.1.1-bin-hadoop2.7 spark
[root@master modules]# ll
```

结果如下：

```
总用量 5
drwxr-xr-x. 11 root root  173 12月 27 21:27 hadoop
drwxr-xr-x.  7 root root  245  4月  2 2019  java
drwxr-xr-x. 12 root root 4096 12月 27 21:36 zookeeper
drwxr-xr-x. 14 root root  578 12月 29 20:42 kafka
drwxr-xr-x. 14 root root  625 12月 29 21:02 spark
```

2. 配置 Spark

1）配置 slaves 文件

Spark 的配置文件都存放在安装目录下的 conf 目录中，进入该目录，执行以下操作：

```
[root@master modules]# cd spark/conf/
[root@master conf]# cp slaves.template slaves
```

修改 slaves 文件，将其中默认的 localhost 删除，在文件末尾添加以下内容：

```
slave1
slave2
```

上述配置将 slave1 和 slave2 节点设置为集群的从节点（Worker 节点）。

2）配置 spark-env.sh 文件

复制 spark-env.sh.template 文件为 spark-env.sh，并添加如下内容：

```
[root@master conf]# cp spark-env.sh.template spark-env.sh
[root@master conf]# vim spark-env.sh
```

文件末尾添加以下内容：

```
export JAVA_HOME=/opt/modules/java
export SPARK_MASTER_IP=master
export SPARK_MASTER_PORT=7077
```

上述代码中各个参数的含义如下：

- JAVA_HOME：Java 的安装主目录；
- SPARK_MASTER_IP：指定集群主节点（Master）的主机名或 IP 地址；
- SPARK_MASTER_PORT：指定 Master 节点的访问端口，默认端口为 7077。

3. 分发文件

执行以下命令，将 master 节点配置好的 Spark 安装文件复制到其余两个节点：

```
[root@master conf]# scp -r /opt/modules/spark/ root@slave1:/opt/modules/
[root@master conf]# scp -r /opt/modules/spark/ root@slave2:/opt/modules/
```

4. 启动 Spark 集群

在 master 节点上进入 Spark 的安装目录，执行以下命令，启动 Spark 集群：

```
[root@master conf]# cd ..
[root@master spark]# sbin/start-all.sh
```

启动完毕，分别在各节点执行 jps 命令，查看启动的 Java 进程。

5. 查看进程

Spark 启动完成后，查看各节点的 Java 进程，命令如下：

```
[root@master ~]# all.sh
=====================jps: master ========================
2871 Master
2972 Jps
=====================jps: slave1 ========================
2199 Worker
2282 Jps
=====================jps: slave2 ========================
2177 Worker
2251 Jps
```

从上述查看结果中可以看出，master 节点上出现了 Master 进程，slave1 和 slave2 节点出现了 Worker 进程，说明集群启动成功。

在浏览器中访问 http://master：8080，查看 Spark 的 Web 界面，如图 12-2 所示。

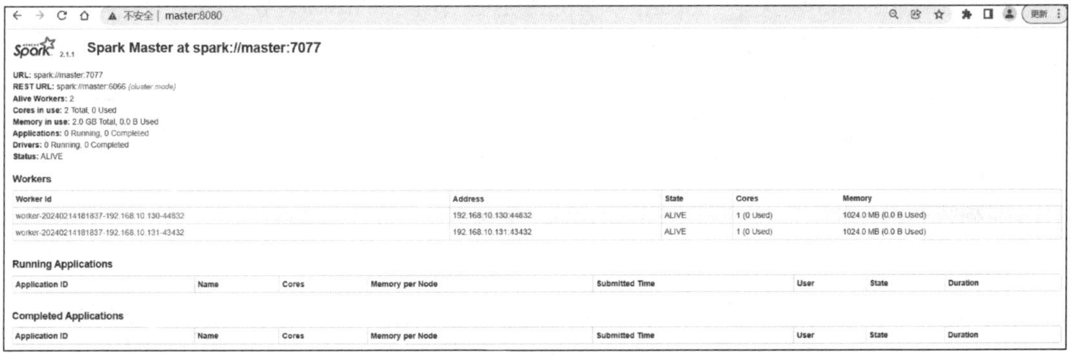

图 12-2 Spark 的 Web 界面

6. 运行 Spark 应用程序

Spark 集群启动成功后，执行以下命令，以 Spark Standalone 的 client 模式运行 Spark 自带的求圆周率的例子：

```
[root@master spark]# bin/spark-submit --class org.apache.spark.examples.SparkPi
--master spark://master:7077 ./examples/jars/spark-examples_2.11-2.1.1.jar
```

上述代码中各个参数的含义如下：

- spark-submit 的常用参数，可以使用命令 # bin/spark-submit --help 查询；
- --master：Master 节点的连接地址，默认值为 Local 模式。在 Standalone 模式下该参数的取值为 spark://master:7077。

程序执行完毕可以在控制台看到输出结果：

```
Pi is roughly 3.147875739378697
```

步骤 3　Spark On Yarn 模式部署

Spark On Yarn 模式部署时，只需要在 Yarn 集群的一个节点上安装 Spark，该节点将作为提交 Spark 应用程序到 Yarn 集群的客户端。

1. 修改 spark-env.sh 文件

在 master 节点上进入 Spark 安装目录下的 conf 目录，修改 spark-env.sh 文件，添加 Hadoop 属性，指定 Hadoop 与配置文件所在目录，内容如下：

```
[root@master ~]# cd /opt/modules/spark/conf
[root@master conf]# vim spark-env.sh
```

在文件末尾添加以下内容：

```
export HADOOP_HOME=/opt/modules/hadoop
export HADOOP_CONF_DIR=/opt/modules/hadoop/etc/hadoop
```

2. 关闭 Spark 集群

在 Spark On Yarn 模式下，Spark 本身的 Master 节点和 Worker 节点不需要启动。执行以下命令，关闭该模式下启动的 Spark 集群：

```
[root@master conf]# cd ..
[root@master spark]# sbin/stop-all.sh
```

3. 启动 Hadoop 集群

执行以下命令，启动 Hadoop 集群：

```
[root@master spark]# start-dfs.sh
[root@slave1]# start-yarn.sh
```

4. 运行 Spark 应用程序

修改完毕后，即可运行 Spark 应用程序。例如，运行 Spark 自带的求圆周率的例子，并且以 Spark Yarn 的 cluster 模式运行，命令如下：

```
[root@master spark]# bin/spark-submit --class org.apache.spark.examples.
SparkPi --master yarn --deploy-mode cluster ./examples/jars/spark-
examples_2.11-2.1.1.jar
```

上述代码中各参数含义如下：

- spark-submit 的常用参数，可以使用命令 # bin/spark-submit --help 查询；
- deploy-mode：运行方式，取值为 cluster 或 client，cluster 表示在集群内部的工作节点上启动 Driver 程序，client 表示在客户端启动 Driver 程序，默认为 client。

程序执行过程中，可以在 http://master:8088/cluster 界面中查看应用程序执行的详细信息，如图 12-3 所示。

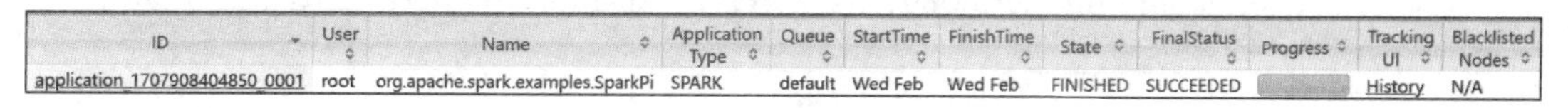

ID	User	Name	Application Type	Queue	StartTime	FinishTime	State	FinalStatus	Progress	Tracking UI	Blacklisted Nodes
application_1707908404850_0001	root	org.apache.spark.examples.SparkPi	SPARK	default	Wed Feb	Wed Feb	FINISHED	SUCCEEDED		History	N/A

图 12-3　Yarn Web 界面应用程序运行状态

在 Spark On Yarn 的 cluster 模式下，运行该例子的输出结果不会打印到控制台，可以在图 12-3 所示的 Web 界面中单击 ApplicationID，在 Application 详情页面的最下方单击 Logs 链接，然后在新页面中单击 stdout：Total file length is 33 bytes.，可以查看计算结果，结果如图 12-4 所示。

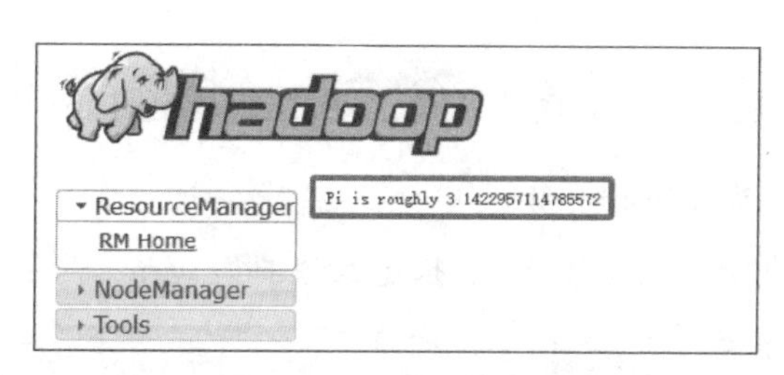

图 12-4　程序运行结果

步骤 4　Spark Shell 操作

在 Spark Shell 中可以直接编写 Spark 任务，然后提交到集群与分布式数据进行交互。Spark Shell 在 Standalone 模式和 Yarn 模式下都可以执行，使用 Spark Shell 时，Driver 运行于本地客户端，不能运行于集群中。

1. 在 Standalone 模式下启动 Spark Shell

在 master 节点上进入 Spark 的安装目录，执行以下命令，进入 Spark Shell 终端：

```
[root@master spark]# bin/spark-shell --master spark://master:7077
```

Spark Shell 启动结果如下所示：

```
Spark context available as 'sc' (master = spark://master:7077, app id =
app-20240214201439-0001).
Spark session available as 'spark'.
Welcome to
      ____              __
     / __/__  ___ _____/ /__
    _\ \/ _ \/ _ `/ __/  '_/
   /___/ .__/\_,_/_/ /_/\_\   version 2.1.1
      /_/

Using Scala version 2.11.8 (Java HotSpot(TM) 64-Bit Server VM, Java 1.8.0_212)
Type in expressions to have them evaluated.
Type :help for more information.
scala>
```

从启动过程的输出信息可以看到，Spark Shell 启动时创建了一个名为 sc 的变量，该变量为 SparkContext 类的实例，可以在 Spark Shell 中直接使用。

启动完毕，访问 http://master:8080，查看运行的 Spark 应用程序，如图 12-5 所示。

Running Applications

Application ID	Name	Cores	Memory per Node
app-20240214201439-0001 (kill)	Spark shell	2	1024.0 MB

图 12-5　查看 Spark Shell 启动的应用程序

可以看到，Spark 启动了一个名为 Spark Shell 的应用程序，所以 Spark Shell 在运行时实际上在底层调用了 spark-submit，进行程序的提交。

退出 Spark Shell 的命令如下：

```
scala>:quit
```

2. *在 Yarn 模式下启动 Spark Shell*

在 Yarn 模式下启动 Spark Shell，需要指定参数值为 yarn，命令如下：

```
[root@master spark]# bin/spark-shell --master yarn
```

如果在启动过程中，出现以下错误：

```
ERROR client.TransportClient: Failed to send RPC 5633136833767539491 to /
192.168.10.130:41986: java.nio.channels.ClosedChannelException
java.nio.channels.ClosedChannelException
  at io.netty.channel.AbstractChannel$AbstractUnsafe.write(...)(Unknown Source)
```

只需要在 Hadoop 的配置文件 yarn-site.xml 中加入以下内容：

```
<!-- 关闭物理内存检查 -->
<property>
     <name>yarn.nodemanager.pmem-check-enabled</name>
     <value>false</value>
</property>
<!-- 关闭虚拟内存检查 -->
  <property>
    <name>yarn.nodemanager.vmem-check-enabled</name>
    <value>false</value>
  </property>
```

◆ 课后练习 ◆

一、单选题

1. Spark 主要用于（　　）类型的数据处理。

A. 结构化数据　　B. 非结构化数据

C. 半结构化数据　　D. 所有以上类型

2. Spark Streaming 是（　　）。
   A. Spark 的实时处理组件
   B. Spark 的机器学习库
   C. Spark 的图计算库
   D. Spark 的 SQL 处理组件
3. Spark 中的 DataFrame 是（　　）。
   A. 一种分布式数据结构
   B. 一种用于机器学习的数据结构
   C. 一种用于图计算的数据结构
   D. 一种用于存储关系型数据的结构
4. Spark 主要使用的编程语言是（　　）。
   A. Scala
   B. Python
   C. Java
   D. 所有以上语言
5. Spark 中的 Action 操作会触发（　　）。
   A. 数据的转换
   B. 数据的实际计算
   C. 数据的存储
   D. 数据的读取
6. 以下关于 Spark 的说法中，错误的是（　　）。
   A. Spark 是一个快速通用的大数据处理引擎
   B. Spark 提供了高效的数据处理和分析能力
   C. Spark 不支持分布式计算
   D. Spark 广泛用于各种大规模数据处理场景
7. Spark 的（　　）模式可以在单台机器上运行。
   A. Standalone
   B. Local
   C. Yarn
   D. Mesos
8. 在 Spark 的 Standalone 模式中，（　　）角色负责任务调度。
   A. Master　B. Worker　C. Driver　D. Executor
9. Spark 中的 RDD 是（　　）类型的数据结构。
   A. 分布式集合
   B. 本地集合
   C. 链表
   D. 树
10. Spark 确保数据的容错性的方法是（　　）。
   A. 数据备份
   B. 数据压缩
   C. 数据加密
   D. 数据分区

二、多选题

1. Spark 与 Hadoop 技术生态系统集成的方法是（　　）。
   A. 通过 Hadoop Yarn 作为集群管理器
   B. 读取 HDFS 上的数据
   C. 使用 Hive 作为数据源
   D. 使用 HBase 作为数据源
2. Spark 中的 RDD 的特性是（　　）。
   A. 不可变性
   B. 分区性
   C. 可序列化
   D. 容错性
3. Spark 的 Driver 程序主要负责的任务是（　　）。
   A. 解析用户程序
   B. 转换为执行计划
   C. 管理任务的调度和执行
   D. 与集群管理器通信

4. 关于 Spark SQL 的说法正确的是（　　）。

A. Spark SQL 是 Spark 的一个模块，用于处理结构化数据

B. Spark SQL 提供了 DataFrame 和 Dataset 两种抽象

C. Spark SQL 可以与 Hive 进行集成

D. Spark SQL 不支持 UDF（用户自定义函数）

5. Spark 的生态系统包括的组件有（　　）。

A. Spark Core　　B. Spark SQL

C. Spark Streaming　　D. Apache Flink

内存计算框架 Flink

导读

Apache Flink 是一个开源流处理框架，由 Apache 软件基金会开发，其核心是一个用 Java 和 Scala 编写的分布式流数据流引擎。Flink 可以对无界和有界数据流进行有状态的计算，被认为是流处理和批处理的下一代处理框架。

学习目标

（1）了解 Flink 基本概念；
（2）掌握 Flink 集群安装部署。

技能目标

（1）能够独立搭建和管理 Flink 集群；
（2）能够处理 Flink 的常见问题和故障；
（3）能够对 Flink 集群进行性能调优，以满足 Flink 大数据实时处理应用场景需求。

职业素养目标

（1）培养学生家国情怀，增强科技强国意识，利用数据处理工具 Flink 技术推动社会进步与经济发展；

（2）培养团队合作精神，造就与他人协作解决问题的能力；

（3）提升职业道德意识，在使用 Flink 进行数据处理时，注重对数据质量、分析结果，信息安全和知识产权等内容的保护，遵守相关法律法规和行业标准；

（4）培养社会责任感，通过 Flink 的学习和实践，引导学生关注社会热点问题，不断提升数据处理的准确性和效率。

认识 Flink

任务 13.1 认识 Flink

■ 任务描述

通过学习本任务，读者能够对 Flink 的基本概念及特点、运行模式、系统架构、数据处理流程和应用场景有一定了解，为在实际项目中进行数据处理打下坚实的基础。

知识学习

1. Flink 简介

Flink 起源于一个叫作 Stratosphere 的研究项目。2014 年 4 月，Stratosphere 的代码被复制并捐赠给了 Apache 软件基金会，Flink 就是在此基础上被重新设计出来的。

1）Flink 数据处理流程

在大数据时代，数据的收集、存储、处理与分析已成为各行各业信息化发展中的关键环节。其中，Apache Flink 以其强大的实时数据处理能力，受到了广泛的关注与应用。下面就来深入解析 Flink 数据处理流程，看看它如何帮助企业实现高效、精准的数据处理与分析。Flink 数据处理流程如图 13-1 所示。

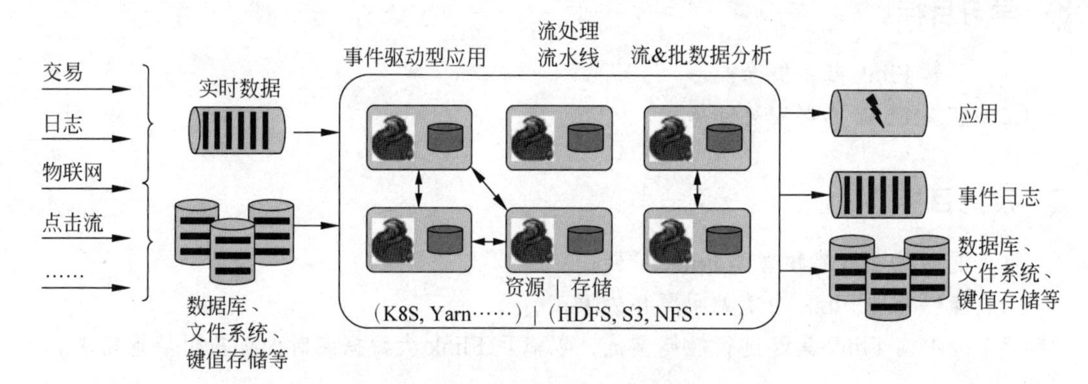

图 13-1 Flink 数据处理流程图

（1）Flink 数据处理流程的起点是数据的收集与存储。文件系统、数据库引擎、存储引擎作为数据的主要来源和存储介质，为 Flink 提供了丰富的数据源。这些数据源可能包括交易实时数据、应用日志、物联网事件日志等，这些数据通常以流式或批式的形式存在。

（2）Flink 会对收集到的数据进行日志收集与解析。这一步是数据处理的基础，通过对日志的解析，Flink 能够提取出有价值的信息，为后续的处理和分析做好准备。同时，Flink 支持实时的业务监控，能够及时发现并处理数据中的问题，确保数据的准确性和可靠性。

（3）在数据处理的过程中，Flink 实现了数据的读写分离。通过读写分离，Flink 能够将不同类型的数据进行区分，使得后续的处理更具有针对性。同时，这种分离也使数据的存储和管理更加高效，提高了数据处理的速度和效率。

（4）Flink 还支持 Hadoop HDFS、Yarn、K8S 等多种存储和处理资源。这些资源为 Flink 提供了强大的计算和存储能力，使得它能够处理海量的数据，满足各种复杂的数据处理需求。

（5）在数据存储方面，Flink 支持内存、硬盘、云存储等多种存储方式。根据数据的不同特点和需求，可以选择最适合的存储方式，以提高数据的读取速度和存储空间的使用效率。同时，Flink 还支持键值存储等方式，进一步丰富了数据的存储方式。

（6）Flink 采用事件驱动的方式进行数据处理。这种处理方式使 Flink 能够实时地响应和处理数据的变化，使数据的处理更加及时和准确。这也是 Flink 能够在实时数据处理领域取得领先地位的重要原因之一。

综上所述，Flink 数据处理流程是一个复杂而精细的过程，涵盖了数据的收集、存储、处理与分析等多个环节，每个环节都发挥着不可或缺的作用。通过 Flink，企业可以实现对海量数据的实时处理和分析，为业务决策提供有力的数据支持。同时，Flink 的灵活性和可扩展性也使它能够适应各种复杂的数据处理场景，为企业创造更多价值。

2）Flink 基本概念

Flink 是一个高性能、高吞吐量的数据处理引擎，专为流处理和批处理设计。为了更好地理解 Flink，以下是一些基本概念的解释。

（1）流处理（Stream Processing）是一种数据处理模式，其中数据以连续流的形式到达并被立即处理。Flink 的流处理模型允许用户处理无限数据流，并提供低延迟、高吞吐量的处理能力。

（2）批处理（Batch Processing）涉及对大量静态数据集的处理，通常这些数据集是有限的并且存储在文件或其他存储系统中。Flink 同样支持批处理，将批处理视为流处理的特例，其中流是有限的。

（3）事件时间（Event Time）是指数据事件实际发生的时间，处理时间（Processing Time）是指数据在 Flink 系统中被处理的时间。Flink 支持基于事件时间的处理，这对于处理乱序事件和确保时间一致性至关重要。

（4）在流处理中，状态是指程序在处理数据流时维护的信息。Flink 提供了强大的状态管理（State Management）能力，允许开发者在内存中保存状态以实现高性能计算。

（5）作业（Job）是指用户提交的 Flink 程序，由一个或多个任务组成。任务（Task）是作业的基本执行单元，每个任务处理数据流的一部分。

（6）并行度（Parallelism）指定了作业中任务的副本数量，它决定了作业可以并行处理的数据量。增加并行度可以提高作业的吞吐量，但也可能增加资源消耗。

理解这些基本概念，有助于更好地掌握 Flink 的工作原理，从而更加有效地使用它来完成流处理和批处理任务。

3）Flink 与 Spark Streaming 比较

Flink 和 Spark Streaming 都是用于实时数据流处理的框架，但它们在设计、特性和应用场景上存在一些差异。

（1）数据模型。Flink 是一个真正的流处理框架，Flink 的基本数据模型是数据流模型，可以处理无界数据流和有界数据流，实现了批处理和流处理的统一。而 Spark Streaming 则是 Spark 生态系统中的一个子项目，它将流式计算分解成一系列连续的小规模批处理作业组。此外，Spark Streaming 还能够从多种数据源接收实时数据，并支持将数据保存到文件系统、数据库或其他存储系统中。

（2）运行时架构。Spark 是批计算，将 DAG 划分为不同的阶段，一个阶段完成后才可以计算下一个。Flink 是标准的流执行模式，一个事件在一个节点处理完后可以直接发往下一个节点进行处理。

（3）性能方面。Flink 支持事件时间处理，能够处理乱序事件并准确计算窗口操作的结果。Flink 在实时数据处理和分析方面表现出色。

Spark Streaming 提供了简单的 API 来操作数据流，并可以利用 Spark 生态系统中的其他组件，通过使用微批处理（Microbatch Processing）方法，Spark Streaming 具有良好的容错性能。

（4）应用场景。Flink 适用于大规模的实时数据处理和分析，可以处理包括事件流、日志、传感器数据等各种类型的数据，常用于实时数据分析、实时推荐系统、实时欺诈检测等场景。Spark Streaming 更侧重于构建实时数据管道和实时应用，如实时日志分析、实时仪表板、实时欺诈检测等。

2. Flink 特点

Flink 适用于各种实时数据处理场景，以下是其特点。

1）统一的批处理和流处理

Flink 在内部以流的形式处理所有数据，即使是批处理任务，也被视为特殊的流处理任务，这使其可以更加自然和高效地处理流数据和批数据。

2）精确的时间语义

Flink 引入了事件时间的概念，能够处理乱序到达的事件，并按照事件的实际发生时间进行处理。这对于处理现实世界中的不规则数据流非常有用，能够确保结果的准确性和一致性。

Flink 提供了事件时间和水印（Watermark）机制来处理乱序事件和延迟事件，保证了时间相关操作的准确性。

3）高吞吐、低延迟

Flink 的流式执行引擎可以处理大规模数据，同时保持毫秒级的延迟处理数据流，并支持高并发处理，适合需要实时响应的应用场景。

4）与多种存储系统集成

Flink 可以方便地与各种外部存储系统集成，如 HDFS、Kafka、HBase 等。

3. Flink 系统架构

Flink 系统架构如图 13-2 所示，展示了其核心组件和它们之间的交互方式。Flink 的系统架构可以分为 3 个主要层次。

1）物理部署层

在架构图的最底部，Flink 与底层的资源管理器交互，对资源进行分配和管理。Flink

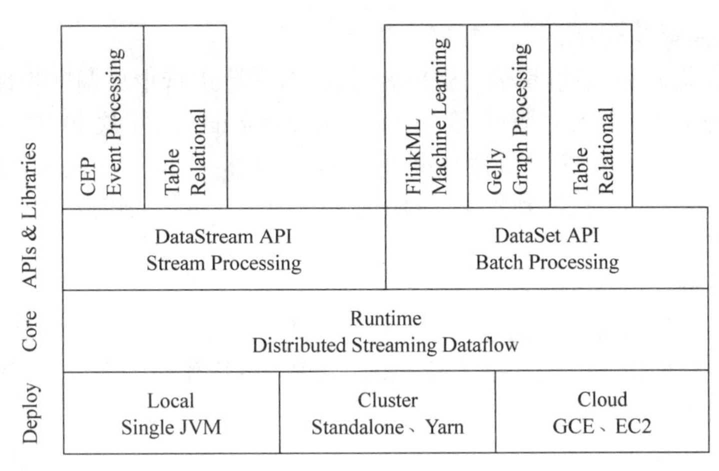

图 13-2 Flink 系统架构

可以部署在各种环境中，包括本地模式（Local）、集群模式（如 Standalone、Yarn 等），以及云部署模式。

2）运行时层

在物理部署层之上，是 Flink 的核心分布式流处理引擎，负责作业的调度和执行。它提供了任务调度、资源管理、错误恢复等核心功能。

3）API 层

在流处理引擎之上，是 Flink 提供的 API 和类库。

Flink 提供了多种 API 来开发应用程序，主要包括两大类 API：DataStream API 和 DataSet API。DataStream API 用于流处理，支持复杂事件处理和 SQL 操作；DataSet API 用于批处理，支持 FlinkML 机器学习、Gelly 图计算以及 SQL 操作。

（1）ProcessFunction：最低层次的 API，提供最大的灵活性和表达能力。

（2）DataStream API：中级 API，提供丰富的操作符来构建数据流图。

（3）SQL/Table API：高级 API，允许使用 SQL 查询和表操作来处理数据。

4. Flink 组件

Flink 提交作业和执行任务需要以下 3 个关键组件，具体流程如图 13-3 所示。

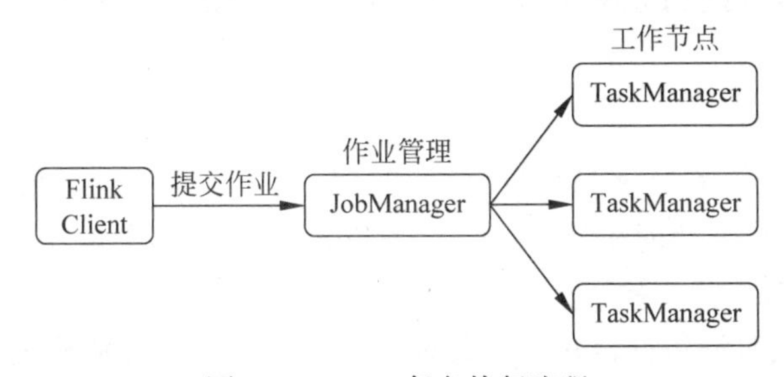

图 13-3 Flink 任务执行流程

1）Client（客户端）

用户用来提交作业和与 Flink 集群交互的客户端。代码由客户端获取并做转换，之后提交给 JobManger。

2）JobManager

JobManager 是 Flink 集群里的“管理者”，可对作业进行中央调度管理；JobManager 是 Flink 系统的管理节点，负责管理所有 TaskManager，并决策用户任务在哪个 TaskManager 上执行。在高可用性模式下，可以有多个 JobManager，但只有一个主 JobManager。JobManager 获取到要执行的作业后，会进一步处理转换，然后分发任务给众多 TaskManager。

3）TaskManager

TaskManager 是 Flink 系统的任务执行节点，具体执行用户任务。TaskManager 执行作业中的任务，并管理任务的状态和资源，实现数据处理操作的工作节点。TaskManager 可以有多个，它们之间是平等的。

5. Flink 运行模式

Flink 支持多种运行模式，这些模式决定了 Flink 应用程序如何与集群资源管理器进行交互以及如何在集群上部署和执行。以下是 Flink 的主要运行模式。

1）Standalone 模式

Standalone 模式是独立运行的，不依赖任何外部资源管理平台，一般只用于开发测试或作业非常少的场景。

2）Yarn 模式

Flink On Yarn 模式是 Apache Flink 与 Hadoop Yarn 集成的一种方式，它允许 Flink 利用 Yarn 的资源管理和调度功能来运行 Flink 应用程序。在这种模式下，Flink 应用程序可以作为 Yarn 应用程序提交到 Yarn 集群上运行。

（1）会话模式（Session Mode）：在这种模式下，首先会启动一个 Flink 集群，该集群会向 Yarn 申请一块固定的资源（包括内存和 CPU），并在这些资源上运行。

（2）单作业模式（Per-Job Mode）：在这种模式下，每次提交一个 Flink 作业都会启动一个新的 Flink 集群，这个集群会为该作业向 Yarn 申请资源，并在作业完成后释放资源。

（3）集群模式（Cluster Mode）：Spark 驱动程序运行在一个 Yarn ApplicationMaster 进程中，该进程由 Yarn 集群管理器管理。

Flink 可以与 Hadoop Yarn 等资源管理器无缝集成，利用 Yarn 的资源管理和调度功能运行 Flink 应用程序。这使 Flink 能够方便地部署在现有的 Hadoop 集群上，并利用集群的资源进行扩展和容错。

6. Flink 应用场景

Flink 是一个开源的流处理和批处理框架，具有低延迟、高吞吐、容错性强等特点，适用于大规模的实时数据处理和分析。以下是 Flink 的一些主要应用场景。

1）实时数据分析

Flink 可以处理实时流数据，并进行实时计算和分析，从而使其适用于实时监控、实时报警、实时指标计算等场景。例如，在电商和市场营销领域，利用 Flink 可以实时分析用户行为、广告效果等；在物联网领域，Flink 可以处理传感器数据，实现实时监控和控制。

2）数据处理和转换

Flink 支持对数据的清洗、拆分、连接等逻辑处理。在数据处理方面，Flink 可以帮助

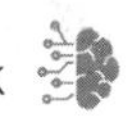

用户解决大数据集的 ETL 问题，包括数据的清洗、转换和加载等。例如，在直播应用中，Flink 可用于对广告展现流、点击流进行实时连接，对客户端日志进行拆分等。

3）实时业务处理

除了数据处理和分析外，Flink 还可以用于实时业务处理。例如，在直播应用中，Flink 可用于实时调度 CDN 厂商流量配比，确保直播等业务的顺畅进行；在银行和金融业中，Flink 可以用于实时结算和通知推送，实时检测异常行为等。

4）实时机器学习

Flink 提供了一套机器学习库（如 FlinkML 和 Flink-PythonML），支持在数据流中进行实时的机器学习模型训练和推断。这使 Flink 在实时推荐系统、异常检测、在线预测等场景中非常有用。

5）云计算和大数据平台

Flink 可以与云计算和大数据平台（如 Hadoop、Spark 等）集成，提供更加强大的数据处理和分析能力。在云计算和大数据平台中，Flink 可以作为实时数据处理和分析的引擎，为各种业务场景提供实时数据支持。

总的来说，Flink 适用于需要实时处理和分析大规模数据的场景。它可以帮助企业及时发现和处理事件，支持实时报表和可视化展示，提高决策效率并优化业务流程。同时，Flink 还支持丰富的算法和工具集，使工程师可以方便地进行各种复杂的数据分析和挖掘任务。

任务 13.2 部署 Flink

部署 Flink

■ 任务描述

通过学习本任务，读者需要独立完成 Flink 的 Standalone 模式和 On Yarn 模式的部署任务，确保 Flink 服务能够正常运行，并能够根据日志文件解决常见的安装和部署问题，从而为后续学习和实践操作提供稳定的 Flink 环境。

知识学习

在进行 Flink 的安装和部署之前，需要了解一些基本的知识。

1. 配置文件

Flink 的配置文件位于 $FLINK_HOME/conf 目录下，主要包括以下部分内容。

（1）flink-conf.yaml：设置 JobManager 节点地址以及 TaskManager 节点地址。

（2）workers 文件：设置 TaskManager 所在节点。

2. 日志和故障排除

Flink 的日志系统基于 SLF4J，并默认使用 Log4j 作为日志实现。

（1）Flink 提供了一个 Web UI，可以通过该 Web UI 查看 JobManager 和 TaskManager

的日志。但是，当任务失败后，Web UI 可能无法使用。

（2）Flink 的日志文件通常位于其安装目录下的 log 文件夹中，通过查看这些日志文件中的异常信息，可以找到任务失败的原因。

（3）如果是在 Yarn 或 Kubernetes 等集群上运行 Flink 任务，可以通过使用 Yarn 或 Kubernetes 等集群管理工具的日志查看功能来查看 Flink 的日志。

（4）检查 Flink 任务的数据源和目标（如 Kafka、HDFS 等）是可否用，检查 Flink 的配置文件是否配置正确。

（5）在 Flink 提供的 Web UI 中查看算子的状态，检查是否有算子处理速度过慢或失败的情况发生。

总之，通过查看日志、分析异常信息、检查资源配置和使用外部工具等方法，可以有效地进行 Flink 的故障排除。

任务实施

步骤 1　Flink Standalone 模式规划

采用前面几个项目的环境，在使用虚拟机模拟的 3 台节点上安装 Flink 集群，具体规划如表 13-1 所示。

表 13-1　Flink Standalone 模式规划表

虚 拟 机	IP 地址	运 行 进 程
master（主节点）	192.168.10.129	JobManager、TaskManager
slave1（从节点）	192.168.10.130	TaskManager
slave2（从节点）	192.168.10.131	TaskManager

本例仍然使用 3 个节点 master、slave1、slave2 搭建部署 Flink 集群，搭建步骤如下所示。

步骤 2　部署 Flink 集群

1. 安装 Flink

在 master 节点中，使用 rz 命令将 Flink 安装文件 flink-1.17.0-bin-scala_2.12.tgz 上传到 /opt/software/ 目录中，并进入该目录，将其解压到 /opt/modules/ 目录中，使用 mv 命令修改名称，命令如下：

```
[root@master ~]# cd /opt/software/
[root@master software]# rz
[root@master software]# tar -zxvf flink-1.17.0-bin-scala_2.12.tgz -C
/opt/modules/
[root@master ~]# cd /opt/modules
[root@master modules]# mv flink-1.17.0 flink
[root@master modules]# ll
```

结果如下：

```
总用量 5
drwxr-xr-x. 11 root root 173 12月 27 21:27 hadoop
drwxr-xr-x.  7 root root 245  4月  2 2019  java
drwxr-xr-x. 14 root root 578 12月 29 20:42 kafka
drwxr-xr-x. 14 root root 625 12月 29 21:02 spark
drwxr-xr-x. 12 root root 438 12月 29 21:20 flink
```

2. 配置 Flink

1）配置 flink-conf.yaml 文件

Flink 的配置文件都存放在安装目录下的 conf 目录中，进入该目录，执行以下操作：

```
[root@master modules]# cd flink/conf/
[root@master conf]# vim flink-conf.yaml
```

修改内容如下：

```
# JobManager 节点地址
jobmanager.rpc.address: master
jobmanager.bind-host: 0.0.0.0
rest.address: master
rest.bind-address: 0.0.0.0
# TaskManager 节点地址，需要配置为当前机器名
taskmanager.bind-host: 0.0.0.0
taskmanager.host: master
```

2）配置 workers 文件

修改 workers 文件，指定 master、slave1 和 slave2 为 TaskManager。

```
[root@master conf]# vim workers
```

修改如下：

```
master
slave1
slave2
```

3）修改 masters 文件

```
[root@master conf]# vim masters
```

添加以下内容：

```
master: 8081
```

另外，在 flink-conf.yaml 文件中还可以对集群中的 JobManager 和 TaskManager 组件进行优化配置，主要配置项如下。

（1）jobmanager.memory.process.size：对 JobManager 进程会使用的全部内存进行配置，包括 JVM 元空间和其他开销，默认为 1600MB，可以根据集群规模进行适当的调整。

（2）taskmanager.memory.process.size：对 TaskManager 进程会使用的全部内存进行配置，包括 JVM 元空间和其他开销，默认为 1728MB，可以根据集群规模进行适当调整。

（3）taskmanager.numberoftaskslots：对每个 TaskManager 能够分配的 Slot 数量进行配置，默认为 1，可根据 TaskManager 所在的机器能够提供给 Flink 的 CPU 数量决定。所谓 Slot，就是 TaskManager 中为运行一个具体任务所分配的计算资源。

（4）parallelism.default：Flink 任务执行的并行度，默认为 1。优先级低于代码中进行的并行度配置和任务提交时使用参数指定的并行度数量。

3. 分发文件

执行以下命令，将 master 节点配置好的 Flink 安装文件复制到其余两个节点：

```
[root@master conf]# scp -r /opt/modules/flink/ root@slave1:/opt/modules/
[root@master conf]# scp -r /opt/modules/flink/ root@slave2:/opt/modules/
```

4. 修改其他节点配置

执行以下命令，修改 slave1 的 taskmanager.host 文件：

```
[root@slave1 ~]# cd /opt/modules/flink/conf/
[root@slave1 conf]# vim flink-conf.yaml
```

修改内容如下：

```
# TaskManager 节点地址，需要配置为当前机器名
taskmanager.host: slave1
```

执行以下命令，修改 slave2 的 taskmanager.host 文件：

```
[root@slave2 ~]# cd /opt/modules/flink/conf/
[root@slave2 conf]# vim flink-conf.yaml
```

修改内容如下：

```
# TaskManager 节点地址，需要配置为当前机器名
taskmanager.host: slave2
```

5. 启动 Flink 集群

在 master 节点上进入 Flink 的安装目录，执行以下命令，启动 Flink 集群：

```
[root@master conf]# cd ..
[root@master flink]# bin/start-cluster.sh
```

启动完毕，分别在各节点执行 jps 命令，查看启动的 Java 进程。

6. 查看进程

执行以下命令，查看进程：

```
[root@master ~]# all.sh
=====================jps: master ========================
58584 StandaloneSessionClusterEntrypoint
58908 TaskManagerRunner
58991 Jps
=====================jps: slave1 ========================
41793 TaskManagerRunner
41854 Jps
=====================jps: slave2 ========================
12485 TaskManagerRunner
12527 Jps
```

从上述结果中可以看出，master 节点上出现了 StandaloneSessionClusterEntrypoint 与 TaskManagerRunner 进程，slave1 和 slave2 节点出现了 TaskManagerRunner 进程，说明集群启动成功。

启动成功后，在浏览器中访问网址 http://master:8081，查看 Flink 的 Web 界面，如图 13-4 所示。

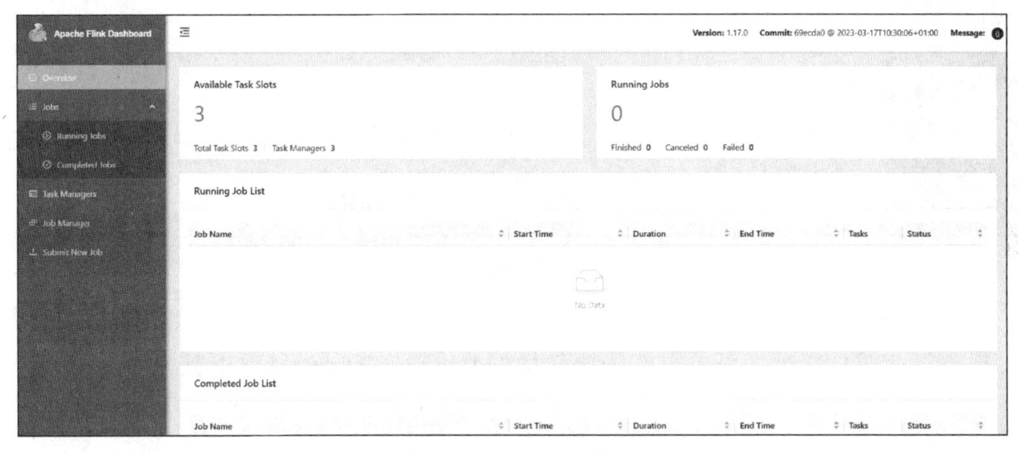

图 13-4　Flink Web 界面

这里可以明显看到，当前集群的 TaskManager 数量为 3。由于默认每个 TaskManager 的 Slot 数量为 1，所以 Slot 总数和可用 Slot 数都为 3。

步骤 3　向集群提交作业

1. 环境准备

在 master 节点中执行以下命令启动 netcat：

```
[root@master ~]# nc lk 5555
```

2. 在 Web UI 上提交作业

1）上传 jar 包

打开 Flink 的 Web UI，在右侧导航栏中单击 Submit New Job，然后单击 Add New 按钮，

选择要上传运行的 jar 包，如图 13-5 所示。

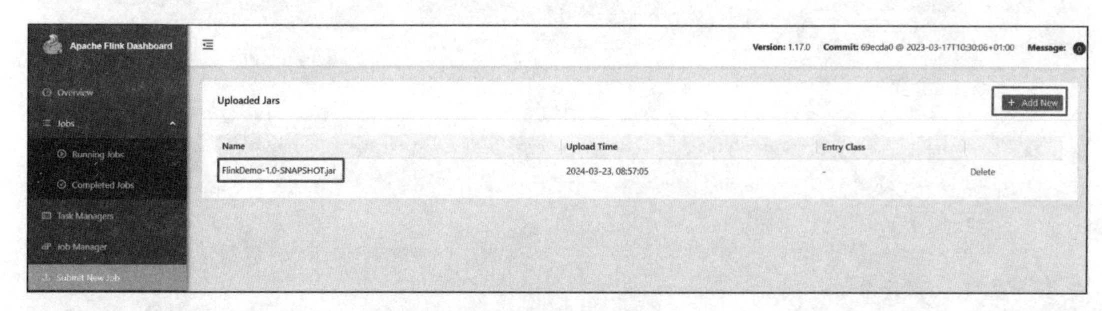

图 13-5　上传 jar 包

2）任务配置

单击该 jar 包，出现任务配置页面，进行相应配置。主要配置程序入口主类的全类名、任务运行的并行度、任务运行所需的配置参数，以及保存点路径等。配置完成后，即可单击 Submit 按钮，将任务提交到集群运行，如图 13-6 所示。

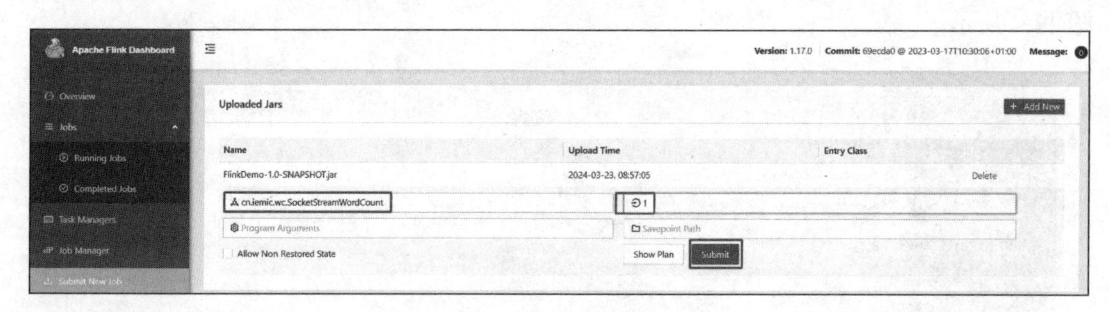

图 13-6　任务配置

3）查看运行情况

任务提交成功之后，可单击左侧导航栏的 Running Jobs 栏目项查看程序运行列表情况，如图 13-7 所示。

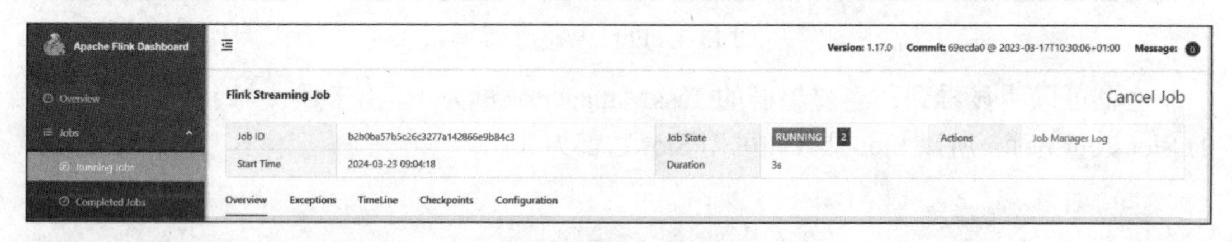

图 13-7　任务运行情况

4）测试

任务提交成功之后，可单击左侧导航栏的 Running Jobs 栏目项查看程序运行列表情况，如图 13-6 所示。

（1）在 socket 端口中输入 hello，命令如下：

```
[root@master flink]# nc -lk 5555
hello
```

（2）先单击 Task Manager，然后单击右侧的 master 服务器节点，再单击 Stdout 按钮，就可以看到 hello 单词的统计数据，结果如图 13-8 所示。

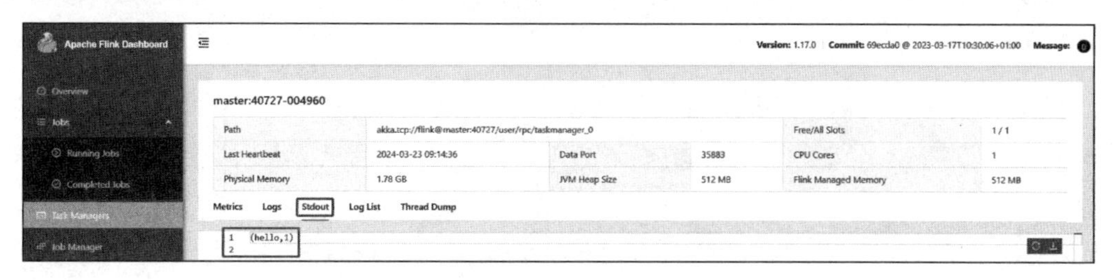

图 13-8 计数结果

注意：如果 master 节点没有统计单词数据，可以去其他 TaskManager 节点上查看。

5）结束任务

单击该任务名称 Flink Streaming Job，可以查看任务运行的具体情况，也可以通过单击 Cancel Job 按钮结束任务运行，如图 13-9 所示。

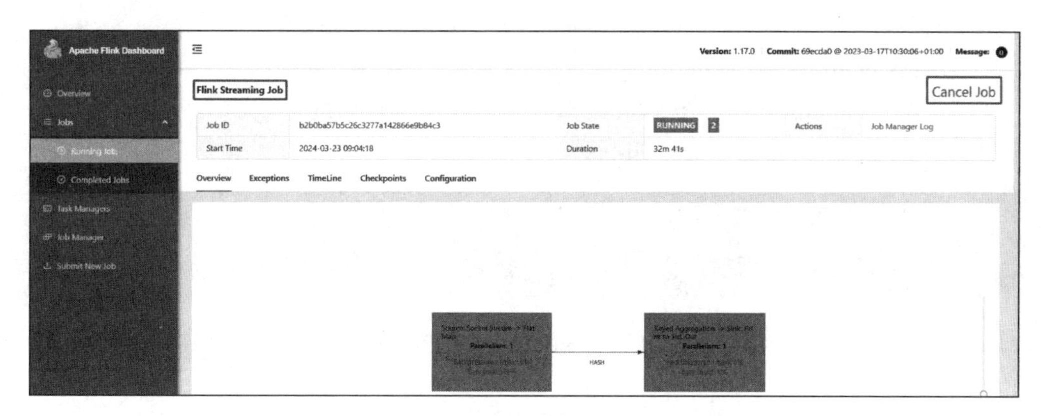

图 13-9 结束任务

3. 命令行提交作业

除了通过 Web 界面提交任务外，也可以直接通过命令行来提交任务。

1）启动集群

```
[root@master flink]# bin/start-cluster.sh
```

2）启动 netcat

```
[root@master flink]# nc -lk 5555
```

3）上传 Flink 程序运行包 JAR

将 FlinkDemo-1.0-SNAPSHOT.jar 上传到 /opt/module/flink 目录，使用以下命令查看：

```
[root@master ~]# ll /opt/modules/flink/
总用量 74440
drwxr-xr-x  2 root root     4096 3月  17 2023  bin
drwxr-xr-x  2 root root      263 3月  23 07:44 conf
```

```
drwxr-xr-x  6 root root       63 3月  17 2023  examples
-rw-r--r--  1 root root 76044154 3月  23 08:39 FlinkDemo-1.0-SNAPSHOT.jar
drwxr-xr-x  2 root root     4096 3月  17 2023  lib
-rw-r--r--  1 root root    11357 3月  17 2023  LICENSE
drwxr-xr-x  2 root root     4096 3月  17 2023  licenses
drwxr-xr-x  2 root root      228 3月  23 09:48 log
-rw-r--r--  1 root root   145757 3月  17 2023  NOTICE
drwxr-xr-x  3 root root     4096 3月  17 2023  opt
drwxr-xr-x 10 root root      210 3月  17 2023  plugins
-rw-r--r--  1 root root     1309 3月  17 2023  README.txt
```

4）提交作业

进入到 Flink 的安装路径下，在命令行中使用 flink run 命令提交作业。

```
[root@master flink]# bin/flink run -m master:8081 -c
cn.iemic.wc.SocketStreamWordCount ./FlinkDemo-1.0-SNAPSHOT.jar
```

这里的参数 -m 指定了提交到的 JobManager，-c 指定了入口类。

5）查看执行情况

在浏览器中输入地址 http://master:8081，查看应用执行情况。

（1）用 netcat 输入数据，命令如下：

```
[root@master flink]# nc -lk 5555
hello hello flink
hello flink hadoop
```

（2）在 TaskManager 的标准输出（Stdout）栏中看到对应的统计结果，如图 13-10 所示。

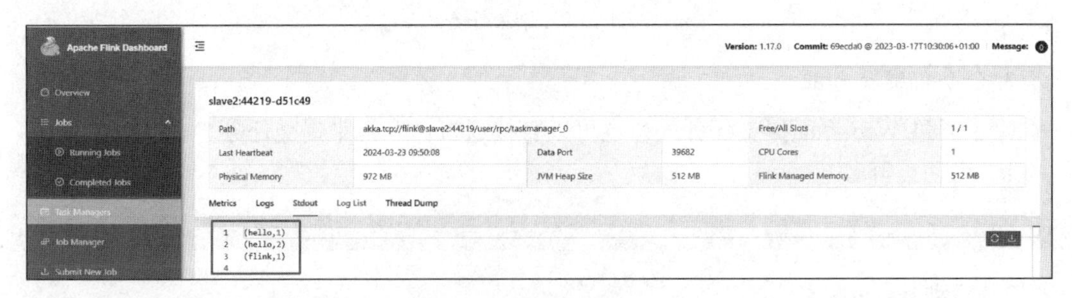

图 13-10　统计结果（1）

如果选择 Log List 栏，则可以发现计算结果存储在 flink-root-taskexecutor-0-slave2.out 文件中，可以在客户端使用以下命令查看：

```
[root@slave2 ~]# cd /opt/modules/flink/log/
[root@slave2 log]#  cat flink-root-taskexecutor-0-slave2.out
(hello,1)
(hello,2)
(flink,1)
```

步骤4 Yarn模式部署

客户端把Flink应用提交给ResourceManager，ResourceManager会向NodeManager申请容器。在这些容器上，Flink会部署JobManager和TaskManager的实例，从而启动集群。Flink会根据运行在JobManager上的作业需要的Slot数量，动态分配TaskManager资源。

1. 相关准备和配置

1）关闭Standalone模式

执行以下命令，关闭Standalone模式：

```
[root@master flink]# bin/stop-cluster.sh
```

2）配置环境变量

执行以下命令，配置环境变量：

```
[root@master flink]# vim /etc/profile
```

文件末尾添加以下内容：

```
export HADOOP_CONF_DIR=${HADOOP_HOME}/etc/hadoop
export HADOOP_CLASSPATH=`hadoop classpath`
```

3）启动Hadoop集群

执行以下命令，启动Hadoop集群：

```
[root@master flink]# start-all.sh
[root@slave1 ~]# start-yarn.sh
[root@master flink]# all.sh
=====================jps: master ========================
65459 NameNode
66085 Jps
44356 DataNode
44473 NodeManager
=====================jps: slave1 ========================
44377 DataNode
44494 NodeManager
44623 Jps
65822 ResourceManager
=====================jps: slave2 ========================
14712 NodeManager
14841 Jps
14586 DataNode
65663 SecondaryNameNode
```

4）启动netcat

执行以下命令，启动netcat：

```
[root@master flink]# nc -lk 5555
```

2. 会话模式部署

使用会话模式，需要先启动一个集群，保持一个会话，在这个会话中通过客户端提交作业。由于集群启动时所有资源就都已确定，因此所有提交的作业会竞争集群中的资源。

Yarn 的会话模式需要首先申请一个 Yarn 会话（Yarn Session）来启动 Flink 集群。

1）启动 Flink 集群

执行以下命令，向 Yarn 集群申请资源，开启一个 Yarn 会话：

```
[root@master flink]# bin/yarn-session.sh -nm test -d
```

上述代码中各个参数的含义如下：

- -nm（--name）：配置在 Yarn 的 Web 界面上显示的任务名；
- -d：分离模式，Yarn session 也可以后台运行。

其他常用参数说明如下：

- -jm（--jobManagerMemory）：配置 JobManager 所需内存，默认单位为 MB；
- -qu（--queue）：指定 Yarn 的队列名；
- -tm（--taskManager）：配置每个 TaskManager 所使用的内存。

Yarn Session 启动之后会给出一个 Web 界面地址以及一个 YARN application ID，用户可以通过 Web 界面或者命令行两种方式提交作业。

```
application 'application_1711160474571_0001'
JobManager Web Interface: http://slave1:44199
```

2）查看执行情况

在浏览器中访问网址 http://master:8088，查看 Yarn 的 Web 界面，如图 13-11 所示。

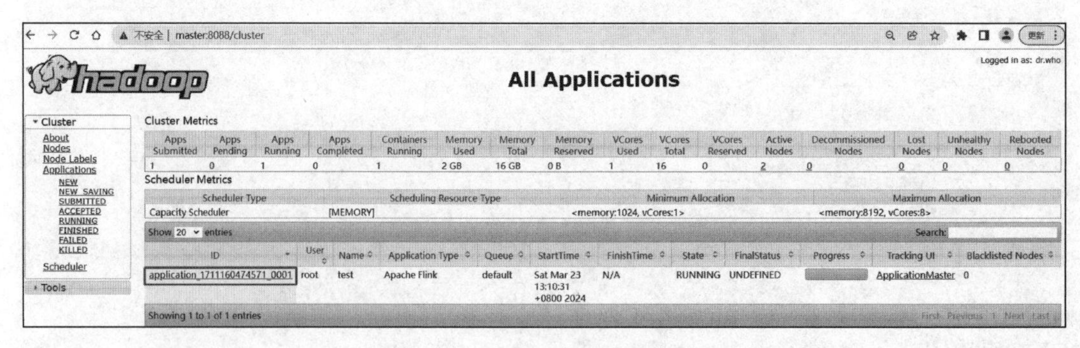

图 13-11　Yarn Web 界面（1）

3）提交作业

（1）通过 Web 界面提交作业。

这种方式比较简单，与上文所述 Standalone 部署模式基本相同，如图 13-12 所示。

（2）通过命令行提交作业。

执行以下命令，将该任务提交到已经开启的 Yarn Session 中运行：

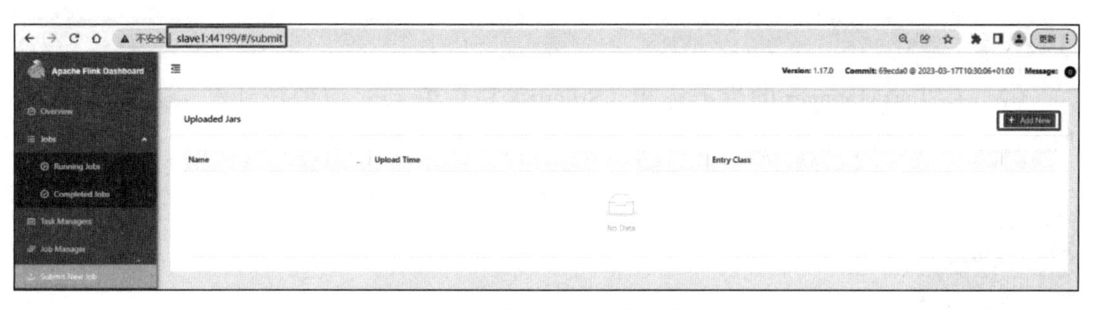

图 13-12　通过 Web UI 提交作业

```
[root@master flink]# bin/flink run -m master:8081 -c
cn.iemic.wc.SocketStreamWordCount ./FlinkDemo-1.0-SNAPSHOT.jar
```

输出结果如下：

```
application_1711160474571_0003'.
Job has been submitted with JobID a3f6ab281cbefecdc8d87bb322af8f93
```

任务提交成功后，在浏览器中访问网址 http://master:8088，查看 Yarn 的 Web 界面，如图 13-13 所示。

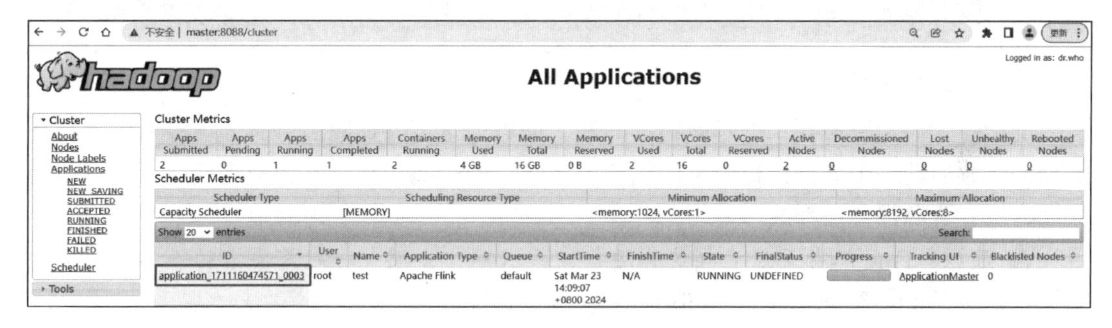

图 13-13　Yarn Web 界面（2）

单击图 13-12 中的 ApplicationMaster，跳转到 Flink 的 Web 界面，查看提交任务的运行情况，如图 13-14 所示。

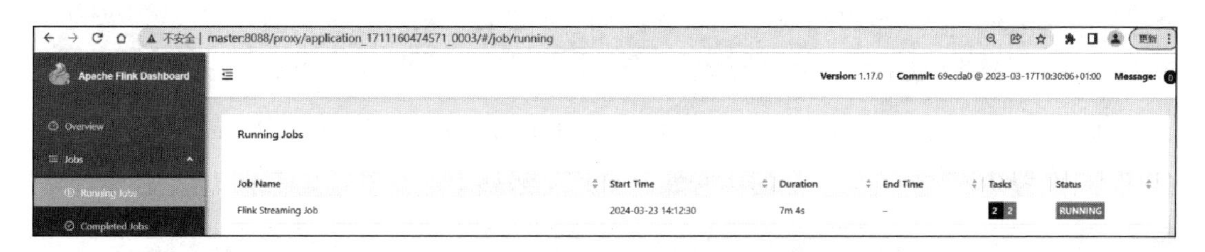

图 13-14　通过 Web 界面提交作业

4）查看应用执行情况

（1）用 netcat 输入以下数据，命令如下：

```
[root@master flink]# nc -lk 5555
hello hello flink
```

```
hello flink hadoop
```

（2）在 TaskManager 的标准输出（Stdout）栏中看到对应的统计结果，如图 13-15 所示。

图 13-15　统计结果（2）

5）停止运行

执行以下命令，停止 yarn-session 会话：

```
[root@master flink]# echo "stop" | ./bin/yarn-session.sh -id
application_1711160474571_0003
```

3. 单作业模式部署

会话模式因为资源共享会导致很多问题，所以为了更好地隔离资源，可以考虑为每个提交的作业启动一个集群，这就是所谓的单作业（Per-Job）模式。作业完成后，集群就会关闭，所有资源都会被释放。

⚠ **注意：** Fink 本身无法直接这样运行，所以单作业模式一般需要借助一些资源来启动集群，如 Yarn、Kubernetes（K8S）。

在 Yarn 环境中，也可以直接向 Yarn 提交一个单独的作业，从而启动一个 Flink 集群。

1）提交作业

执行以下命令，提交作业：

```
[root@master flink]# bin/flink run -d -t yarn-per-job
-c cn.iemic.wc.SocketStreamWordCount ./FlinkDemo-1.0-SNAPSHOT.jar
```

任务提交成功后，可在浏览器中访问网址 http://master:8088，查看 Yarn 的 Web 界面，如图 13-16 所示。

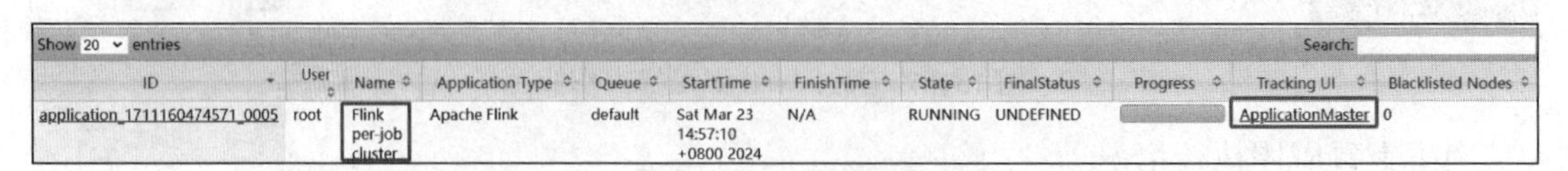

ID	User	Name	Application Type	Queue	StartTime	FinishTime	State	FinalStatus	Progress	Tracking UI	Blacklisted Nodes
application_1711160474571_0005	root	Flink per-job cluster	Apache Flink	default	Sat Mar 23 14:57:10 +0800 2024	N/A	RUNNING	UNDEFINED		ApplicationMaster	0

图 13-16　Yarn Web UI

单击图 13-16 中的 ApplicationMaster，跳转到 Flink 的 Web 界面，通过 Flink 的 Web 界面查看提交任务的运行情况，如图 13-17 所示。

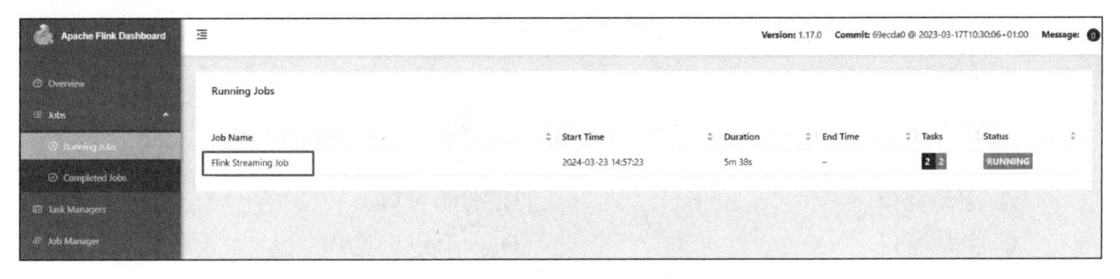

图 13-17 利用 Web 界面查看运行的作业

2）使用命令行查看作业

具体命令如下：

```
[root@master flink]# bin/flink list -t yarn-per-job
-Dyarn.application.id=application_1711160474571_0005
Waiting for response...
------------------ Running/Restarting Jobs -------------------
23.03.2024 14:57:23 : 15530263a80e74aca8f13019b478d61d : Flink Streaming
Job (RUNNING)
```

3）使用命令行取消作业

具体命令如下：

```
[root@master flink]# bin/flink  cancel -t yarn-per-job
-Dyarn.application.id=application_1711160474571_0005
15530263a80e74aca8f13019b478d61d
```

其中，15530263a80e74aca8f13019b478d61d 为作业的 ID。

◆ 课 后 练 习 ◆

一、单选题

1. Apache Flink 的框架类型是（　　）。
   A. 批处理框架　　B. 流处理框架
   C. 批处理和流处理框架　　D. 机器学习框架
2. Flink 支持（　　）时间语义。
   A. 事件时间　　B. 处理时间
   C. 摄入时间　　D. 所有以上选项
3. Flink 支持以下（　　）部署模式。
   A. Yarn 集群模式　　B. Standalone 集群模式
   C. Local 模式　　D. 所有以上选项
4. Flink 的 DataSet API 主要用于（　　）类型的数据处理。
   A. 批处理　　B. 流处理
   C. 图处理　　D. 机器学习

5. Flink 的（　　）组件负责作业的调度和的执行。

A. JobManager　　B. TaskManager

C. CheckpointCoordinator　　D. Client

6. Flink 支持的窗口操作的类型是（　　）。

A. 滚动窗口　　B. 滑动窗口

C. 会话窗口　　D. 所有以上选项

7. Flink 的 TaskManager 主要负责（　　）。

A. 作业的调度和执行　　B. 任务的执行

C. 资源管理　　D. 客户端交互

8. Flink 的（　　）特性使其适用于实时数据处理。

A. 高吞吐量　　B. 低延迟

C. 批流一体化　　D. 所有以上选项

9. Flink 可以运行在（　　）类型的集群环境上。

A. Yarn 集群　　B. Kubernetes 集群

C. Mesos 集群　　D. 所有以上选项

10. 在 Flink 中，（　　）概念描述了数据流持续不断且没有明确结束的情况。

A. 无界流　　B. 有界流

C. 实时流　　D. 批处理流

二、多选题

1. 下面关于 Flink 的说法正确的是（　　）。

A. Flink 可以同时支持实时计算和批量计算

B. Flink 不是 Apache 软件基金会的项目

C. Flink 是 Apache 软件基金会的 5 个最大的大数据项目之一

D. Flink 起源于 Stratosphere 项目

2. Flink 的主要特性包括（　　）。

A. 批流一体化　　B. 精密的状态管理

C. 事件时间支持　　D. 精确一次的状态一致性保障

3. Flink 常见的应用场景包括（　　）。

A. 数据流水线应用　　B. 数据分析应用

C. 事件驱动型应用　　D. 地图应用

4. Flink 作业提交后，会经历（　　）阶段。

A. 作业解析　　B. 任务调度

C. 任务执行　　D. 结果输出

5. Flink 系统主要由两个组件组成，它们分别为（　　）。

A. JobManager　　B. JobScheduler

C. TaskManager　　D. TaskScheduler

大数据平台的管理与监控

导读

为了实现这些 Hadoop 集群的管理与监控目标，大数据平台通常集成了一系列工具和组件，如分布式协调服务（如 ZooKeeper）、资源管理器（如 Yarn）监控与告警系统等。这些工具和组件共同构成了一个完整的大数据平台管理与监控体系，为大数据应用提供了稳定、高效和安全的运行环境。

学习目标

（1）了解常见的大数据管理与监控平台；

（2）熟悉常用的第三方开源工具；

（3）掌握监控部署，能够自动化部署、管理和优化大数据平台。

技能目标

（1）能够部署 Nagios 实现节点和 Hadoop 集群监控；

（2）能够部署 Ganglia 实现节点、Hadoop 集群、HBase 集群、Flume 监控；

（3）能够部署 Prometheus、Grafana 实现集群节点监控。

职业素养目标

（1）强化国家意识，确保在大数据平台的管理与监控中维护国家的主权、安全和发展利益；

（2）增强创新意识，鼓励学生在学习和使用集群监控组件的过程中，不断探索新的应用场景和技术创新点，精通监控工具和技术，能够实时监控系统性能、故障和安全事件，及时响应和处理；

（3）提升职业道德意识，对大数据平台的安全、稳定和高效运行负有高度责任感，时刻保持警惕和敬业精神；严格遵守工作规范和流程，确保每一项操作准确无误，防止数据丢失、泄露或损坏；

（4）培养团队合作精神，在学习与实践集群监控组件部署的过程中，熟练掌握大数据平台的基础架构和关键技术，包括分布式存储、计算框架、数据处理流程等；强调团队协作的重要性，培养与他人合作共同解决问题的能力；

（5）培养社会责任感，通过集群监控组件的学习和实践，引导学生关注社会热点问题，不断提升大数据平台的管理与监控领域中数据处理的准确性和效率。

任务 14.1 大数据平台的管理与监控概述

大数据平台的管理与监控概述

■ 任务描述

通过学习本任务，读者能够对平台的管理与监控工具有一定了解，逐步培养发现并解决潜在问题的能力，努力提高大数据平台的可用性和可靠性，从而能够为业务提供持续、稳定的数据服务。

知识学习

大数据平台的管理与监控是确保大数据平台稳定、高效和安全运行的关键环节，涉及对平台各个组件的监控、管理、维护和优化，以确保平台能够持续地为业务提供高质量的数据服务。

1. 常用的大数据管理与监控平台

1）基于 CDH 的管理与监控平台

CDH 是 Cloudera 公司推出的一个基于 Apache Hadoop 的完全开源的大数据管理平台，包括 Hadoop、Hive、Flume、Kafka、Sqoop、HBase、Spark、Pig 等众多大数据开源的软件，专为满足企业需求而构建。CDH 创建了一个功能先进的系统，可以帮助企业执行端到端的数据工作流程。简单来说，CDH 是一个拥有集群自动化安装、中心化管理、集群监控、报警功能的工具，能使得集群的安装时间从几天缩短为几小时，运维人数也会从几十人降低到几个人，极大地提高了集群管理的效率。

2）基于 HDP 的管理与监控平台

HDP 是一个基于 Apache Hadoop 的完全开源的大数据管理平台。其中，组件 Apache Ambari 是一种基于 Web 的管理工具，支持 Apache Hadoop 集群的安装、管理和监控。Ambari 目前已支持大多数 Hadoop 组件，包括 HDFS、MapReduce、Hive、HBase、ZooKeeper、Sqoop 等。

2. 常用监控工具

运维工作的关键在于需要第一时间得知重要的系统异常，并能及时解决问题。因此，

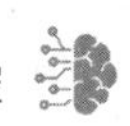

对于维护系统的正常运行来说，一个可以实时监控系统状态并在发生异常时及时警告的工具是至关重要的。

如果 Hadoop 集群的组件都是自己逐个安装的，那么此时 Hadoop 平台的管理与监控就可以使用第三方提供的开源监控告警工具，如 Ganglia、Zabbix、Nagios 和 Prometheus 等。

任务 14.2 Nagios 监控

Nagios 监控

■ 任务描述

Nagios 是一个流行的开源 IT 基础设施监控软件，它可以帮助网络管理员监控各种网络服务、服务器资源、应用程序、网络设备等，确保这些组件的稳定性和性能。在这个任务中，需要完成 Nagios 的安装和部署工作，实现对 Hadoop 及其组件的监控。

知识学习

1. Nagios 简介

大数据平台的管理员可通过 Nagios 监控节点以及集群资源，可以实时掌握节点的资源使用情况（如 CPU、内存、磁盘空间、网络带宽等），确保节点稳定运行并满足业务需求。同时，通过及时发现和处理潜在问题，提高系统的可用性和稳定性。

2. Nagios 监控系统

Nagios 监控系统主要包括主程序（Nagios）、Nagios 插件（Nagios-plugins）以及 Nagios 远程插件执行器（Nagios Remote Plugin Executor，NRPE）。通过这些组件的协同工作，Nagios 监控系统可以实现对计算机系统和网络设备的实时监控和告警，帮助管理员及时发现和解决潜在的问题。

1）主程序

Nagios 是监控系统的核心，负责接收配置信息、调度监控任务、处理监控结果以及发送告警等。它本身并不直接执行监控任务，而是通过调用插件来执行具体的监控工作。

2）Nagios 插件

Nagios 插件是用于 Nagios 监控系统扩展其监控功能的重要组件，它的主要功能是收集特定类型的监控数据，例如检查某个服务的状态、测量主机的性能指标等。

3）NRPE

NRPE 是 Nagios 监控系统中用于远程主机执行插件的一个组件。NRPE 由两部分组成：check_nrpe 插件和 NRPE 守护进程。check_nrpe 插件存在于 Nagios 监控服务器和被监控主机上，而 NRPE 守护进程只运行在被监控主机上。

3. Nagios 远程监控

Nagios 分为服务端监控与客户端监控。为便于理解，将监控主机称为服务端，将被监控主机称为客户端。由于 Nagios 只能监控自己所在的服务器，而对其他主机的监控则无能为力，所以需要安装 NRPE 实现远程监听客户端。Nagios 远程监控流程如图 14-1 所示。

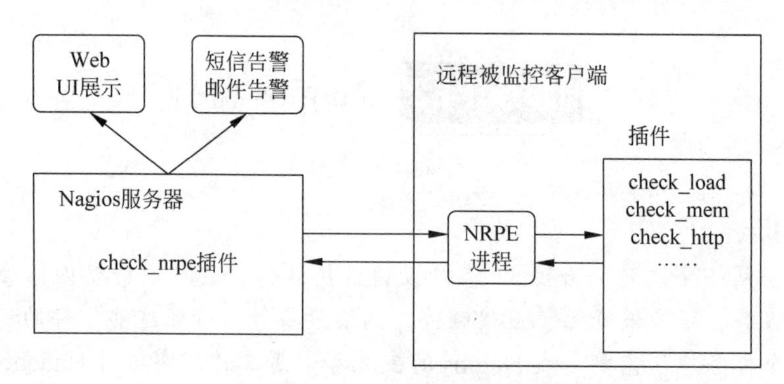

图 14-1　Nagios 远程监控流程

具体流程如下。

（1）Nagios 执行安装在它里面的 check_nrpe 插件，并通知 check_nrpe 要监听的服务。

（2）通过 SSL、check_nrpe 连接客户端上的 NRPE 进程，NRPE 运行各种插件去监听客户端的服务和状态。

（3）NRPE 把检测的结果传给主机端 check_nrpe，check_nrpe 把结果送到 Nagios 状态队列中，Nagios 依次读取队列中信息，再将结果显示出来。

4. Nagios 的优缺点

Nagios 是一个流行的开源系统和网络监控工具，广泛应用在许多企业和组织中。以下是 Nagios 的一些主要优点和缺点。

1）Nagios 的优点

（1）开源和免费：Nagios 是一个开源项目，用户可以自由使用、修改和分发。

（2）监控可定制：Nagios 提供了丰富的配置选项和插件，允许用户根据自己的需求定制监控解决方案。

（3）可扩展性：Nagios 可以通过添加插件来扩展其功能，支持几乎所有监控需求。

（4）灵活性：Nagios 支持多种监控方法，用户可以选择最适合的监控策略。

（5）通知功能：Nagios 支持多种通知方式，如电子邮件、短信、即时消息等。

（6）界面丰富：Nagios 提供了丰富的报告和图形化界面，展示系统的性能和状态。

2）Nagios 的缺点

（1）配置复杂：Nagios 的配置相对复杂，需要一定的学习和经验才能有效地设置和使用。特别是当监控对象众多且复杂时，配置可能会变得相当烦琐。

（2）用户界面不够直观：Nagios 的用户界面相对较为传统，不够直观和易用。对新用户来说，可能需要一些时间来熟悉和适应。

（3）依赖外部组件：Nagios 依赖于外部组件和插件来实现其功能。如果某个组件或插件出现问题，可能会影响整个监控系统的稳定性和可靠性。

任务实施

以下是实施 Nagios 监控任务的具体步骤。

步骤 1　Nagios 监控 master 节点

1. 安装软件包

执行以下命令，安装依赖包：

```
[root@master ~]# yum -y install
mysql-community-libs-compat-5.7.18-1.el7.x86_64.rpm
[root@master ~]# yum install httpd php php-cli gcc glibc
glibc-common gd gd-devel net-snmp
[root@master ~]]# yum -y install openssl-devel
```

2. 部署 Nagois

1）创建用户和分组

由于 Nagios 必须运行在 Nagios 用户下，所以需要首先创建 Nagios 用户，然后将密码修改为 password（注意两次输入的密码要一致），最后将 Nagios 用户添加到分组，命令如下：

```
[root@master ~]# useradd -m nagios
[root@master ~]# passwd nagios
[root@master ~]# groupadd nagcmd
[root@master ~]# usermod -a -G nagcmd nagios
```

2）安装 Nagios

首先将 nagios-4.0.8.tar.gz 上传到 /opt/software/ 目录，然后采用编译方式安装，命令如下：

```
[root@master ~]# tar -zxvf /opt/software/nagios-4.0.8.tar.gz
[root@master ~]# cd nagios-4.0.8
[root@master nagios-4.0.8]# ./configure --with-command-group=nagcmd
[root@master nagios-4.0.8]# make all
[root@master nagios-4.0.8]# make install
[root@master nagios-4.0.8]# make install-init
[root@master nagios-4.0.8]# make install-config
[root@master nagios-4.0.8]# make install-commandmode
```

3）安装 Web 界面

Nagios 提供了一个 Web 界面，方便管理员查看监控状态、历史记录、警告信息等。通过 Web 界面，管理员可以远程控制 Nagios，进行配置修改、重启服务等操作，命令如下：

```
[root@master nagios-4.0.8]# make install-webconf
```

4）创建登录账号

执行以下命令，创建 Nagios 登录账号 nagiosadmin，输入两次密码 password：

```
[root@master nagios-4.0.8]# htpasswd -c /usr/local/nagios/etc/htpasswd.
users nagiosadmin
```

结果如下：

```
Adding password for user nagiosadmin
```

5）重启服务

执行以下命令，重启 httpd.service 服务：

```
[root@master nagios-4.0.8]# cd
[root@master ~]# systemctl restart httpd.service
[root@master ~]# ps -ef|grep httpd
```

结果如下：

```
root     6227     1  0 06:45 ?       00:00:00 /usr/sbin/httpd -DFOREGROUND
apache   6229  6227  0 06:45 ?       00:00:00 /usr/sbin/httpd -DFOREGROUND
apache   6230  6227  0 06:45 ?       00:00:00 /usr/sbin/httpd -DFOREGROUND
apache   6231  6227  0 06:45 ?       00:00:00 /usr/sbin/httpd -DFOREGROUND
apache   6232  6227  0 06:45 ?       00:00:00 /usr/sbin/httpd -DFOREGROUND
apache   6233  6227  0 06:45 ?       00:00:00 /usr/sbin/httpd -DFOREGROUND
root     6237  2129  0 06:45 pts/1   00:00:00 grep --color=auto httpd
```

6）安装 Nagios 插件

首先将 nagios-plugins-2.0.3.tar.gz 上传到 /opt/software/ 目录，然后采用编译方式安装基础插件包 nagios-plugin，实现对各个主机及服务的监控，命令如下：

```
[root@master ~]# tar -zxvf /opt/software/nagios-plugins-2.0.3.tar.gz
[root@master ~]# cd nagios-plugins-2.0.3
[root@master nagios-plugins-2.0.3]# ./configure --with-nagios-user=nagios
--with-nagios-group=nagios
[root@master nagios-plugins-2.0.3]# make
[root@master nagios-plugins-2.0.3]# make install
[root@master nagios-plugins-2.0.3]# service nagios start
```

启动 Nagios 服务后，结果如下：

```
Reloading systemd:                                          [  确定  ]
Starting nagios (via systemctl):                            [  确定  ]
```

7）登录 Nagios 的 Web 界面

在浏览器中输入网址 http://master/nagios/，登录名为 nagiosadmin，密码为 password。Nagios 的 Web 界面如图 14-2 所示。

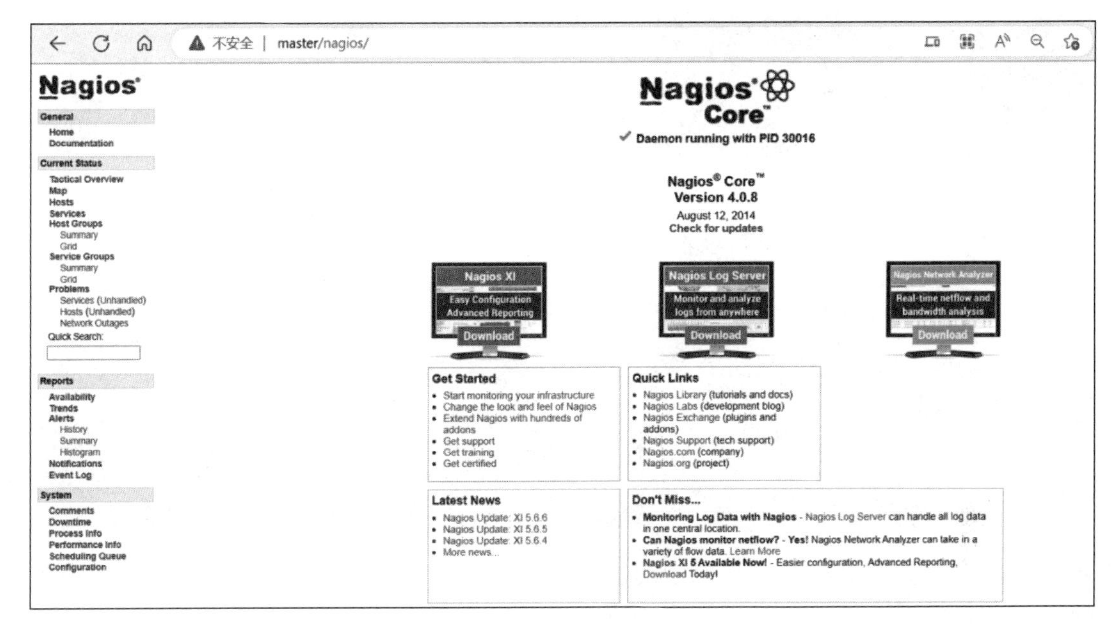

图 14-2　Nagios 的 Web 界面

3. Nagios 配置文件详解

1）查看 Nagios 目录

在 master 节点（服务端）安装完 Nagios 后，进入 Nagios 目录查看内容，命令如下：

```
[root@master nagios-plugins-2.0.3]# cd /usr/local/nagios/
[root@master nagios]# ll
drwxrwxr-x  2 nagios nagios   38 11月 20 14:30 bin
drwxrwxr-x  3 nagios nagios   96 11月 20 14:32 etc
drwxr-xr-x  2 root   root      6 11月 20 14:36 include
drwxrwxr-x  2 nagios nagios 4096 11月 20 14:36 libexec
drwxrwxr-x  2 nagios nagios 4096 11月 20 14:30 sbin
drwxrwxr-x 11 nagios nagios 4096 11月 20 14:36 share
drwxrwxr-x  5 nagios nagios  191 11月 20 16:26 var   sbin   share   var
```

其中，各个目录含义如下：

- bin 目录：用于存放 Nagios 的执行程序，包括 nagios、nrpe 等；
- etc 目录：用于存放 Nagios 的配置文件；
- include 目录：用于存放 Nagios cgi 文件的外部调用；
- libexec 目录：用于存放 Nagios 的监控插件；
- sbin 目录：用于存放 Nagios cgi 文件，也就是执行外部命令所需文件所在的目录；
- share 目录：用于存放 Nagios 网页文件，也就是存放 Web 页面的目录；
- var 目录：用于存放 Nagios 日志文件、lock 文件等。

2）查看 libexec 目录

执行以下命令，进入 libexec 目录查看监控插件：

```
[root@master nagios]# ll libexec
-rwxr-xr-x 1 nagios nagios 221024 4月   7 19:54 check_disk
-rwxr-xr-x 1 nagios nagios 337416 4月   7 19:54 check_http
...............................................................
```

3）查看 etc 目录

执行以下命令，进入 etc 目录查看配置文件：

```
[root@master nagios]# cd etc
[root@master etc]# ll
-rw-rw-r-- 1 nagios nagios 12015 11月 20 14:30 cgi.cfg
-rw-r--r-- 1 root   root      50 11月 20 14:32 htpasswd.users
-rw-rw-r-- 1 nagios nagios 44475 11月 20 14:30 nagios.cfg
drwxrwxr-x 2 nagios nagios   167 11月 20 14:30 objects
-rw-rw---- 1 nagios nagios  1312 11月 20 14:30 resource.cfgfg
```

其中，nagios.cfg 引用 objects 目录中的监控文件，实现监控功能；objects 目录用于存放 Nagios 的监控文件。

步骤 2 Nagios 监控 master 节点

1. 定义监控服务

services.cfg 是 Nagios 监控系统中的一个重要配置文件，用于定义需要监控的服务。执行以下命令，创建 services.cfg 文件，监控 master 节点，命令如下：

```
[root@master etc ]# cd /usr/local/nagios/etc/objects
[root@master objects]# vim services.cfg
```

添加如下代码：

```
define service{
   use local-service
   host_name master
   service_description check-host-alive
   check_command check-host-alive
}
```

上述代码中各个参数的含义如下：

- use：引用 local-service 服务的属性值；
- host_name：指定要监控的主机；
- service_description：对监控服务内容的描述，该描述显示到 Web 界面；
- check_command：指定的监控命令。

2. 监控 master 节点

localhost.cfg 是 Nagios 监控系统中的一个配置文件，通常用于定义要监控的本地主机（localhost）上的服务和资源。这个文件包含了各种服务的定义，包括如何检查服务是否正

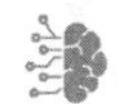

常运行、服务的状态阈值以及服务相关的其他属性。

执行以下命令，配置 localhost.cfg 文件：

```
[root@master objects]# vim localhost.cfg
```

进入文件后输入：set nu 命令，修改代码如下：

```
define host{
    use         linux-server      ; Name of host template to use
        ; This host definition will inherit all variables that are defined
        ; in (or inherited by) the linux-server host template definition.
    host_name       master
    alias           master
    address         192.168.10.129
}
........................................
define hostgroup{
    hostgroup_name    master
    alias             master
    members           master
}
........................................
define service{
    use            local-service
    host_name      master
    service_description      PING
    check_command          check_ping!100.0,20%!500.0,60%
}
........................................
define service{
    use        local-service
    host_name          master
    service_description         Root Partition
    check_command            check_local_disk!20%!10%!/
}
........................................
define service{
    use          local-service
    host_name             master
    service_description             Current Users
    check_command            check_local_users!20!50
}
........................................
define service{
    use                     local-service
    host_name               master
    service_description          Total Processes
```

```
    check_command       check_local_procs!250!400!RSZDT
}
........................................
define service{
    use                 local-service
    host_name           master
    service_description    Current Load
    check_command      check_local_load!5.0,4.0,3.0!10.0,6.0,4.0
}
........................................
define service{
    use             local-service
    host_name           master
    service_description       Swap Usage
    check_command             check_local_swap!20!10
}
........................................
define service{
    use                 local-service
    host_name             master
    service_description        SSH
    check_command              check_ssh
    notifications_enabled        1
}
........................................
define service{
    use                        local-service
    host_name                  master
    service_description       HTTP
    check_command              check_http
    notifications_enabled     1
}
........................................
```

3. 引用监控文件

nagios.cfg 是 Nagios 监控系统的主配置文件，它包含了 Nagios 运行所需的基本设置和参数。这个文件通常包含了其他配置文件和目录的引用，以及全局性设置，命令如下：

```
[root@master objects]# cd ..
[root@master etc]# vim nagios.cfg
```

进入文件后，输入“/cfg_file”进行查找，添加以下代码：

```
cfg_file=/usr/local/nagios/etc/objects/services.cfg
```

上述代码应添加在 cfg_file=/usr/local/nagios/etc/objects/commands.cfg 之前。在修改完配置文件后，可以利用以下命令行检测配置文件是否正确：

```
[root@master etc]# /usr/local/nagios/bin/nagios -v /usr/local/nagios/etc
/nagios.cfg
```

正确结果如下：

```
Checking misc settings...
Total Warnings: 0
Total Errors:   0
```

4. 重新加载和启动 naGios 服务

具体命令如下：

```
[root@master ~]# service nagios reload
[root@master ~]# service nagios restart
```

运行结果如下：

```
Reloading nagios configuration (via systemctl):              [  确定  ]
Restarting nagios (via systemctl):                           [  确定  ]
```

5. 查看 Services

在浏览器中访问网址 http://master/nagios/，登录 Nagios，登录名为 nagiosadmin，密码为 password。登录成功之后，单击左侧 Current Status 菜单下的 Services 选项，需要等待一段时间，结果如图 14-3 所示。

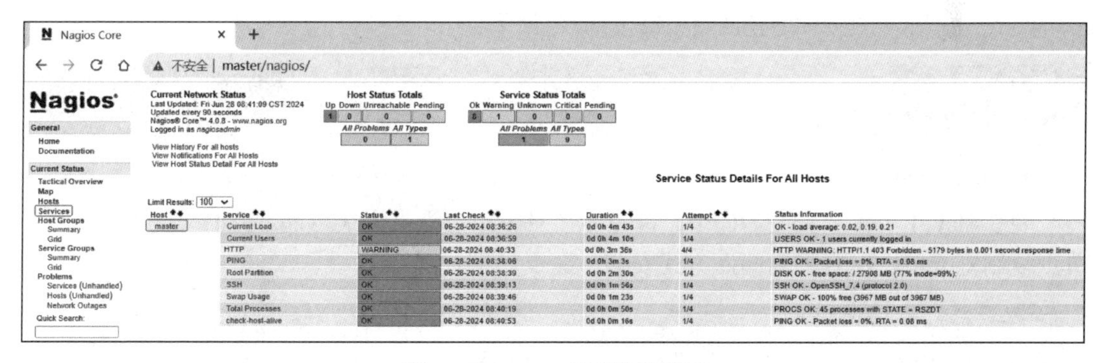

图 14-3　master 节点监控界面

从监控界面看到，HTTP 状态为 WARNING，这里之所以出现警告，是因为没有任何索引文件。监控状态分为：正常（OK）、警告（WARNING）、不明状态（UNKNOWN）、严重错误（CRITICAL）。各个 Service 对应作用及使用的监听插件如表 14-1 所示。

表 14-1　各个 Service 对应作用及使用的监听插件

名　称	作　用	插　件　名
Current Load	CPU 负载	check_load
Current Users	登录系统用户数	check_users
HTTP	网站运行状态	check_http

续表

名　称	作　用	插 件 名
PING	ping	check_ping
ROOT Rartition	根分区	check_disk
SSH 监控	ssh	check_ssh
Swap Usage	交换分区	check_swap
Total Processes	总的进程数量	check_procs

步骤 3　Nagios 监控 slave1

设置 master 节点为监控端，slave1 为被监控端，监控 slave1 节点的 CPU 负载、内存使用情况、磁盘容量、登录用户数、总进程数、僵尸进程数、交换分区使用情况等。

1. 配置被监控端

执行以下命令，安装依赖包：

```
[root@slave1 ~]# yum install httpd php php-cli gcc glibc glibc-common
gd gd-devel net-snmp
```

2. 部署 NRPE

1）创建用户

NRPE daemon 默认使用 Nagios 用户运行，所以首先创建该用户，然后将密码修改为 password（注意两次输入的密码要一致），命令如下：

```
[root@slave1 ~]# useradd nagios
[root@slave1 ~]# passwd nagios
```

2）安装插件

要在 slave1 节点上安装 NRPE，首先要在 slave1 节点上安装 Nagios 插件。先从 master 节点复制安装包，然后采用编译方式安装，命令如下：

```
[root@master ~]# scp /opt/software/nagios-plugins-2.0.3.tar.gz
root@slave1:/root/
[root@slave1 ~]# tar -zxvf nagios-plugins-2.0.3.tar.gz
[root@slave1 ~]# cd nagios-plugins-2.0.3
[root@slave1 nagios-plugins-2.0.3]# ./configure --with-nagios-user=nagios
--with-nagios-group=nagios
[root@slave1 nagios-plugins-2.0.3]# make
[root@slave1 nagios-plugins-2.0.3]# make install
```

3）修改目录权限

执行以下命令，修改目录权限：

```
[root@slave1 nagios-plugins-2.0.3]# cd
```

```
[root@slave1 ~]# chown nagios:nagios /usr/local/nagios
[root@slave1 ~]# chown -R nagios:nagios /usr/local/nagios/libexec
```

4）安装依赖包

执行以下命令，安装依赖：

```
[root@slave1 ~]# yum -y install openssl-devel
[root@slave1 ~]# yum -y install xinetd
[root@slave1 ~]# yum -y install tftp-server
[root@slave1 ~]# yum -y install net-tools
```

5）安装 NRPE

执行以下命令，安装 NRPE：

```
[root@master ~]# scp /opt/software/nrpe-2.15.tar.gz root@slave1:/root/
[root@slave1 ~]# tar -zxvf nrpe-2.15.tar.gz
[root@slave1 ~]# cd nrpe-2.15
[root@slave1 nrpe-2.15]# ./configure --enable-command-args
[root@slave1 nrpe-2.15]# make all
[root@slave1 nrpe-2.15]# make install-plugin
[root@slave1 nrpe-2.15]# make install-daemon
[root@slave1 nrpe-2.15]# make install-daemon-config
[root@slave1 nrpe-2.15]# make install-xinetd
```

6）设置连接到 slave1 的 Nagios 服务器

执行以下命令：

```
[root@slave1 nrpe-2.15]# vim /usr/local/nagios/etc/nrpe.cfg
```

将 allowed_hosts 修改为 master 地址，保证将 master 连接到 slave，命令如下：

```
allowed_hosts=192.168.10.129
```

7）实现 NRPE 通信

执行以下命令：

```
[root@slave1 nrpe-2.15]# vim /etc/xinetd.d/nrpe
```

在 only_from 后面添加 master 节点地址，实现监控端（master）和被监控端（slave1）实现 NRPE 通信，命令如下：

```
only_from = 127.0.0.1  192.168.10.129
```

8）增加 NRPE 服务

执行以下命令：

```
[root@slave1 nrpe-2.15]# vim /etc/services
```

最后添加一行命令定义服务端口：

```
nrpe 5666/tcp          # NRPE daemon used port
```

9）修改 tftp 配置文件

执行以下命令：

```
[root@slave1 nrpe-2.15]# vim /etc/xinetd.d/tftp
```

将 disable 的值由 yes 改为 no，命令如下：

```
disable = no
```

10）重启服务

执行以下命令：

```
[root@slave1 nrpe-2.15]# systemctl restart xinetd.service
```

至此，被监控端 slave1 配置完毕，下面进行监控端 master 的配置。

3. 配置监控端

1）为 Master 节点安装依赖包

执行以下命令：

```
[root@master ~]# yum -y install xinetd
[root@master ~]# yum -y install tftp-server
[root@master~]# yum -y install net-tools
```

2）安装 NRPE

执行以下命令：

```
[root@master ~]# tar -zxvf /opt/sotfware/nrpe-2.15.tar.gz
[root@master ~]# cd nrpe-2.15
[root@master nrpe-2.15]# ./configure --enable-command-args
[root@master nrpe-2.15]# make all
[root@master nrpe-2.15]# make install-plugin
[root@master nrpe-2.15]# make install-daemon
[root@master nrpe-2.15]# make install-daemon-config
[root@master nrpe-2.15]# make install-xinetd
```

3）设置监控端 IP

执行以下命令：

```
[root@master nrpe-2.15]# vim /usr/local/nagios/etc/nrpe.cfg
```

将监控主机的 IP 修改为 master 节点的 IP，命令如下：

```
allowed_hosts=192.168.10.129
```

4）实现 NRPE 通信

执行以下命令：

```
[root@master nrpe-2.15]# vim /etc/xinetd.d/nrpe
```

增加监控主机的 IP（master 的 IP），命令如下：

```
only_from = 127.0.0.1 192.168.10.129
```

5）增加 NRPE 服务

执行以下命令：

```
[root@master nrpe-2.15]# vim /etc/services
```

最后添加一行命令如下：

```
nrpe 5666/tcp        # nrpe
```

6）修改 tftp 配置文件

执行以下命令：

```
[root@master nrpe-2.15]# vim /etc/xinetd.d/tftp
disable = no
```

7）重启服务查看端口

执行以下命令：

```
[root@slave1 nrpe-2.15]# systemctl restart xinetd.service
```

查看监听端口，命令如下：

```
[root@slave1 nrpe-2.15]# netstat -tnlp
```

结果如下：

```
Active Internet connections (only servers)
Proto  Recv-Q  Send-Q  Local Address    Foreign Address  State   PID/Program name
tcp       0       0    127.0.0.1:631     0.0.0.0:*       LISTEN  1096/cupsd
tcp       0       0    0.0.0.0:111       0.0.0.0:*       LISTEN  1/systemd
tcp       0       0    192.168.122.1:53  0.0.0.0:*       LISTEN  1399/dnsmasq
tcp       0       0    0.0.0.0:22        0.0.0.0:*       LISTEN  1094/sshd
tcp6      0       0    ::1:631           :::*            LISTEN  1096/cupsd
tcp6      0       0    :::5666           :::*            LISTEN  35949/xinetd
tcp6      0       0    :::3306           :::*            LISTEN  1665/mysqld
tcp6      0       0    :::111            :::*            LISTEN  1/systemd
tcp6      0       0    :::80             :::*            LISTEN  6227/httpd
tcp6      0       0    :::22             :::*            LISTEN  1094/sshd
```

8）测试 NRPE 是否工作正常

执行以下命令：

```
[root@master nrpe-2.15]# /usr/local/nagios/libexec/check_nrpe -H
192.168.10.130
```

运行结果是返回当前 NRPE 的版本号，具体如下：

```
NRPE v2.15
```

4. 实现 master 监控 slave1 节点

NRPE 在被监控主机（slave1）和 Nagios 服务器（master）安装完毕，就可以通过 NRPE 监控主机了，步骤如下：

1）定义被监控的主机和主机组

在 objects 目录下，新建 hosts.cfg 文件，命令如下：

```
[root@master etc ]# cd /usr/local/nagios/etc/objects
[root@master objects]# vim hosts.cfg
```

添加代码如下：

```
define host{
    use                 linux-server
    host_name           slave1
    alias               Nagios-node2
    address             192.168.10.130
}
define host{
    use                 linux-server
    host_name           slave2
    alias               Nagios-node3
    address             192.168.10.131
}
define hostgroup{
    hostgroup_name          bsmart-servers
    alias bsmart            servers
    members                 slave1,slave2
}
```

2）引用监控文件

执行以下命令：

```
[root@master objects]# cd ..
[root@master etc]# vim nagios.cfg
```

添加以下内容：

```
cfg_file=/usr/local/nagios/etc/objects/hosts.cfg
```

到 cfg_file=/usr/local/nagios/etc/objects/services.cfg 之后。在修改配置文件后，可以利用以下命令行检测配置文件是否正确，命令如下：

```
[root@master etc]# /usr/local/nagios/bin/nagios -v /usr/local/nagios/etc
/nagios.cfg
```

运行结果如下：

```
Checking misc settings...
Total Warnings: 0
Total Errors:   0
```

3）定义 check_nrpe 命令

在使用 NRPE 对 slave1 主机进行监控时，需要在 commands.cfg 文件中定义 check_nrpe 命令，命令如下：

```
[root@master nrpe-2.15]# vim /usr/local/nagios/etc/objects/commands.cfg
```

在文件最后面添加以下代码：

```
define command{
    command_name check_nrpe
    command_line $USER1$/check_nrpe -H $HOSTADDRESS$ -c $ARG1$
}
```

4）添加对 Slave1 主机的监控

执行以下命令在 services.cfg 中添加对 slave1 主机的监控：

```
[root@master nrpe-2.15]# vim /usr/local/nagios/etc/objects/services.cfg
```

在文件最后面添加以下代码：

```
define service{
   use local-service
   host_name slave1
   service_description check-host-alive
   check_command check-host-alive
}
define service{
   use local-service
   host_name  slave1
   service_description Current Load
   check_command check_nrpe!check_load
}
define service{
   use local-service
   host_name  slave1
   service_description Total Processes
   check_command check_nrpe!check_total_procs
}
define service{
   use local-service
   host_name  slave1
   service_description Current Users
   check_command check_nrpe!check_users
```

```
}
define service{
   use local-service
   host_name slave1
   service_description Check Zombie Procs
   check_command check_nrpe!check_zombie_procs
}
```

修改配置文件后，可以利用以下命令行检测配置文件是否正确，可以根据错误提示修改：

```
[root@master nrpe-2.15]# /usr/local/nagios/bin/nagios -v /usr/local/nagios/etc/
nagios.cfg
```

正确结果如下：

```
Checking misc settings...
Total Warnings: 0
Total Errors:   0
```

5）重新加载和启动 Nagios 服务

```
[root@master ~]# service nagios reload
```

运行结果如下：

```
Reloading nagios configuration (via systemctl):            [  确定  ]
[root@master ~]# service nagios restart
```

运行结果如下：

```
Restarting nagios (via systemctl):                         [  确定  ]
```

6）查看 Web 界面

在浏览器中访问网址 http://master/nagios/，登录 Nagios Web 界面登录名为 nagiosadmin 密码为 password。登录后查看 Services 选项，结果如图 14-4 所示。

slave1	Check Zombie Procs	OK	02-16-2024 23:32:42	0d 0h 34m 12s	1/4	PROCS OK: 0 processes with STATE = Z
	Current Load	OK	02-16-2024 23:33:42	0d 0h 33m 12s	1/4	OK - load average: 0.00, 0.01, 0.05
	Current Users	OK	02-16-2024 23:34:42	0d 0h 32m 12s	1/4	USERS OK - 1 users currently logged in
	Total Processes	WARNING	02-16-2024 23:33:41	0d 0h 31m 12s	4/4	PROCS WARNING: 165 processes
	check-host-alive	OK	02-16-2024 23:32:01	0d 0h 34m 52s	1/4	PING OK - Packet loss = 0%, RTA = 0.88 ms

图 14-4　slave1 监控界面

可以看到 Total Processes 状态显示为 WARNING，在 status information 里提示有 165 个进程。出现警告是因为在 nrpe.cfg 中已经设置了进程数大于 150 时状态为警告，大于 200 则为严重错误，可根据实际情况设置该值。

步骤 4　Nagios 监控 HDFS

实现用 Nagios 监控 master 与 slave1 节点资源后，下面来实现利用 Nagios 监控 HDFS。

1. 定义监控文件

首先进入存放插件的目录，然后新建脚本文件 check_hdfs.sh 实现监控，命令如下：

```
[root@master ~]# cd /usr/local/nagios/libexec/
[root@master libexec]# vim check_hdfs.sh
#!/bin/sh
export JAVA_HOME=/opt/modules/java
export JRE_HOME=/opt/modules/java/jre
export CLASSPATH=.:$CLASSPATH:$JAVA_HOME/lib:$JRE_HOME/lib
export PATH=$PATH:$JAVA_HOME/bin:$JRE_HOME/bin
export HADOOP_HOME=/opt/modules/hadoop
export PATH=$HADOOP_HOME/bin:$HADOOP_HOME/sbin:$PATH
chk_hdfs=`hdfs fsck /user | grep 'filesystem under path'`
case $chk_hdfs in
*HEALTHY*)
  echo "OK - HDFS is healthy"
  exit 0
;;
*)
  echo "CRITICAL - HDFS is corrupt!"
  exit 2
;;
esac
```

2. 修改权限

执行以下命令，修改权限：

```
[root@master libexec]# chmod 777 ./check_hdfs.sh
[root@master libexec]# chown nagios:nagios ./check_hdfs.sh
```

3. 编辑 commands.cfg

执行以下命令，修改权限：

```
[root@master libexec]# cd /usr/local/nagios/etc/objects
[root@master objects]# vim commands.cfg
```

在最后一行添加以下代码：

```
define command{
  command_name check_nrpe_hdfs
  command_line $USER1$/check_nrpe -H $HOSTADDRESS$ -c $ARG1$ -t 30
}
```

⚠ **注意：**在 nrpe 进程执行某些脚本时，只要超过了 30 秒，就会发出警告。

4. 编辑 services.cfg

执行以下命令，编辑 services.cfg：

```
[root@master objects]# vim services.cfg
```

在最后一行添加以下代码：

```
define service{
    use generic-service
    host_name master
    service_description  check_hdfs_health
    contact_groups  admins
    check_command  check_nrpe_hdfs!check_hdfs
}
```

5. 编辑 nrpe.cfg

执行以下命令，编辑 nrpe.org：

```
[root@master objects]# cd ..
[root@master etc]# vim nrpe.cfg
```

添加以下代码：

```
command[check_hdfs]=/usr/local/nagios/libexec/check_hdfs.sh
```

检测文件命令及结果如下：

```
[root@master etc]# /usr/local/nagios/bin/nagios -v /usr/local/nagios/etc/
nagios.cfg
Checking misc settings...
Total Warnings: 0
Total Errors:   0
```

6. 启动 Hadoop 集群和 Nagios 服务

具体命令如下：

```
[root@master ~]# start-dfs.sh
[root@slave1 ~]# start-yarn.sh
[root@master ~]# service nagios reload
[root@master ~]# service nagios restart
```

修改完配置文件后，Web UI 并不会立马修改，需要重新加打开 Web UI 查看监控状态，监控结果如图 14-5 所示，可以看到 HDFS 状态正常。

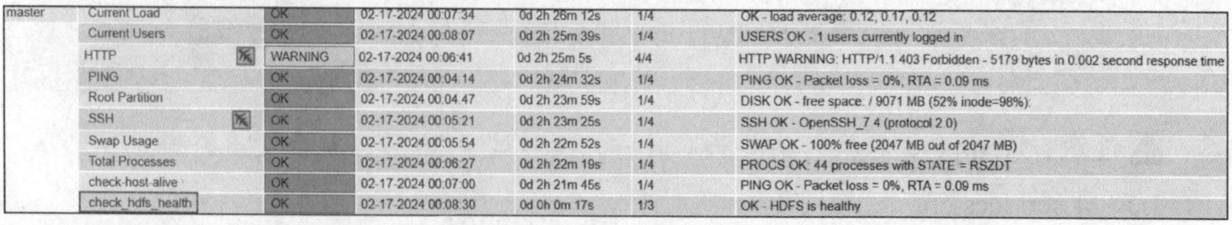

master	Current Load	OK	02-17-2024 00:07:34	0d 2h 26m 12s	1/4	OK - load average: 0.12, 0.17, 0.12
	Current Users	OK	02-17-2024 00:08:07	0d 2h 25m 39s	1/4	USERS OK - 1 users currently logged in
	HTTP	WARNING	02-17-2024 00:06:41	0d 2h 25m 5s	4/4	HTTP WARNING: HTTP/1.1 403 Forbidden - 5179 bytes in 0.002 second response time
	PING	OK	02-17-2024 00:04:14	0d 2h 24m 32s	1/4	PING OK - Packet loss = 0%, RTA = 0.09 ms
	Root Partition	OK	02-17-2024 00:04:47	0d 2h 23m 59s	1/4	DISK OK - free space: / 9071 MB (52% inode=98%):
	SSH	OK	02-17-2024 00:05:21	0d 2h 23m 25s	1/4	SSH OK - OpenSSH_7.4 (protocol 2.0)
	Swap Usage	OK	02-17-2024 00:05:54	0d 2h 22m 52s	1/4	SWAP OK - 100% free (2047 MB out of 2047 MB)
	Total Processes	OK	02-17-2024 00:06:27	0d 2h 22m 19s	1/4	PROCS OK: 44 processes with STATE = RSZDT
	check-host-alive	OK	02-17-2024 00:07:00	0d 2h 21m 45s	1/4	PING OK - Packet loss = 0%, RTA = 0.09 ms
	check_hdfs_health	OK	02-17-2024 00:08:30	0d 0h 0m 17s	1/3	OK - HDFS is healthy

图 14-5　HDFS 监控界面

7. 验证 HDFS 健康状态

具体命令如下：

```
[root@master ~]# cd /usr/local/nagios/libexec/
[root@master libexec]# ./check_nrpe -H 192.168.10.129 -c check_hdfs
```

结果如下所示。

```
OK - HDFS is healthy
```

步骤 5 Nagios 监控 DataNode

在实现了利用 Nagios 监控 HDFS 后，下面实现利用 Nagios 监控 DataNode。

1. 创建监控文件

首先进入存放插件的目录，然后新建脚本文件 check_datanodes.sh 实现监控，命令如下：

```
[root@master libexec]# vim check_datanodes.sh
    #!/bin/sh
    export JAVA_HOME=/opt/modules/java
    export JRE_HOME=/opt/modules/java/jre
    export CLASSPATH=.:$CLASSPATH:$JAVA_HOME/lib:$JRE_HOME/lib
    export PATH=$PATH:$JAVA_HOME/bin:$JRE_HOME/bin
    export HADOOP_HOME=/opt/modules/hadoop
    export PATH=$HADOOP_HOME/bin:$HADOOP_HOME/sbin:$PATH
    chk_hdfs=`su -s /bin/bash - root -c 'hdfs dfsadmin -report' | grep
'Live datanodes'`
    case $chk_hdfs in
    *2*)
      echo $chk_hdfs
      exit 0
    ;;
    *\d[^2]*)
      echo "warning:"$chk_hdfs
      exit 1
    ;;
    *)
      echo "CRITICAL - Live datanodes is non-existent!"
      exit 2
    ;;
    esac
```

2. 修改目录权限

执行以下命令：

```
[root@master libexec]# chmod 755 ./check_datanodes.sh
[root@master libexec]# chown nagios:nagios ./check_datanodes.sh
```

3. 密码切换

执行以下命令：

```
[root@master libexec]# vim /etc/pam.d/su
```

去掉第 4 行前面的 # 号，结果如下：

```
auth sufficient pam_wheel.so trust use_uid
```

4. 将登录用户加入 wheel 组

执行以下命令：

```
[root@master libexec]# gpasswd -a nagios wheel
```

5. 编辑 services.cfg

执行以下命令：

```
[root@master libexec]# cd /usr/local/nagios/etc/objects
[root@master objects]# vim services.cfg
```

在最后一行添加以下代码：

```
define service{
   Use generic-service
   host_name master
   service_description check_live_datanodes
   contact_groups admins
   check_command check_nrpe_datanodes!check_datanodes
}
```

6. 编辑 commands.cfg

在 commands.cfg 中添加监控插件 check_nrpe_datanodes，命令如下：

```
[root@master objects]# vim commands.cfg
```

在最后一行添加以下内容：

```
define command{
    command_name check_nrpe_datanodes
    command_line $USER1$/check_nrpe -H $HOSTADDRESS$ -u -t 30 -c $ARG1$
}
```

上述代码中各个参数的含义如下：

- -H：目标主机地址；
- -t：超时时间，默认值为 10 秒；
- -c：CRITICAL 严重错误状态，响应时间（毫秒），丢包率（%）的阈值。

7. 编辑 nrpe.cfg

编辑 nrpe.cfg 命令如下：

```
[root@master objects]# cd ..
[root@master etc]# vim nrpe.cfg
```

添加代码如下：

```
command[check_datanodes]=/usr/local/nagios/libexec/check_datanodes.sh
```

修改配置文件后，检测配置文件是否正确，命令如下：

```
[root@master etc]# /usr/local/nagios/bin/nagios -v /usr/local/nagios/etc/
nagios.cfg
```

8. 重启 Nagios

重启 Nagios 命令如下：

```
[root@master etc~]# service nagios reload
[root@master etc~]# service nagios restart
```

修改完配置文件后，Web UI 并不会马上修改，需要重新加打开以查看监控状态，监控结果如图 14-6 所示，可以看到 DataNode 状态正常。

master	Current Load	OK	02-17-2024 00:32:34	0d 2h 53m 12s	1/4	OK - load average: 0.04, 0.16, 0.17
	Current Users	OK	02-17-2024 00:33:07	0d 2h 52m 39s	1/4	USERS OK - 1 users currently logged in
	HTTP	WARNING	02-17-2024 00:31:41	0d 2h 52m 5s	4/4	HTTP WARNING: HTTP/1.1 403 Forbidden - 5179 bytes in 0.001 second response time
	PING	OK	02-17-2024 00:34:14	0d 2h 51m 32s	1/4	PING OK - Packet loss = 0%, RTA = 0.09 ms
	Root Partition	OK	02-17-2024 00:34:47	0d 2h 50m 59s	1/4	DISK OK - free space: / 9071 MB (52% inode=98%):
	SSH	OK	02-17-2024 00:35:21	0d 2h 50m 25s	1/4	SSH OK - OpenSSH_7.4 (protocol 2.0)
	Swap Usage	OK	02-17-2024 00:30:54	0d 2h 49m 52s	1/4	SWAP OK - 100% free (2047 MB out of 2047 MB)
	Total Processes	OK	02-17-2024 00:31:27	0d 2h 49m 19s	1/4	PROCS OK: 43 processes with STATE = RSZDT
	check-host-alive	OK	02-17-2024 00:32:00	0d 2h 48m 45s	1/4	PING OK - Packet loss = 0%, RTA = 0.07 ms
	check_hdfs_health	OK	02-17-2024 00:28:30	0d 0h 27m 17s	1/3	OK - HDFS is healthy
	check_live_datanodes	OK	02-17-2024 00:34:26	0d 0h 11m 21s	1/3	Live datanodes (2):

图 14-6　DataNode 监控界面

9. 验证 datanode 存活个数

验证 datanode 存活个数命令如下：

```
[root@master etc]# cd /usr/local/nagios/libexec/
[root@master libexec]# ./check_nrpe -H 192.168.10.129 -c check_datanodes
Live datanodes (2):
```

任务 14.3　Ganglia 监控

Ganglia 监控

■ 任务描述

在这个任务中，需要完成 Ganglia 的安装和部署工作，实现对 HBase、Hadoop、Flume 的监控。

知识学习

1. Ganglia 简介

Ganglia 是一个由加州大学伯克利分校发起的开源监控项目，主要用于监控大规模集群中的各种系统性能指标，例如 CPU、内存与硬盘的利用率，I/O 负载，以及网络流量情况等。利用 Ganglia 可以对 Hadoop、HBase、Flume、Spark、Kafka 组件进行监控。

在实际应用中，同时使用 Nagios 和 Ganglia 共同监控集群，Nagios 主要负责对异常情况进行告警，Ganglia 用于收集监控数据并绘制时间序列图，所有监控指标均可绘制为时序图，并通过 Web 页面进行浏览。

2. Ganglia 基本组成

Ganglia 主要用来监控系统性能，其核心由 Gmond、Gmetad 以及 Ganglia Web 前端三部分组成，通过曲线很容易了解每个节点的工作状态，从而能够合理调整并分配系统资源，提高系统整体性。Ganglia 系统如图 14-7 所示。

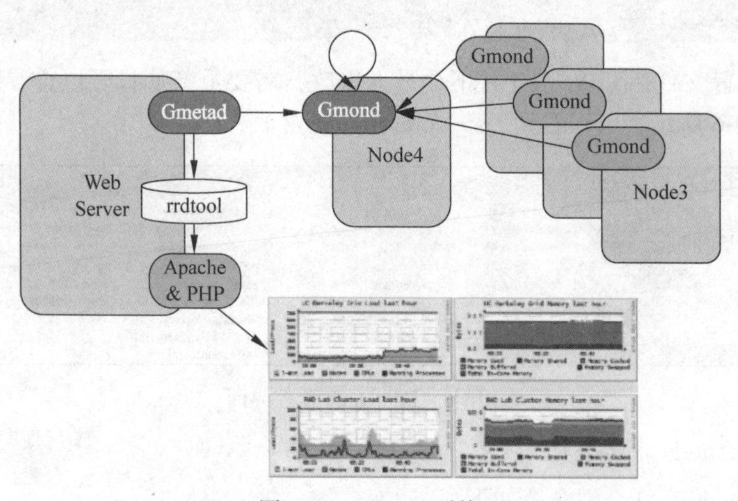

图 14-7　Ganglia 系统

1）Gmond

Gmond（Ganglia Monitoring Daemon）是一个守护进程，运行在每一个需要监测的节点上，用于收集本节点的信息并将信息发送到其他节点，同时也接收其他节点发送过来的数据，默认的监控端口为 8649。

2）Gmetad

Gmetad（Ganglia Meta Daemon）是一个守护进程，运行在一个数据汇聚节点上，定期检查每个监控节点的 Gmond 进程并从那里获取数据，然后将数据指标存储在本地 RRD 存储引擎中。

3）Ganglia Web 前端

Ganglia Web 前端是一个基于 Web 的图形化监控界面，需要和 Gmetad 安装在同一个节点上，它从 Gmetad 取数据，并且读取 RRD 数据库，通过 RRDTool 生成图表，最后用于前端展示。

总的来说，Ganglia 通过运行在各个节点上的 Gmond 采集数据，汇总到 Gmetad 下，使用 RRDTool 存储数据，最后由 PHP 读取并呈现到 Web 界面。

任务实施

以下是 Ganglia 监控任务实施的具体步骤。

步骤 1 安装 Ganglia

1. 安装 EPEL 软件包

企业版 Linux 的额外软件包（Extra Packages for Enterprise Linux，EPEL）是 Fedora 小组维护的一个软件仓库项目，为 RHEL/CentOS 提供他们默认不提供的软件包，命令如下：

```
[root@master ~]# cd /opt/software
[root@master software]# wget http://dl.fedoraproject.org/pub/epel/
epel-release-latest-7.noarch.rpm
[root@master ~]# rpm -ivh epel-release-latest-7.noarch.rpm
[root@master software]# rpm -ivh epel-release-latest-7.noarch.rpm
[root@master software]# yum repolist
标识                 源名称                                       状态
base/7/x86_64        CentOS-7 - Base                              10,072
epel/x86_64          Extra Packages for Enterprise Linux 7 - x86_64 13,738
extras/7/x86_64      CentOS-7 - Extras                            515
updates/7/x86_64     CentOS-7 - Updates                           4,346
repolist: 28,671
```

使用相同的命令，在 slave1 和 slave2 节点安装 EPEL：

```
[root@slave1 ~]# mkdir /opt/software
[root@slave2 ~]# mkdir /opt/software
[root@master software]# scp -r epel-release-latest-7.noarch.rpm slave1:/opt
/software/
[root@master software]# scp -r epel-release-latest-7.noarch.rpm slave1:/opt
/software/
[root@slave 1~]# cd /opt/software/
[root@slave 2~]# cd /opt/software/
[root@slave1 software]# rpm -ivh epel-release-latest-7.noarch.rpm
[root@slave2 software]# rpm -ivh epel-release-latest-7.noarch.rpm
```

2. 安装依赖包

安装 Gmond 时，要从 /etc/pki/rpm-gpg/RPM-GPG-KEY-EPEL-7 检索密钥。GPG 在 Linux 上的应用主要是实现官方发布的包的签名机制加密。

1）更新检索密钥

具体命令如下：

```
[root@master ~]# cd /etc/pki/rpm-gpg/
[root@master rpm-gpg]# ll
```

结果如下：

```
总用量 16
-rw-r--r--. 1 root root 1690 9月 5 2019 RPM-GPG-KEY-CentOS-7
-rw-r--r--. 1 root root 1004 9月 5 2019 RPM-GPG-KEY-CentOS-Debug-7
-rw-r--r--. 1 root root 1690 9月 5 2019 RPM-GPG-KEY-CentOS-Testing-7
-rw-r--r-- 1  root root 1662 9月 5 2021 RPM-GPG-KEY-EPEL-7
```

2）导入签名功能

具体命令如下：

```
[root@master ~]# rpm --import /etc/pki/rpm-gpg/RPM-GPG-KEY-CentOS-7
```

3）下载源文件

具体命令如下：

```
[root@master ganglia~]# wget -O /etc/yum.repos.d/CentOS-Base.repo \
http://mirrors.aliyun.com/repo/Centos-7.repo
```

其中，wget -O 是指以其他名称保存下载的文件（\ 表示换行）。

4）查看

具体命令如下：

```
[root@master ~]# yum repolist
源标识            源名称                                                 状态
base/7/x86_64     CentOS-7 - Base - mirrors.aliyun.com                  10,072
epel/x86_64       Extra Packages for Enterprise Linux 7 - x86_64        13,738
extras/7/x86_64   CentOS-7 - Extras - mirrors.aliyun.com                515
updates/7/x86_64  CentOS-7 - Updates - mirrors.aliyun.com               4,346
```

5）安装依赖

具体命令如下：

```
[root@master ~]# yum -y install gcc glibc glibc-common rrdtool rrdtool-devel
apr apr-devel expat expat-devel pcre pcre-devel dejavu-lgc-sans-mono-fonts
dejavu-sans-mono-fonts zlib zlib-devel libconfuse libconfuse-devel
```

3. 监控端安装 Gmond 和 Gmeta

1）上传解压 Ganglia

执行以下命令，将 ganglia-3.7.2.tar.gz 上传到 /opt/spftware/，再解压到 /usr/local/src/ 目录，命令如下：

 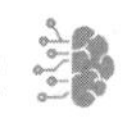

```
[root@master software]# tar -zxvf ganglia-3.7.2.tar.gz -C /usr/local/src/
[root@master software]# cd /usr/local/src/
[root@master src]# mv ganglia-3.7.2 ganglia
```

2）安装 Ganglia

在 Ganglia 解压目录下使用命令 ./configure --help 输出详细的选项列表，其中选项 --prefix 是配置安装目录，命令如下：

```
[root@master src]# cd ganglia
[root@master ganglia]# ./configure --help
```

部分结果如下：

- --prefix=PREFIX：安装路径，安装后，可执行文件默认存储在 /usr/local/bin 中；
- --with-gmetad：编译和安装 Ganglia Meta Daemon；
- --enable-gexec：打开 gexec 支持（特定于平台的）。

源代码的安装一般由三个步骤组成：配置（configure）、编译（make）、安装（make install）。执行以下命令，完成配置步骤：

```
[root@master ganglia]# ./configure --prefix=/usr/local/src/ganglia_make
--with-gmetad --enablegexec
```

结果如下：

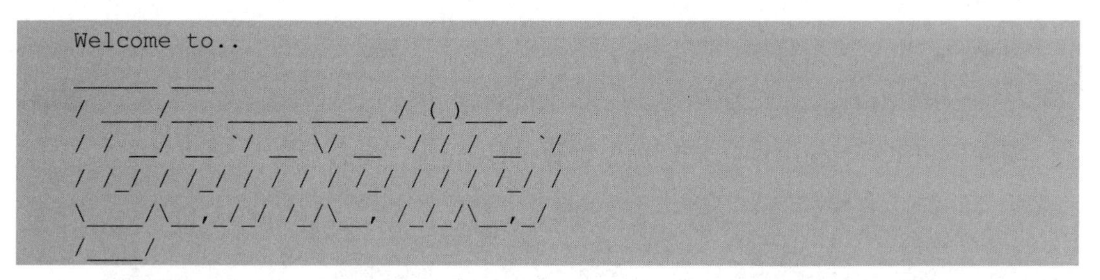

执行以下命令，完成编译和安装步骤：

```
[root@master ganglia]# make && make install
```

4. 安装启动 Nginx

Nginx 作为负载均衡服务，既可以在内部直接支持 Rails 和 PHP 程序，也可以支持作为 HTTP 代理服务对外进行服务。

1）安装 Nginx

具体命令如下：

```
[root@master ~]# yum install nginx -y
```

安装完 Nginx 后，可使用 chkconfig 命令查看 Nginx 服务是否开启。chkconfig 命令可用来检查与设置 Nginx 系统的各种服务，具体如下：

```
[root@master ~]# chkconfig nginx on
```

结果如下：

```
注意：正在将请求转发到"systemctl enable nginx.service"。
```

启动时有可能出现 80 端口冲突导致无法启动 Nginx 服务的情况，此时可使用如下命令，查找占用 80 端口的具体服务：

```
root@master ~]# netstat -ntlp
```

2）启动 Nginx

具体命令如下：

```
[root@master ~]# systemctl start nginx
[root@master ~]# systemctl status nginx
```

结果如下：

```
● nginx.service - The nginx HTTP and reverse proxy server
Loaded: loaded (/usr/lib/systemd/system/nginx.service; enabled; vendor preset:
disabled)
Active: active (running) since 日 2022-11-06 15:47:03 CST; 2s ago
```

5. 安装 PHP

具体命令如下：

```
[root@master ~]# yum --enablerepo=remi,remi-php55 install php-fpm
php-common php-devel php-mysqlnd php-mbstring php-mcrypt
```

安装完 PHP 后，使用 chkconfig 命令查看 php-fpm 服务是否开启：

```
[root@master ~]# chkconfig php-fpm on
[root@master ~]# systemctl start php-fpm
[root@master ~]# systemctl status php-fpm
```

6. 配置 Nginx 代理访问 PHP

具体命令如下：

```
[root@master ~]# vim /etc/nginx/nginx.conf
```

在 location = /50x.html { } 后面添加以下代码：

```
location ~ \.php$ {
    root /var/www;
    fastcgi_pass 127.0.0.1:9000;
    fastcgi_index index.php;
    fastcgi_param SCRIPT_FILENAME $document_root/$fastcgi_script_name;
    include fastcgi_params;
}
```

重启 Nginx，命令如下：

```
[root@master ~]# systemctl restart nginx
```

7. 测试 PHP+Nginx

具体命令如下：

```
[root@master ~]# mkdir /var/www
[root@master ~]# cd /var/www
[root@master www]# vim test.php
```

添加以下代码：

```
<?php
phpinfo();
?>
```

用浏览器访问 master/test.php，如果出现如图 14-8 所示界面，即为调试成功。

PHP Version 5.4.16

System	Linux master 3.10.0-1062.el7.x86_64 #1 SMP Wed Aug 7 18:08:02 UTC 2019 x86_6
Build Date	Apr 1 2020 04:09:10
Server API	FPM/FastCGI
Virtual Directory Support	disabled
Configuration File (php.ini) Path	/etc
Loaded Configuration File	/etc/php.ini

图 14-8　PHP 测试成功界面

8. 配置 Gmetad

1）配置 Gmetad 的基本操作

具体命令如下：

```
[root@master www]# cd
[root@master ~]# mkdir -p /var/lib/ganglia/rrds
[root@master ~]# chown nobody:nobody /var/lib/ganglia/rrds
[root@master ~]# cd /usr/local/src/ganglia
[root@master ganglia]# cp ./gmetad/gmetad.init /etc/init.d/gmetad
```

修改 Gmetad，具体值可以通过 find / -name 'gmetad' 查看：

```
[root@master ganglia]# find / -name 'gmetad'
```

结果如下：

```
/etc/rc.d/init.d/gmetad
/usr/local/src/ganglia/gmetad
```

```
/usr/local/src/ganglia/gmetad/.libs/gmetad
/usr/local/src/ganglia/gmetad/gmetad
/usr/local/src/ganglia_make/sbin/gmetad
```

修改代码如下：

```
[root@master ganglia]# vim /etc/init.d/gmetad
GMETAD=/usr/local/src/ganglia_make/sbin/gmetad
```

2）修改 gmetad.conf 配置文件

执行以下命令查看文件是否存在：

```
[root@master ganglia]#ll /usr/local/src/ganglia_make/etc
```

如果文件不存在，输入以下命令：

```
[root@master ganglia]# cp ./gmetad/gmetad.conf /usr/local/src/ganglia_make/etc
[root@master ganglia]# vim /usr/local/src/ganglia_make/etc/gmetad.conf
```

需要在原文档的 data_source 前加个 #，将其注释掉，修改如下：

```
data_source "my grid" master
xml_port 8651
interactive_port 8652
rrd_rootdir "/var/lib/ganglia/rrds"
case_sensitive_hostnames 0
```

3）添加 Gmetad 服务

添加 Gmetad 服务的具体命令如下：

```
[root@master ganglia]# chkconfig --add gmetad
```

4）设置 Gmetad 的 pid 位置

设置 Gmetad 的 pid 位置的具体命令如下：

```
[root@master ganglia]# mkdir -p /usr/local/src/ganglia_make/var/run/
[root@master ganglia]# cd /usr/local/src/ganglia_make/var/run
[root@master run]# vim gmetad.pid
```

5）启动 Gmetad

启动 Gmetad 的具体命令如下：

```
[root@master run]# service gmetad restart
```

9. 配置 Gmond

1）生成配置文件

生成配置文件 的具体命令如下：

```
[root@master run]# cd /usr/local/src/ganglia
```

```
[root@master ganglia]# cp ./gmond/gmond.init /etc/init.d/gmond
[root@master ganglia]# ./gmond/gmond -t > /usr/local/src/ganglia_make/etc/
gmond.conf
[root@master ganglia]# vim /etc/init.d/gmond
```

2）修改 gmond.conf 配置

Ganglia 的收集数据工作可以在单播（Unicast）或多播（Multicast）模式下进行，默认为多播模式。

- 单播：Gmond 收集到的监控数据被发送到特定的一台或几台机器上，可以跨网段。
- 多播：Gmond 收集到的监控数据被发送到同一网段内的所有机器上，同时收集同一网段内所有机器发送过来的监控数据。

修改 gmond.conf 配置的具体命令如下：

```
[root@master ganglia]# vim /usr/local/src/ganglia_make/etc/gmond.conf
```

查找 cluster、udp_send_channel 等，命令如下：

```
cluster{
  name = "my grid"     # 要与 gmated.conf 中 data_source 的名称相同
  owner = "nobody"
  latlong = "unspecified"
  url = "unspecified"
}
# 配置网络（多播，单播）
udp_send_channel{
  # 修改
  mcast_join = master
}
udp_recv_channel{
  # 注释掉下面两行：
  # mcast_join = 239.2.11.71
  port = 8649
  # bind = 239.2.11.71
}
```

3）重启 Gmond

重启 Gmond 的具体命令如下：

```
[root@master ganglia]# service gmond restart
```

10. 配置 Ganglia Web

1）安装 Ganglia Web

安装 Ganglia Web 的具体命令如下：

```
[root@master src~]# tar -zxvf /opt/software/ganglia-web-3.7.2.tar.gz -C
/usr/local/src/
[root@master src~]# cd /usr/local/src/ganglia-web-3.7.2
```

```
[root@master ganglia-web-3.7.2]# vim Makefile
```

修改代码如下：

```
GDESTDIR = /var/www/ganglia
APACHE_USER = apache #与/etc/php-fpm.d/www.conf中user 保持一致
[root@master ganglia-web-3.7.2]# make install
```

执行后会生成：/var/www/ganglia/。

2）配置 Ganglia Web

配置 Ganglia Web 的具体命令如下：

```
[root@master www]# cd /var/www/ganglia
[root@master ganglia]# cp conf_default.php conf.php
[root@master ganglia]# vim conf.php
```

添加以下代码：

```
$conf['gweb_root'] = "/var/www/ganglia";
$conf['gweb_confdir'] = "/var/www/ganglia";
```

11. 配置 nginx 访问 Ganglia

nginx 新增 Ganglia 文件目录访问配置，命令如下：

```
[root@master ganglia-web-3.7.2]# vim /etc/nginx/nginx.conf
```

添加以下代码：

```
server{
   #在最后加入
   location /ganglia {
     root /var/www;
     index index.html index.htm index.php;
   }
}
[root@master ganglia-web-3.7.2]# cd /var/www
[root@master www]# chown -R apache:apache ganglia/
[root@master www~]# mkdir /var/www/ganglia/dwoo/compiled
[root@master www~]# mkdir /var/www/ganglia/dwoo/cache
[root@master www~]# chmod 777 /var/www/ganglia/dwoo/compiled
[root@master www~]# chmod 777 /var/www/ganglia/dwoo/cache
```

12. 重启服务并查看结果

重启服务的具体命令如下：

```
[root@master ganglia]# cd
[root@master ~]# service gmond start
[root@master ~]# service gmetad start
```

```
[root@master ~]# systemctl restart php-fpm
[root@master ~]# systemctl restart nginx
```

在浏览器中访问 http://master/ganglia/，结果如图 14-9 所示。

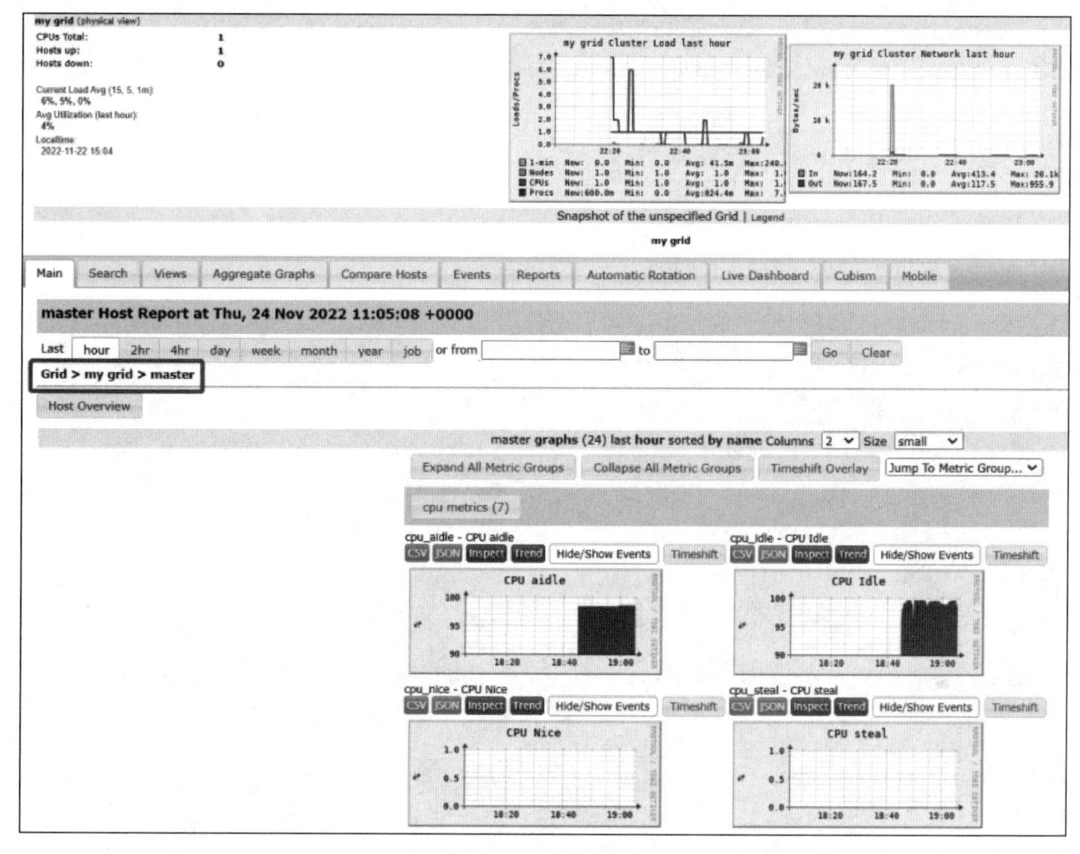

图 14-9　监控界面

基本指标释义如下：

- cpu_aidle：自启动开始，CPU 空闲时间所占百分比；
- cpu_idle：CPU 空闲，系统没有显著磁盘 I/O 请求的时间所占的百分比；
- cpu_nice：以 user level、nice level 模式运行时的 CPU 占用率；
- cpu_steal：管理程序在维护另一台虚拟处理器时，虚拟 CPU 等待实际 CPU 的时间的百分比；
- cpu_system：系统进程对 CPU 的占用率；
- cpu_user：以 user level 模式运行时的 CPU 占用率；
- cpu_wio：用于进程等待磁盘 I/O 而使 CPU 处于空闲状态的百分比。

13. 被监控端安装 Gmond

执行以下代码：

```
[root@slave1 ~]# yum -y install ganglia-gmond
[root@slave2 ~]# yum -y install ganglia-gmond
```

master 将配置文件复制到被监控机器，命令如下：

```
[root@master ~]# cd /usr/local/src/ganglia_make/etc/
[root@master etc]# scp gmond.conf slave1:/etc/ganglia/
[root@master etc]# scp gmond.conf slave2:/etc/ganglia/
[root@slave1 ~]# service gmond start
[root@slave2 ~]# service gmond start
```

步骤 2　Ganglia 监控 HBase

1. 修改 ganglia-monitor 配置文件

在每台机器上都要进行以下配置：

```
[root@master src~]# vim /usr/local/src/ganglia_make/etc/gmond.conf
[root@slave1 ~]# vim /etc/ganglia/gmond.conf
[root@slave2 ~]# vim /etc/ganglia/gmond.conf
# 原来
cluster{
   name="my grid"
   owner="nobody"
   latlong="unspecified"
   url="unspecified"
}
# 修改
cluster{
   name="hbase"
   owner="nobody"
   latlong="unspecified"
   url="unspecified"
}
```

2. Ganglia 主节点配置

具体命令如下：

```
[root@master src~]# vim /usr/local/src/ganglia_make/etc/gmetad.conf
```

需要在原文档的 data_source 前加上 #，将其注释掉（每隔 3 秒收集一次数据），设置如下：

```
data_source "hbase" 3 master:8649 slave1:8649 slave2:8649
```

3. 配置 hadoop-metrics2-hbase.properties

在所有 hbase 节点中均配置 hadoop-metrics2-hbase.properties。

⚠ **注意：**也一定要先将配置文件中没有以 # 开头的配置文件全部加上 #，将其注释掉，这很重要！

```
[root@master ~]# vim /usr/local/src/hbase/conf/hadoop-metrics2-hbase.properties
[root@slave1 ~]# vim /usr/local/src/hbase/conf/hadoop-metrics2-hbase.properties
[root@slave2 ~]# vim /usr/local/src/hbase/conf/hadoop-metrics2-hbase.properties
```

在文件最后添加以下代码：

```
*.sink.ganglia.class=org.apache.hadoop.metrics2.sink.ganglia.GangliaSink31
*.sink.ganglia.period=10
hbase.sink.ganglia.period=10
hbase.sink.ganglia.servers=master:8649
hbase.class=org.apache.hadoop.metrics2.sink.ganglia.GangliaSink31
hbase.period=10
hbase.servers==master:8649
jvm.class=org.apache.hadoop.metrics2.sink.ganglia.GangliaSink31
jvm.period=10
jvm.servers==master:8649
rpc.class=org.apache.hadoop.metrics2.sink.ganglia.GangliaSink31
rpc.period=10
rpc.servers==master:8649
```

4. 重启 HBase

```
[root@master ~]# zk.sh start
[root@master ~]# start-dfs.sh
[root@slave1 ~]# start-yarn.sh
[root@master ~]# start-hbase.sh
```

5. 重启所有服务

```
[root@slave1 ~]# service gmond restart
[root@slave2 ~]# service gmond restart
[root@master ~]# service gmond restart
[root@master ~]# service gmetad restart
[root@master ~]# service nginx restart
```

在浏览器中访问 http://master/ganglia/，各个节点信息如图 14-10 所示。

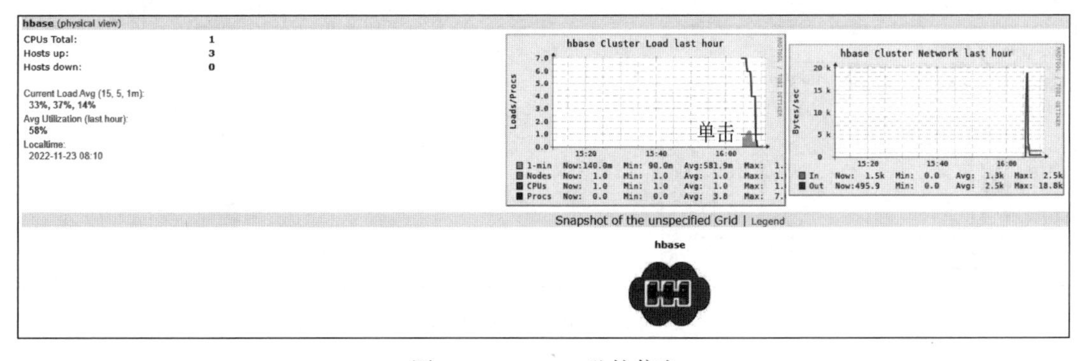

图 14-10 HBase 监控信息

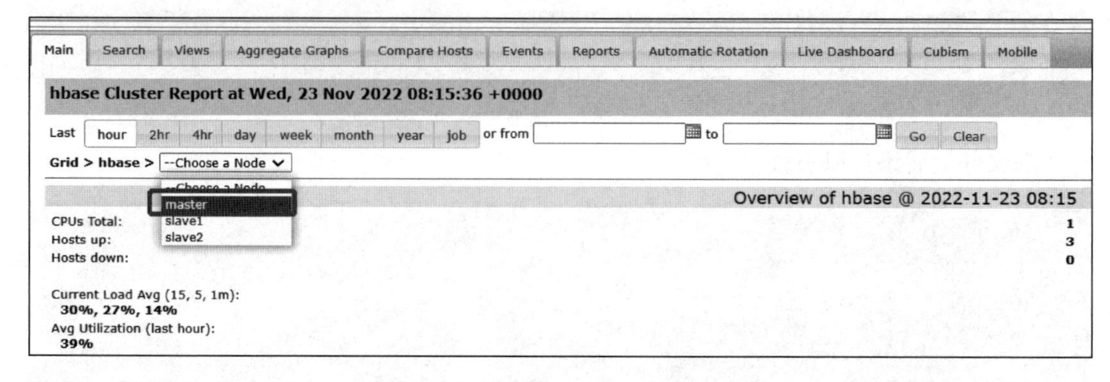

Main
Search
Views
Aggregate Graphs
Compare Hosts
Events
Reports
Automatic Rotation
Live Dashboard
Cubism
Mobile
hbase Cluster Report at Wed, 23 Nov 2022 08:15:36 +0000
Last hour 2hr 4hr day week month year job or from to Go Clear
Grid > hbase > --Choose a Node
--Choose a Node
master
slave1
slave2
Overview of hbase @ 2022-11-23 08:15
CPUs Total: 1
Hosts up: 3
Hosts down: 0
Current Load Avg (15, 5, 1m):
30%, 27%, 14%
Avg Utilization (last hour):
39%

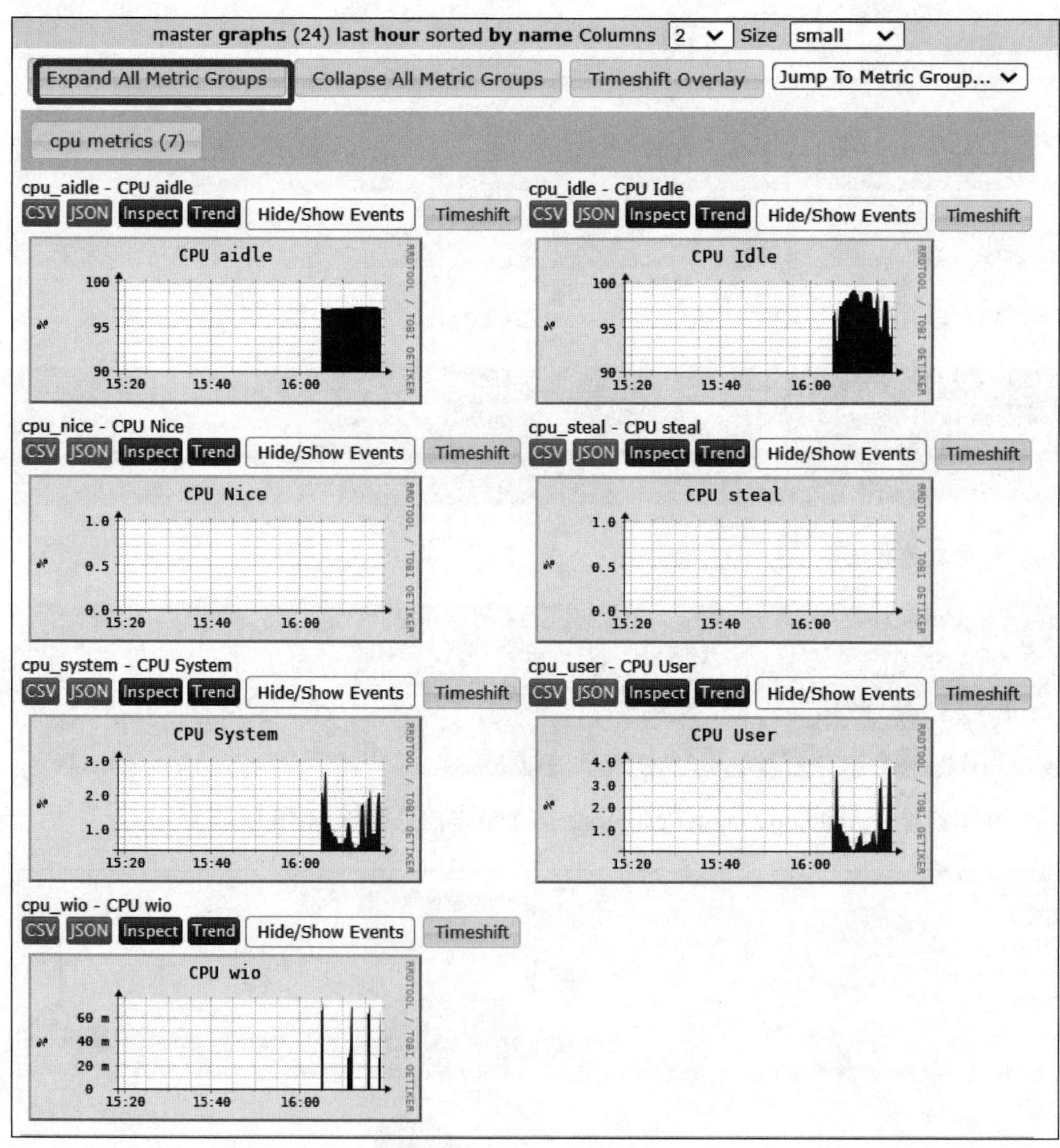

master graphs (24) last hour sorted by name Columns 2 Size small
Expand All Metric Groups
Collapse All Metric Groups
Timeshift Overlay
Jump To Metric Group...
cpu metrics (7)
cpu_aidle - CPU aidle
cpu_idle - CPU Idle
cpu_nice - CPU Nice
cpu_steal - CPU steal
cpu_system - CPU System
cpu_user - CPU User
cpu_wio - CPU wio
CSV JSON Inspect Trend Hide/Show Events Timeshift
CPU aidle
CPU Idle
CPU Nice
CPU steal
CPU System
CPU User
CPU wio
15:20 15:40 16:00
RRDTOOL / TOBI OETIKER

图 14-10（续）

步骤 3 Ganglia 监控 Hadoop 集群

1. 修改 ganglia-monitor 配置文件

每台机器上都要进行以下配置：

```
[root@master src~]# vim /usr/local/src/ganglia_make/etc/gmond.conf
[root@slave1 ~]# vim /etc/ganglia/gmond.conf
[root@slave2 ~]# vim /etc/ganglia/gmond.conf
```

修改命令如下：

```
cluster{
   name = "hadoop"
   owner = "nobody"
   latlong = "unspecified"
   url = "unspecified"
}
```

2. 主节点配置

主节点配置的具体命令如下：

```
[root@master src~]# vim /usr/local/src/ganglia_make/etc/gmetad.conf
```

需要在原文档的 data_source 前加上 #，将其注释掉（每隔 3 秒收集一次数据），设置如下：

```
data_source "hadoop" 3 master:8649 slave1:8649 slave2:8649
```

3. 修改 Hadoop 配置文件

修改 Hadoop 配置文件的具体命令如下：

```
[root@master src~]# vim /usr/local/src/hadoop/etc/hadoop/hadoop-metrics2.
properties
```

将文档原有的配置注释掉，添加以下配置：

```
namenode.sink.ganglia.servers=master:8649
resourcemanager.sink.ganglia.servers=master:8649
mrappmaster.sink.ganglia.servers=master:8649
jobhistoryserver.sink.ganglia.servers=master:8649
*.sink.ganglia.class=org.apache.hadoop.metrics2.sink.ganglia.GangliaSink31
*.sink.ganglia.period=10
*.sink.ganglia.supportsparse=true
*.sink.ganglia.slope=jvm.metrics.gcCount=zero,jvm.metrics.memHeapUsedM=both
*.sink.ganglia.dmax=jvm.metrics.threadsBlocked=70,jvm.metrics.memHeapUsedM=40
[root@slave1 ~]# vim /usr/local/src/hadoop/etc/hadoop/hadoop-metrics2.properties
[root@slave2 ~]# vim /usr/local/src/hadoop/etc/hadoop/hadoop-metrics2.properties
```

在 slave1 和 slave2 上，将文档原有的配置注释掉，添加以下配置：

```
datanode.sink.ganglia.servers=master:8649
nodemanager.sink.ganglia.servers=master:8649
*.sink.ganglia.class=org.apache.hadoop.metrics2.sink.ganglia.GangliaSink31
*.sink.ganglia.period=10
*.sink.ganglia.supportsparse=true
*.sink.ganglia.slope=jvm.metrics.gcCount=zero,jvm.metrics.memHeapUsedM=both
*.sink.ganglia.dmax=jvm.metrics.threadsBlocked=70,jvm.metrics.memHeapUsedM=40
```

4. 重启所有服务

重启所有服务的具体命令如下：

```
[root@slave1 ~]# service gmond restart
[root@slave2 ~]# service gmond restart
[root@master ~]# service gmond restart
[root@master ~]# service gmetad restart
[root@master ~]# service nginx restart
```

重启 Hadoop 集群，命令如下：

```
[root@master ~]# stop-dfs.sh
[root@slave1 ~]# stop-yarn.sh
[root@master ~]# start-dfs.sh
[root@slave1 ~]# start-yarn.sh
```

在浏览器中访问 http://master/ganglia/，各个节点信息如图 14-11 所示。

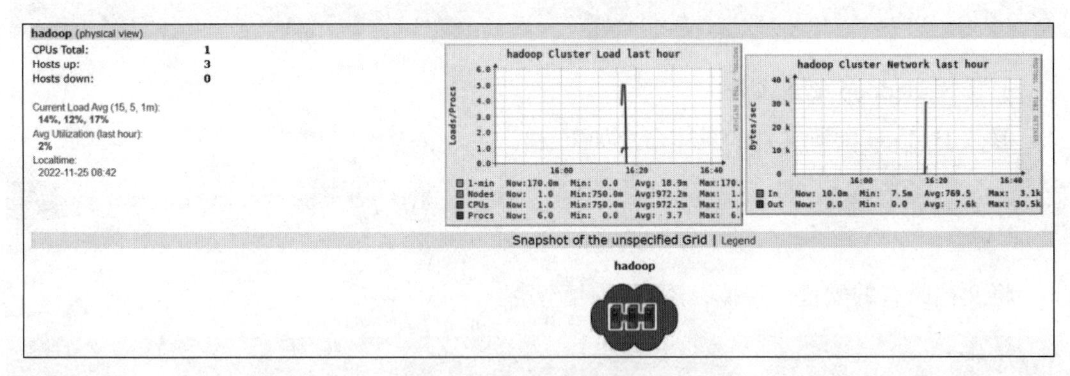

图 14-11 Hadoop 监控信息

步骤 4 Ganglia 监控 Flume

1. 主节点配置

主节点配置的具体命令如下：

```
[root@master ~]# vim /usr/local/src/ganglia_make/etc/gmetad.conf
```

将原文档的 data_source 注释掉，再新增以下代码：

```
data_source "flume" master
```

2. 修改配置文件

在每台机器上都要进行以下配置：

```
[root@master src~]# vim /usr/local/src/ganglia_make/etc/gmond.conf
[root@slave1 ~]# vim /etc/ganglia/gmond.conf
```

修改命令如下：

```
cluster {
    name = "flume"
    owner = "nobody"
    latlong = "unspecified"
    url = "unspecified"
}
```

3. 重启服务

重启服务的具体命令如下：

```
[root@master ~]# service gmond restart
[root@master ~]# service gmetad restart
[root@master ~]# service nginx restart
```

4. 配置 Flume

配置 Flume 的具体命令如下：

```
[root@master ~]#  cd /usr/local/src/flume
[root@master flume]#  vim conf/netcat-conf.properties
```

添加以下代码：

```
a1.sources = r1
a1.channels = c1
a1.sinks = k1
a1.sources.r1.type = netcat
a1.sources.r1.bind = localhost
a1.sources.r1.port = 55555
a1.sources.r1.channels = c1
a1.sinks.k1.type = logger
a1.sinks.k1.channel = c1
a1.channels.c1.type = memory
a1.channels.c1.capacity = 100
a1.channels.c1.transactionCapacity = 100
```

5. 修改 flume-env.sh 配置

修改 flume-env.sh 配置的具体命令如下：

```
[root@master flume]# vim conf/flume-env.sh
```

在最后添加如下内容：

```
export JAVA_OPTS="-Dflume.monitoring.type=ganglia -Dflume.monitoring.hosts=
master:8649 -
Xms100m -Xmx200m -Dcom.sun.management.jmxremote"
```

6. 启动 Flume

启动 Flume 的具体命令如下：

```
[root@master flume]# flume-ng agent --conf conf/ --name a1 --conf-file
conf/netcat
conf.properties -Dflume.root.logger==INFO,console
```

7. 查看监控页面

打开一个新终端，执行以下命令：

```
[root@master ~]#  telnet localhost 55555
```

在浏览器中访问 http://master/ganglia/，各个节点信息如图 14-12 所示。

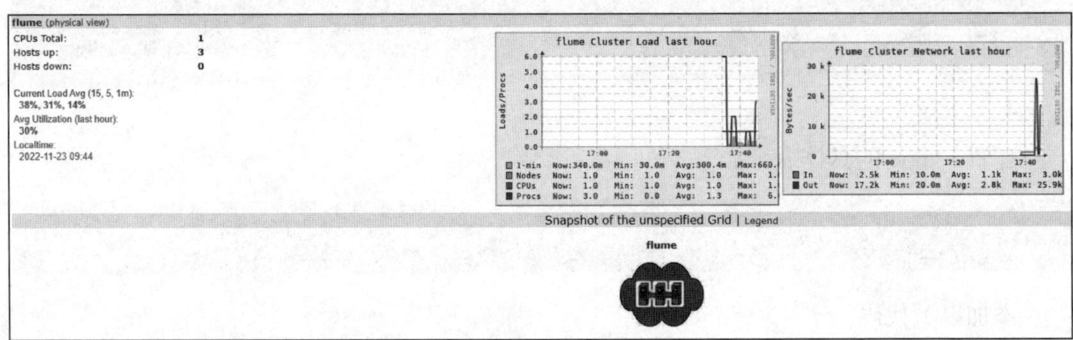

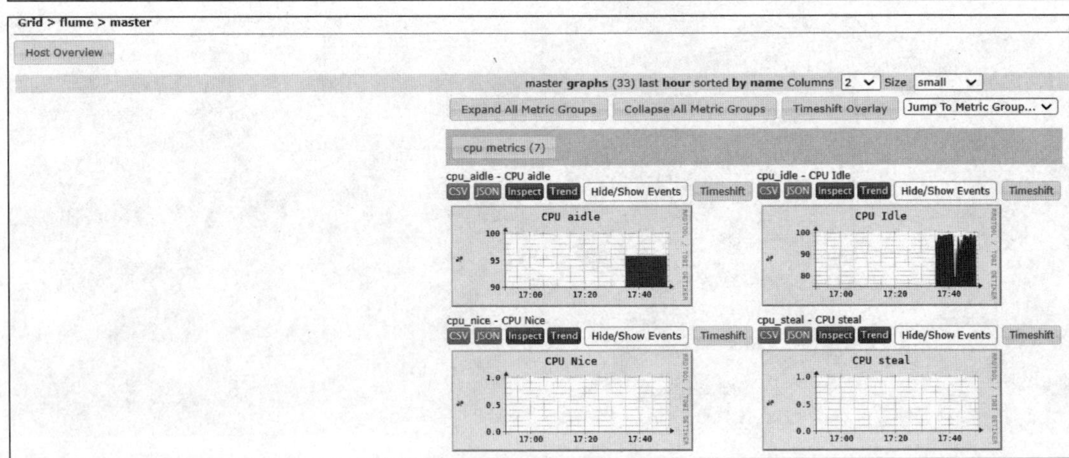

图 14-12 Flume 监控信息

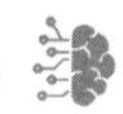

任务 14.4 Prometheus 监控

Prometheus 监控

■ 任务描述

Prometheus 通常与 Grafana 结合使用，后者是一个强大的数据可视化工具，可以轻松地创建和共享仪表板来展示 Prometheus 收集的数据。本任务使用 Prometheus 节点采集指标数据，使用 Grafana 实现指标的展示。

知识学习

1. Prometheus 概述

Prometheus 是一个开源的监控和告警工具，同时也是一个时间序列数据库，它是由 SoundCloud 公司开发的，现在已经成为一个独立的开源项目。

Prometheus 彻底颠覆了传统监控系统的测试和告警模型，形成了基于中央化的规则计算、统一分析和告警的新模型。对于监控系统而言，大量的监控任务必然导致大量数据产生。而 Prometheus 可以高效地处理这些数据，最新的 Grafana 可视化工具也已经提供了完整的 Prometheus 支持，基于 Grafana 可以创建更加精美的监控图标。

2. Prometheus 架构

Prometheus 的架构如图 14-13 所示。

1）Prometheus Server

Prometheus Server 是 Prometheus 架构中的核心部分，负责实现对监控数据的获取、存储以及查询。Prometheus Server 本身就是一个时序数据库，将采集到的监控数据按照时间序列的方式存储在本地磁盘当中。同时，它还对外提供了自定义的 PromQL 语言，实现对数据的查询以及分析。

2）Client Library

客户端库，可为需要监控的服务生成相应的 metrics（度量指标）并暴露给 Prometheus Server。当 Prometheus Server 来拉取时，直接返回实时状态的 metrics。

3）Exporters

负责收集目标对象（如主机、容器等）的性能数据，并通过 HTTP 接口供 Prometheus Server 抓取。这些 Exporters 可以被视为 Prometheus 与被监控对象之间的桥梁。

4）Pushgateway

在某些情况下，由于网络或安全原因，Prometheus 无法直接从被监控对象拉取数据。

此时，可以使用 Pushgateway 作为中转站，被监控对象将数据推送到 Pushgateway，再由 Prometheus 从 Pushgateway 拉取数据。

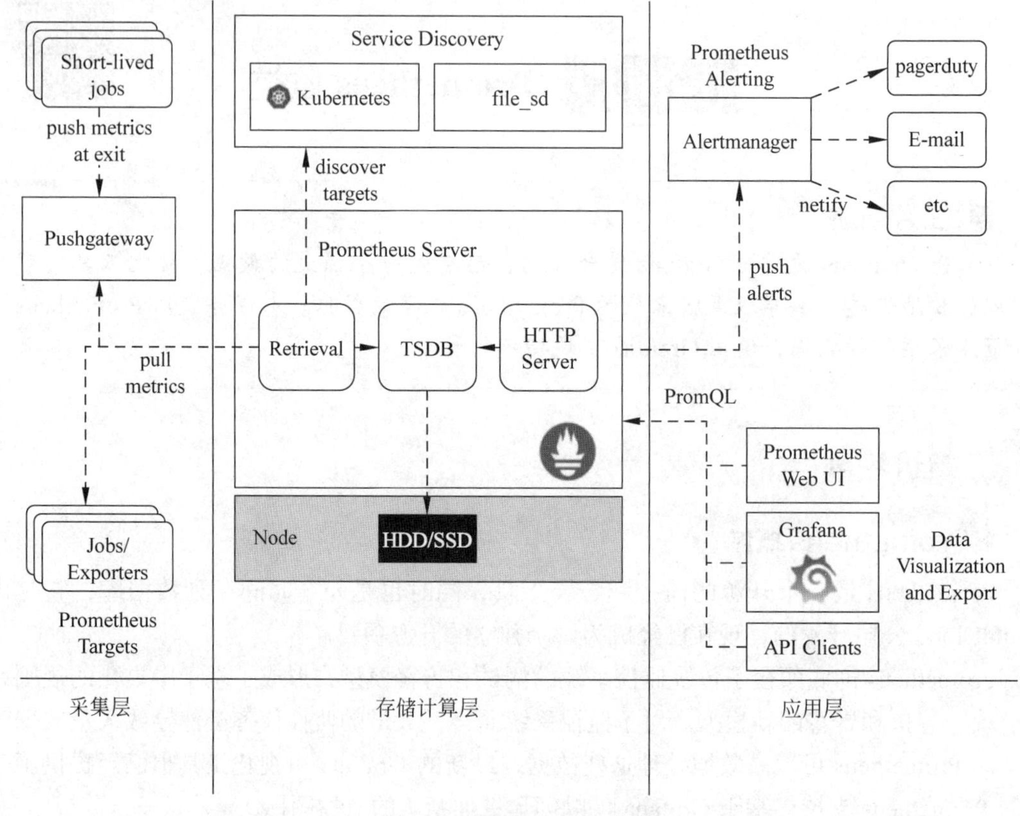

图 14-13　Prometheus 架构

5）Alertmanager

Prometheus 可以配置规则，定时查询数据。当条件被触发时，Alertmanager 会收到警告，并根据配置进行聚合、去重、降噪等操作，最后将警告信息发送给指定的接收者。

6）Web UI

Prometheus 提供了一个简单的 Web 界面，用于展示监控数据和触发警告的信息。但是，对于更复杂的可视化需求，通常会使用 Grafana 等第三方工具与 Prometheus 进行集成。

3. Grafana 简介

Grafana 是一个开源的数据可视化工具，它支持多种数据源，包括 Prometheus，并能够创建各种类型的图表和仪表盘来展示监控数据。通过集成 Prometheus 和 Grafana，可以构建一个全面的监控系统，用于监控各种服务和应用，并提供直观的数据可视化展示。

任务实施

步骤 1　安装 Prometheus

1. 安装 Prometheus Server

Prometheus 基于 Golang 编写，编译后的软件包，不存在任何第三方依赖。只需要下载对应平台的二进制包，解压并且添加基本的配置即可正常启动 Prometheus Server。

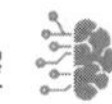

1）上传安装包

上传 prometheus-2.29.1.linux-amd64.tar.gz 到 master 节点的 /opt/software 目录，使用以下命令查看：

```
[root@master ~]# cd /opt/software
[root@master software]# ll
```

结果如下：

```
-rw-r--r--  1 root root  73156341 9月  17 2021 prometheus-2.29.1.linux-amd64.tar.gz
```

2）解压并重命名

解压到 /opt/modules 目录下，再修改目录名，命令如下：

```
[root@master software]# tar -zxvf prometheus-2.29.1.linux-amd64.tar.gz -C /opt/modules/
[root@master software]# cd /opt/modules/
[root@master modules]# mv prometheus-2.29.1.linux-amd64 prometheus-2.29.1
[root@master modules]# ll
```

结果如下：

```
drwxr-xr-x   4 3434 3434  132 8月  11 2021 prometheus-2.29.1
```

3）修改配置文件

```
[root@master  modules]# cd prometheus-2.29.1/
[root@master prometheus-2.29.1]# vim prometheus.yml
```

在 scrape_configs 配置项下添加以下配置：

```
scrape_configs:
  - job_name: "prometheus"
    static_configs:
      - targets: ["master:9090"]
  # 添加 PushGateway 监控配置
  - job_name: 'pushgateway'
    static_configs:
    - targets: ['master:9091']
      labels:
       instance: pushgateway
  # 添加 Node Exporter 监控配置
  - job_name: 'node exporter'
    static_configs:
    - targets: ['master:9100', 'slave1:9100', 'slave2:9100']
```

2. 安装 Pushgateway

Prometheus 在正常情况下是采用拉取模式从产生 metric 的作业或者 exporter（比如专

门监控主机的 NodeExporter）拉取监控数据。

1）上传安装包

将安装包 pushgateway-1.4.1.linux-amd64.tar.gz 上传到 master 节点的 /opt/software 目录，使用以下命令查看：

```
[root@master ~]# cd /opt/software
[root@master software]# ll
```

结果如下：

```
-rw-r--r--  1 root root  9193207 9月  17 2021  pushgateway-1.4.1.linux-amd64.tar.gz
```

2）解压并重命名

解压到 /opt/modules 目录下，再修改目录名，命令如下：

```
[root@master software]# tar -zxvf pushgateway-1.4.1.linux-amd64.tar.gz -C /opt/modules/
[root@master software]# cd /opt/modules/
[root@master modules]# mv pushgateway-1.4.1.linux-amd64 pushgateway-1.4.1
[root@master modules]# ll
```

结果如下：

```
drwxr-xr-x   2 3434 3434   54 5月  28 2021 pushgateway-1.4.1
```

3. 安装 Node Exporter

在 Prometheus 的架构设计中，Prometheus Server 主要负责数据的收集，存储并且对外提供数据查询支持，而实际的监控样本数据的收集则是由 Exporter 完成的。Prometheus 周期性地从 Exporter 暴露的 HTTP 服务地址（通常是 /metrics）拉取监控样本数据。

1）上传安装包

上传 node_exporter-1.2.2.linux-amd64.tar.gz 到 masfer 节点的 /opt/software 目录，使用以下命令查看：

```
[root@master ~]# cd /opt/software
[root@master software]# ll
```

结果如下：

```
-rw-r--r--  1 root root 8898481 9月 17 2021 node_exporter-1.2.2.linux-amd64.tar.gz
```

2）解压并重命名

解压到 /opt/modules 目录下，再修改目录名，命令如下：

```
[root@master software]# tar -zxvf node_exporter-1.2.2.linux-amd64.tar.gz -C /opt/modules/
```

```
[root@master software]# cd /opt/modules/
[root@master modules]# mv node_exporter-1.2.2.linux-amd64 node_exporter-1.2.2
[root@master modules]# ll
```

结果如下：

```
drwxr-xr-x   2 3434 3434    56 8月    6 2021 node_exporter-1.2.2
```

3）启动并通过页面查看是否成功

具体命令如下：

```
[root@master modules]# cd node_exporter-1.2.2
[root@master node_exporter-1.2.2]# ./node_exporter
```

部分结果如下：

```
level=info ts=2024-02-22T07:48:41.807Z caller=node_exporter.go:115
collector=vmstat
level=info ts=2024-02-22T07:48:41.807Z caller=node_exporter.go:115
collector=xfs
level=info ts=2024-02-22T07:48:41.807Z caller=node_exporter.go:115
collector=zfs
level=info ts=2024-02-22T07:48:41.807Z caller=node_exporter.go:199
msg="Listening on" address=:9100
level=info ts=2024-02-22T07:48:41.808Z caller=tls_config.go:191 msg=
"TLS is disabled." http2=false
```

在浏览器中访问 http://master:9100/metrics，可以看到当前 node exporter 拉取到的当前主机（即 master 节点）的所有监控数据。

部分数据如下：

```
# HELP go_gc_duration_seconds A summary of the pause duration of garbage
collection cycles.
# TYPE go_gc_duration_seconds summary
go_gc_duration_seconds{quantile="0"} 0
go_gc_duration_seconds{quantile="0.25"} 0
go_gc_duration_seconds{quantile="0.5"} 0
go_gc_duration_seconds{quantile="0.75"} 0
go_gc_duration_seconds{quantile="1"} 0
go_gc_duration_seconds_sum 0
go_gc_duration_seconds_count 0
# HELP go_goroutines Number of goroutines that currently exist.
```

4）节点分发

将解压后的目录分发到要监控的节点，命令如下：

```
[root@master node_exporter-1.2.2]# cd
[root@master ~]# scp -r /opt/modules/node_exporter-1.2.2 root@slave1:
```

```
/opt/modules/
[root@master ~]# scp -r /opt/modules/node_exporter-1.2.2 root@slave2:
/opt/modules/
```

5）设置为开机自启

（1）新建 service 文件，命令如下：

```
[root@master ~]# vim /usr/lib/systemd/system/node_exporter.service
```

添加以下代码：

```
[Unit]
Description=node_export
Documentation=https://github.com/prometheus/node_exporter
After=network.target

[Service]
Type=simple
User=root
ExecStart=/opt/modules/node_exporter-1.2.2/node_exporter
Restart=on-failure
[Install]
WantedBy=multi-user.target
```

（2）分发文件，命令如下：

```
[root@master ~]# scp /usr/lib/systemd/system/node_exporter.service
root@slave1:
/usr/lib/systemd/system/
[root@master ~]# scp /usr/lib/systemd/system/node_exporter.service
root@slave2:
/usr/lib/systemd/system/
```

（3）启动服务，命令如下：

```
[root@master ~]# systemctl start node_exporter.service
[root@slave1 ~]# systemctl start node_exporter.service
[root@slave2 ~]# systemctl start node_exporter.service
```

（4）查看服务，命令如下：

```
[root@master ~]# systemctl status node_exporter.service
```

结果如下：

```
● node_exporter.service - node_export
   Loaded: loaded (/usr/lib/systemd/system/node_exporter.service;
enabled; vendor preset: disabled)
   Active: active (running) since 2024-02-22 16:25:41 CST; 2s ago
```

```
     Docs: https://github.com/prometheus/node_exporter
 Main PID: 6258 (node_exporter)
    Tasks: 3
   CGroup: /system.slice/node_exporter.service
           └─6258 /opt/modules/node_exporter-1.2.2/node_exporter
```

（5）设置开机自启动，命令如下：

```
[root@master ~]# systemctl enable node_exporter.service
[root@slave1 ~]# systemctl enable node_exporter.service
[root@slave2 ~]# systemctl enable node_exporter.service
```

4. 启动 Prometheus Server

启动 Prometheus Server 命令如下：

```
[root@master ~]# cd /opt/modules/prometheus-2.29.1
[root@master prometheus-2.29.1]# nohup ./prometheus --config.file=prometheus.yml
 > ./prometheus.log 2>&1 &
```

查看是否启动，命令如下：

```
[root@master prometheus-2.29.1]# ps -ef | grep prometheus
```

出现以下结果，则表明启动成功：

```
root 43529 41677 10 16:52 pts/1  00:00:00 ./prometheus --config.file=prometheus.yml
root 43536 41677  0 16:52 pts/1  00:00:00 grep --color=auto prometheus
```

5. 启动 Pushgateway

具体命令如下：

```
[root@master ~]# cd /opt/modules/pushgateway-1.4.1
[root@master pushgateway-1.4.1]# nohup ./pushgateway --web.listen-address :9091
 > ./pushgateway.log 2>&1 &
```

查看是否启动，命令如下：

```
[root@master prometheus-2.29.1]# ps -ef | grep pushgateway
```

出现以下结果，则表明启动成功：

```
root 43669 41677 0 16:57 pts/1 00:00:00 ./pushgateway --web.listen-address :9091
root 43679 41677 0 16:57 pts/1 00:00:00 grep --color=auto pushgateway
```

6. 查看 Web 界面

在浏览器中访问 http://master:9090/，选择 Status 菜单中的 Targets，可以发现 prometheus、pushgateway 和 node exporter 都是 UP 状态，表示安装启动成功。Prometheus 监控信息如图 14-14 所示。

图 14-14 Prometheus 监控信息

步骤 2 集成 Grafana

Grafana 是一款采用 Go 语言编写的开源应用，主要用于大规模指标数据的可视化，是网络架构和应用分析中最流行的时序数据展示工具。

1. 上传并解压

将安装包 pushgateway-1.4.1.linux-amd64.tar.gz 上传到 masfer 节点的 /opt/software 目录，使用以下命令查看：

```
[root@master ~]# cd /opt/software
[root@master software]# ll
```

结果如下：

```
-rw-r--r--1root root 60454月17 2021 grafana-enterprise-8.1.2.linux-amd64.tar.gz
```

解压安装包，使用以下命令查看：

```
[root@master software]# tar -zxvf grafana-enterprise-8.1.2.linux-amd64.
tar.gz -C /opt/modules/
[root@master modules]# ll
```

结果如下：

```
drwxr-xr-x   7 root root  145 2月  22 17:19 grafana-8.1.2
```

2. 启动 Grafana

具体命令如下：

```
[root@master modules]# cd grafana-8.1.2
```

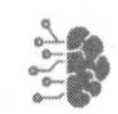

```
[root@master grafana-8.1.2]# nohup ./bin/grafana-server web > ./grafana.
log 2>&1 &
```

执行以下命令查看是否启动：

```
[root@master grafana-8.1.2]# ps -ef | grep grafana
```

出现以下结果，则表明启动成功：

```
root    44559  41677  0 17:28 pts/1    00:00:01 ./bin/grafana-server web
root    45128  41677  0 17:49 pts/1    00:00:00 grep --color=auto grafana
```

3. 添加数据源 Prometheus

在浏览器中访问 http://master:3000，输入默认的用户名和密码（admin），单击 Configuration 按钮，然后单击 Data Sources → Add data source 按钮，在 Prometheus 中单击 Select，配置 Prometheus Server 地址，设置如下：

```
http://master:9090
```

单击下方的 Save&Test 标签，出现提示框，表示与 Prometheus 正常连通，单击 Back 按钮返回即可。可以看到 Data Sources 页面出现了添加的 Prometheus，如图 14-15 所示。

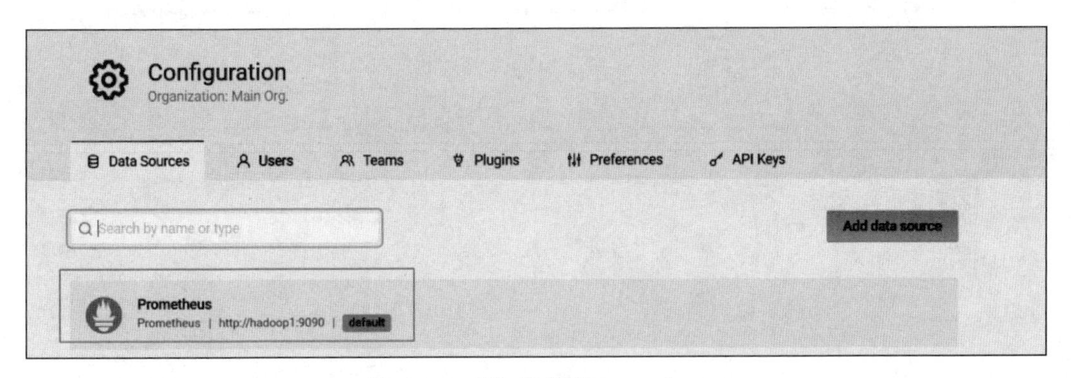

图 14-15　添加数据源 Prometheus

4. 添加 Node Exporter 模板

Grafana 社区鼓励用户分享 Dashboard，通过官网可以找到大量可直接使用的 Dashboard 模板。

Grafana 中所有 Dashboard 通过 JSON 进行共享，下载并且导入这些 JSON 文件就可以直接使用这些已经定义好的 Dashboard。

可在 Grafana 官网中搜索 Node Exporter，选择下载量最高的中文版本，如图 14-16 所示。

选择下载 node-exporter-for-prometheus-dashboard-cn-v20201010_rev24.json 文件，然后在 Grafana 中导入模板。

在 Grafana 中单击左侧的 +，选择 Import，单击 Upload JSON file，导入上面下载的 JSON 文件，选择数据源为 Prometheus，单击最下面的 Import 确认导入。监控到的数据如图 14-17 所示。

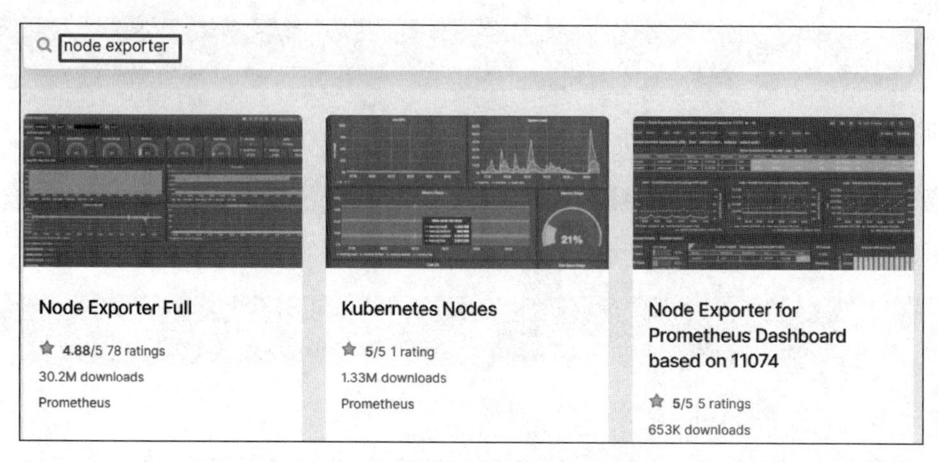

图 14-16　添加 Node Exporter 模板

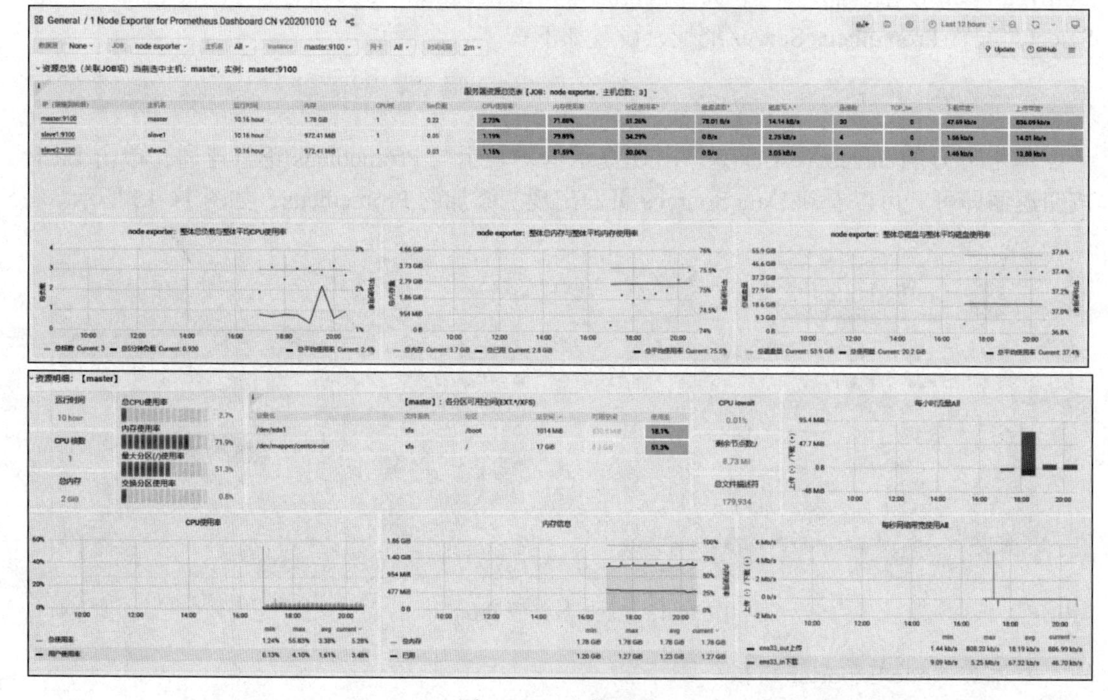

图 14-17　监控页面

总之，Prometheus 和 Grafana 的集成是一个强大的监控解决方案，它可以帮助全面监控系统的运行状态和性能表现，并提供直观的数据可视化展示。通过合理配置和优化，可以充分发挥这个集成项目的优势，并解决可能面临的挑战和问题。

课后练习

一、单选题

1. Nagios 主要用于（　　）类型的系统监控。

A. 应用程序监控　　B. 网络监控　　C. 存储监控　　D. 桌面监控

2. Nagios 的默认配置文件通常位于（　　）目录下。

A. /etc/nagios/　　B. /usr/local/nagios/

C. /var/nagios/　　D. /home/nagios/

3. Nagios 的（　　）组件负责执行实际的监控检查。

A. Nagios Core　　B. NRPE　　C. NSClient++　　D. SNMP Traps

4. Ganglia 系统中负责收集监控数据的组件是（　　）。

A. Gmond　　B. Gmetad　　C. Gweb　　D. Ganglia-web

5. 在 Ganglia 系统中，gmetad 的主要功能是（　　）。

A. 收集监控数据　　B. 聚合和存储监控数据

C. 提供 Web 界面　　D. 发送警告通知

6. Ganglia 的默认端口是（　　）。

A. 8649　　B. 8650　　C. 8651　　D. 8652

7. 在 Ganglia 中，（　　）文件通常用于定义集群的元数据。

A. gmond.conf　　B. gmetad.conf　　C. ganglia.conf　　D. cluster.conf

8. Prometheus 是一个（　　）类型的开源系统监控和警告工具。

A. 应用程序性能监控　　B. 网络监控

C. 分布式系统监控和警告　　D. 存储系统监控

9. Prometheus 中的（　　）组件负责从监控目标中抓取数据。

A. Prometheus Server　　B. Pushgateway

C. Alertmanager　　D. Grafana

10. Prometheus 接收来自短生命周期任务或批处理作业指标的方式是（　　）。

A. 通过 Pull 方式　　B. 通过 Push 方式，使用 Pushgateway

C. 使用 Alertmanager　　D. 使用 Grafana

二、多选题

1. Nagios 支持（　　）类型的监控。

A. 网络设备　　B. UNIX/Linux 服务器

C. Windows 服务器　　D. 应用程序

2. Nagios 的监控逻辑可以通过（　　）文件定义。

A. hosts.cfg　　B. services.cfg

C. commands.cfg　　D. contacts.cfg

3. Ganglia 系统由（　　）主要组件组成。

A. Gmond　　B. Gmetad

C. ganglia-webfrontend　　D. ganglia-shell

4. Ganglia 与（　　）监控系统或工具有类似的功能。

A. Nagios　　B. Zabbix　　C. Cacti　　D. Prometheus

5. Prometheus 的数据可视化可以通过（　　）工具实现。

A. 自带的 Web UI　　B. Grafana

C. Kibana　　D. PromLen

参考文献

[1] 郑未，唐友钢 . 大数据技术应用 [M]. 北京：电子工业出版社，2021.
[2] 新华三技术有限公司 . 大数据平台运维（中级）[M]. 北京：电子工业出版社，2020.
[3] 刘庆生，陈位妮 . 大数据平台搭建与运维 [M]. 北京：机械工业出版社，2022.
[4] 黑马程序员 . Spark 大数据分析与实战 [M]. 北京：清华大学出版社，2019.
[5] 黑马程序员 . Hive 数据仓库应用 [M]. 北京：清华大学出版社，2021.
[6] 黑马程序员 . NoSQL 数据库技术与应用 [M]. 北京：清华大学出版社，2020.